面向智能网联的视觉目标多层次感知及应用

赵祥模　刘占文　沈　超　著

西安电子科技大学出版社

内 容 简 介

本书以智能网联系统为背景，以视觉多层次感知为切入点，基于作者所在课题组在视觉感知领域多年的技术积累，深入诠释了面向智能网联的视觉多层次感知技术及应用。全书共五章。第一章主要从视觉多层次感知入手，阐述了视觉感知技术相关理论知识，并对视觉感知在各个领域内的应用做了扼要的阐述；第二章主要阐述了课题组在基于边缘、基于阈值、基于区域、基于图论、基于偏微分方程及基于深度学习的图像分割方法方面取得的理论成果及应用实例；第三章主要围绕基于视觉特征、分类器、显著性及深度学习的目标检测方法，分别阐述了课题组在车道线检测、车辆目标检测、道路标线检测、行人检测、交通标志检测及路面裂缝检测等方面取得的成果；第四章主要围绕课题组在目标跟踪技术方面取得的成果进行展开，主要涉及基于核化相关滤波的跟踪算法、基于高斯混合模型的多示例学习跟踪算法、基于位平面的跟踪算法、基于深度学习的跟踪算法等；第五章侧重于介绍课题组近年来在场景解析中取得的最新成果，主要包括基于感知信息融合的行车环境表征方法、全向障碍物检测方法、多视角交通场景理解方法等。

本书立足于智能网联系统本身，以视觉感知技术为核心，结合课题组提出的创新方法与工程项目应用实例，系统全面地阐述了视觉多层次感知理论及应用，可供交通领域内对视觉感知技术感兴趣的读者进一步钻研与探索。

图书在版编目(CIP)数据

面向智能网联的视觉目标多层次感知及应用/赵祥模，刘占文，沈超著. —西安：西安电子科技大学出版社，2020.12(2022.5 重印)
ISBN 978-7-5606-5594-9

Ⅰ.①面… Ⅱ.①赵… ②刘… ③沈… Ⅲ.①计算机视觉-图像识别-研究 Ⅳ.①TP391.413

中国版本图书馆 CIP 数据核字(2020)第 053138 号

策　　划　刘玉芳
责任编辑　王　静
出版发行　西安电子科技大学出版社(西安市太白南路 2 号)
电　　话　(029)88202421　88201467　　邮　　编　710071
网　　址　www.xduph.com　　电子邮箱　xdupfxb001@163.com
经　　销　新华书店
印刷单位　陕西精工印务有限公司
版　　次　2020 年 12 月第 1 版　2022 年 5 月第 2 次印刷
开　　本　787 毫米×1092 毫米　1/16　印张 16.5
字　　数　280 千字
印　　数　1001～2000 册
定　　价　98.00 元
ISBN 978-7-5606-5594-9/TP

XDUP 5896001-2

前　言

交通领域内的智能网联系统以网联车辆为载体，包含雷达感知技术、视觉智能感知技术、车路协同感知技术、车辆控制技术及数据传输技术等多种核心关键技术。其中，视觉智能感知以视觉目标多层次感知为基础，涉及目标分割、目标检测、目标跟踪及场景理解与解析等图像处理技术。作者根据所在课题组多年来在视觉智能感知领域取得的创新方法及实践应用成果，结合智能网联交通系统的应用需求撰写了本书。

本书是面向智能网联交通领域视觉感知应用的专业书籍，为了使更多的读者通过本书对交通领域内涉及的视觉感知技术有所了解，作者尽可能地通过技术理论与实际工程项目应用相结合的方式，阐述视觉目标多层次感知技术在交通领域中的相关实际应用。当然，数学理论基础、图像处理技术、机器学习理论以及相关的交通领域基础知识不可或缺。因此，本书适合交通领域内从事视觉感知技术研究的硕士研究生、博士研究生及相关研究、开发人员参考使用。

全书共五章。第一章是绪论，主要讲解了视觉感知的分层结构，并扼要介绍了视觉感知的应用领域；第二至五章，结合课题组多年的技术理论及实践应用成果，分别论述了目标分割技术、目标检测技术、目标跟踪技术及场景理解与解析方面的研究成果及其在交通领域的具体应用，内容由浅入深，基本涵盖了视觉感知各个层次结构所包含的技术理论及应用要点。在第二至五章中，每章都安排了一节基于深度学习的相关感知方法及应用的内容，这也是课题组近年来的一个研究重点。本书部分彩图见书末二维码。

本书在内容上尽可能涵盖视觉感知技术的多个方面，但由于课题组成员精力有限，部分重要、前沿的理论方法未能做到深入解析，敬请谅解。另外，作者及课题组长期从事交通领域内视觉感知技术研究，绝大部分的成果都集中于交通领域内的研究热点。因此，本书适合于交通领域内对视觉感知技术感兴趣的读者进一步钻研与探索。

本书能够付梓出版，要感谢长期合作的长安大学宋焕生教授及团队、长安大学王卫星教授及团队、西北工业大学王琦教授及团队、长安大学徐志刚教授、长安大学惠飞副教授等道路交通智能检测与装备工程技术研究中心的各位老师，以及课题组从事相关计算机视觉感知研究的李娜博士、吴骅跃博士及徐江、樊星、连心雨、张凡、杨楠、李强等硕士在作者主持的教育部“长江学者与创新团队发展计划”创新团队项目“多源异构交通信息智能检测与融合技术”(CHD2011TD001)、高等学校创新引智计划项目“车-路信息感知与智能交通系统创新引智基地”(B14043)、国家自然科学联合基金项目“智能汽车复杂动态的深度层级感知与理解方法研究”(U1864204)等项目中做出的研究贡献。

作者认为，理论不能脱离实践，理论为舟，应用是岸，每一项理论研究，都要以应用实践为落脚点。因此，本书主要章节都以课题组多年来的项目成果为基础，理论结合实践。由于相关技术在不断发展，加之作者水平和能力有限，书中涉及的理论方法及应用成果难免有不足之处，恳请读者批评指正。

作　者

2020 年 8 月

目　录

第一章

绪　论

视觉智能感知是研究如何利用计算机系统模拟人类视觉与认知系统，对外部世界信息进行感知与理解的。目前，随着人工智能、大数据、5G通信技术的持续发展，智能网联时代即将到来，将在各个领域，尤其是涉及民生的交通领域，引发一场全新的科技革命。

智能网联交通系统将是智能网联时代的必然产物，车辆、道路、交通参与者以及一切相关环境将实现互联互通，有效协同运行，以提高现有交通系统的效率、安全性和舒适度。无论在现有智能交通系统中还是在未来智能网联交通系统中，视觉智能感知都具有非常广泛的应用。本书梳理了教育部创新团队"多源异构信息交通信息智能检测与融合技术研究"课题组多年来在面向智能网联交通系统信息感知与处理领域的研究成果，重点论述面向智能网联交通系统中交通参与要素的多层次视觉感知方法与应用，主要研究内容包括场景中的目标分割、目标检测、目标识别与跟踪、场景解析等。

1.1　视觉多层次感知结构

人或其他高等生物视觉感知过程要解决的两个最基本的问题是：视场中有什么及它们在哪儿？对应于计算机系统内部复杂的图像信息处理过程，包括感知和认知两部分。因此，贯穿始终的视觉智能感知过程具有以下鲜明的特点：

(1) 采用分阶段信息处理方式，实现视觉特征的多层次感知；

(2) 采用视觉表达形式或知识表达形式，实现自底向上或自顶向下的图像

解释；

(3) 采用额外的知识引导，使得图像感知上升至图像认知的层次。

目标感知具有鲜明的层次性，总体上分为低层描述、中层描述和高层描述三层结构，如图1-1所示。二维像素点阵图像通常作为低层的输入，低层输出通常是以像素为单位测出的图像特征；中层输出是在低层描述的编组、抽象后形成的符号描述，其减少了数据量，提高了描述质量，更接近图像的本质；高层理解主要通过以中层符号描述为基本单元的、反映景物与目标特性的模型和服务于解释的知识库，来完成解释图像的任务。因此，目标多层次感知的过程是对视觉信息和知识信息的处理分析过程。

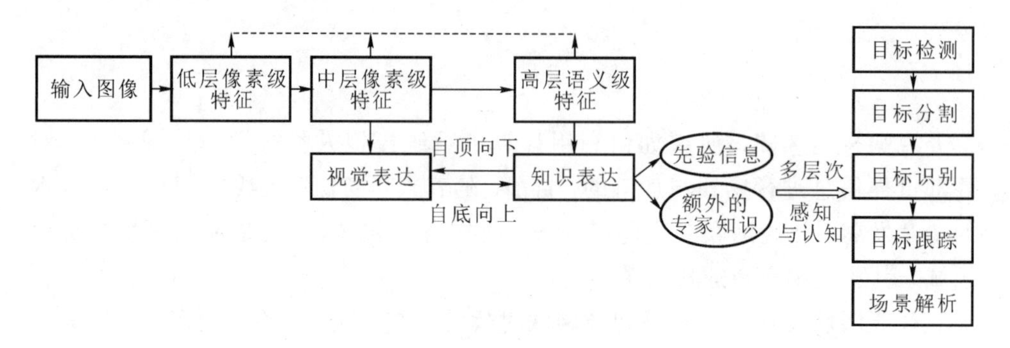

图1-1　目标感知多层次结构图

1.2　视觉多层次感知研究内容

1.2.1　目标分割与检测

1. 图像分割

在目前的智能交通系统中，图像分割是智能车载终端与智能路侧单元视觉采集设备进行目标检测、目标识别与跟踪、场景解析等任务的前提条件，同时也是面向未来智能网联的一项视觉感知基本任务。例如通过智能汽车车载摄像头获取实时交通图像，车载计算机或云处理平台可以自动将交通图像中的交通参与目标(车辆、行人、交通标志、路面等)进行分割，进而分类识别，以告知智能汽车障碍物的属性以及可通行区域，提高行驶安全性。图像分割即预测图像中每一个区域所属的类别或者物体，具体来说是指将图像分成若干互不重叠的子区域，使得同一个子区域内的特征具有一定相似性，而不同子区域之间的特征呈现较为明显的差异，其主要目的是在背景图像中分割出有意义或感兴趣的局部区域，这些区域一般对应于现实世界的各类不同目标，如交通场景中的道路、建筑物、车辆和交通标志等。通过把感兴趣区域的目标提取出来，对目标图像的特征进行分析和处理，从而进一步完成目标检测等后续任务。

传统的图像分割方法主要包括边缘检测法、阈值法和区域法等。基于边缘的分割方法的优点是边缘定位准确、运算速度快。通常不同的区域之间边缘上的像素灰度值变化剧烈，这是边缘检测方法得以实现的主要原因。基于边缘的分割方法主要针对原始图像像素的邻域灰度阶跃变化，根据边缘邻近一阶或二阶导数变化方向，构造边缘检测算子(Roberts 算子、Sobel 算子、Prewitt 算子等)，并利用算子提取出分割场景不同区域的边界，然后对边界内的像素进行连通和标注，从而实现分割。基于阈值的分割方法实现比较简单，且性能稳定，特别适用于目标和背景占据不同灰度级范围的图像，主要是以灰度的不同作为标准，通过设定不同的特征阈值，将图像像素分为不同灰度级的目标区域和背景区域。目前全局阈值法和局部阈值法的应用最为广泛。基于区域的分割方法以直接寻找区域为基础，首先在图像上取一个像素作为种子，然后以这一点为中心向周围扩散，若周围的像素点灰度与这一点灰度的差值在允许范围内，便认定它们是同一区域的，否则，认定为不同区域的。区域分割方法常用的算法有区域生长法和分裂合并法。

21 世纪初，开始出现基于超像素的图像分割方法。此方法根据像素的相似特征进行分组，使图像块包含单个像素所不具备的局部信息，以提高后续处理任务的效率。超像素方法根据算法原理分类，可以分为基于聚类的方法和基于图论的方法。基于聚类的方法是根据图像中的单个像素及像素之间的相互信息，利用数据挖掘中的聚类算法，将具有相似特征的相邻像素聚集到同一个图像块以实现分割。基于图论的分割方法一直以来都是图像分割领域的一个研究热点，该方法遵循一个框架：首先，将图像映射为带权无向图；其次，将图像像素作为图的顶点，每一像素点对应无向权图的一个顶点，像素特征与顶点属性一一对应，邻接像素之间的关系看作图的边，像素之间的特征相似性(或差异性)对应连接顶点的边的权值，由此图像分割问题转换为图顶点的标注问题；在此基础上定义分割准则，根据不同的分割准则形成不同的能量函数，最后通过最小化能量函数完成图像的分割。另外，还有 Kass、Witkin 和 Terzopoulos 等于 1987 年提出的主动轮廓模型(Active Contour Model，ACM)，又称为 Snakes 分割方法[1]。该模型是一种基于能量的图像分割方法，基本思想是使用连续曲线来表达目标轮廓，并定义一个能量泛函，该能量泛函为基于曲线的内部能量和基于图像数据外部能量的加权和，通过极小化该能量泛函使得待分割目标周围的一条初始曲线在固有内力和图像外力的共同作用下不断演化，最终达到分割的目的。主动轮廓模型在分割精度、抗噪性、稳定性和稳健性上大大超出了传统的图像分割方法，已经被越来越多的研究者应用于边缘提取、图像分割和分类、目标跟踪、三维重建等计算机视觉领域。

近年来，随着大规模数据、先进的硬件计算资源与强有力的学习模型的产生，卷积神经网络(Convolutional Neural Network，CNN)在众多识别分类问题上取得了成功，研究学者们也将深度学习成功运用到道路场景语义分割问题上。道路场景语义分割主要可以分为三种方法。第一种方法是 Long 于 2014 年提出的全卷积网络(Fully Convolutional Network，FCN)[2]，此方法的提出在语义分割领域具有开创性。不同于经典的 CNN 在卷积层之后使用若干个全连接层进行分类,FCN 将全连接层变换为卷积层，故称为全卷积神经网络。FCN 接收任意尺寸的图像输入，通过对最后一个卷积层提取的特征图(feature map)进行上采样，使输出与输入图像的尺寸相同。道路场景语义信息使用这种端到端、点到点、由浅到深、由细到粗的处理方法，能够避免 CNN 由于使用像素块而带来的重复计算卷积的问题，使模型更高效地进行语义分割处理。但其同时也存在一定的缺陷，因为在上采样的过程中是对每个像素进行分类，所以忽略了像素与像素之间的关系，缺乏空间的一致性，并且由于上采样会使得到的结果模糊和粗糙，因此会丢失交通标志等小目标信息。第二种方法是剑桥大学提出的 SegNet 网络[3]。SegNet 与 FCN 的网络结构很类似，其将 FCN 进行卷积和上采样的过程称为编码-解码器结构，每个编码器都对应一个解码器层。SegNet 在编码-解码过程中使用了与 FCN 不同的技术，其中编码器应用 VGG-16 的前 13 层卷积网络，去掉最后 3 个全连接层进行图像语义特征的提取与分类，并使图片变小，然后通过相对应的解码器使图像分类的特征得以重现，将图像还原到原始尺寸，最后通过 Softmax 输出不同分类的最大值，得到最终分割图。该方法通过对交通参与要素(道路、建筑物、汽车、行人)进行建模，实现对不同类别之间的空间关系的解析与理解。总体来说，SegNet 网络比 FCN 网络有些许优势，如在模型的复杂度、内存的使用率和运行的效率等方面。第三种是 DeepLab 网络，它是在 FCN 的基础上优化得到的。DeepLab 网络首先将部分池化层的步长和填充(padding)进行调整，并为了使感受野不发生变化，在卷积核中采用了 hole 算法，最后使用全连接的条件随机场(fully connected CRF)[4]对分割图进行细粒度细节恢复，从而得到较为精

细的分割结果图，实现对交通场景特征精确的提取。

2. 目标检测

在智能交通系统中，目标检测是基于图像分割的结果在图像或视频中检测目标物体并标记的过程，是智能车载终端与智能路侧单元进行目标识别与跟踪、场景解析等任务的关键环节。其核心思想是结合图像处理技术和机器学习算法，模拟人类视觉器官与大脑系统，对输入图像中的目标进行准确表达和精确定位。在实际交通场景中，图像、视频的采集过程受光照、采集角度、局部遮挡和外观形变等方面的影响，导致目标外观特征产生剧烈变化，增加了检测的难度。此外，同类目标间产生的较大类内偏差和异类目标间的微小偏差，都给目标检测任务带来巨大挑战。由于目标检测应用场景的差异性，其所涉及的技术也复杂多样，包括基于红外雷达技术、图像特征提取、多源信息融合等方式，但总的来说，在智能交通系统中实现目标检测的关键是获取目标的固有特征，并对其进行分析处理，最终确定目标位置。

目标检测技术随着研究角度的发展变化衍生出了多种类型：根据目标特征可以分为动态目标检测和静态目标检测；根据图像特征可以分为基于视觉特征和基于区域特征的目标检测；根据检测方法可以分为基于分类器和基于深度学习的目标检测；根据人体视觉感知器官产生的刺激所提出的基于视觉显著性的目标检测等。

基于视觉特征的目标检测方法从高等生物的视觉认知角度分析图像特征，将图像看作对视觉的刺激，根据高等生物视觉系统的建模特点，将图像特征按照视觉认知规律转化为易于分析处理的视觉显著特征。图像底层特征能够反映图像本质，直观表述图像描述的意义。常用的底层特征包括颜色特征和纹理特征。颜色特征是图像最基本、最直接的特征，通常利用不同的颜色空间模型来表达，主要包括 RGB、HIS、HSV、YUV、YIQ、Munsell 颜色模型等。针对特定外界环境，采用不同颜色模型表达图像特征差异较大。纹理特征同样是图像的基本特征，描述的是图像的局部信息，其不仅反映图像的灰度统计信息，而且反映图像的空间分布信息和结构信息。数字图像中的纹理是相邻像素的灰度或颜色的空间相关性，或是图像灰度和颜色随着空间位置变化的视觉表现。纹理特征描述方法包括统计法、结构法、模型法和频谱法。

基于区域的目标检测方法是通过对图像区域的特征进行处理，有效地利用图像中感兴趣的信息来进行检测的，主要分为基于轮廓边缘和基于局部区域的目标检测方法。基于轮廓边缘的目标检测方法可以克服图像视觉特征的影响，如光照强度、天气状况等，直接对目标图像的灰度图和边缘梯度进行处理，利用结构建模算法进行目标检测。基于局部区域的目标检测方法将图像分割为特征不同的区域，利用图像上的局部特殊性对图像进行检测、匹配等操作。

基于分类器的目标检测方法也称为基于统计理论的方法，其将目标检测这一图像处理问题上升到统计理论的高度，主要包括 BP 神经网络算法、AdaBoost 算法[5]、支持向量机(Support Vector Machine，SVM)学习算法[6]等。BP 神经网络是一种根据误差进行反向传播的多层前馈网络，其核心思想是利用梯度下降法的实时搜索性，找出网络实际输出值与期望输出值的误差方差最小值。AdaBoost 是一种迭代算法，其核心思想是针对具体的分类任务，将多个弱分类器连接重组后建立强分类器，实质是通过弱分类器的结果更改数据中样本的权重，将权重变化后的新数据集再次送入分类器中训练，最终将训练完成的弱分类器组合起来，成为强分类器。支持向量机是根据统计学习理论提出的一种机器学习方法，它以结构风险最小化原则为理论基础，通过适当地选择函数子集及该子集中的判别函数，使学习机器的实际风险达到最小，保证了通过有限训练样本得到的小误差分类器对独立测试集的测试误差仍然较小。

显著性特征是计算机视觉中的重点研究内容，被广泛应用于目标检测、目标跟踪、图像分割等领域。显著性检测的原理是通过多种算法对图像进行处理以获得图像中的目标区域。人类视觉系统能够迅速从图像中观察到显著区域，并获得感兴趣目标，在数字图像处理领域，同样可以利用算法模拟人眼的视觉认知机制，获取图像中显著的区域，并针对区域中的有效信息进行分析。随着近年显著性检测算法的快速发展，涌现出了很多的理论和模型。AC(Achanta)模型在图像的原分辨率上计算特征，得到与原图尺寸相同大小的显著图，通过计算感知单元的局部对比度来生成像素或区块位置的显著值。FT(Frequency Tuned)模型类似于 AC 模型，其计算得到的显著图大小与原图保持一致。FT 模型从频域的角度对图像进行完整分析。HC(Histogram Contrast)模型基于直方图对比度来计算显著性，它利用了图像的全局统计特性，在色彩直方图的基础上依据对比度来生成每个像素处的显著值。RC(Region Contrast)模型比 HC 模型更加完善，其主要思想是图像中局部区域内对比度较大的区域应该获得足够的视觉注意，而相距较远的区域的对比度对显著性的贡献较小。RC 方法采用的基于区块的对比度计算方法相对于基于像素的对比度计算方法更加便捷。CAS(Context-Aware Saliency)模型认为若感知单元具有较高的显著性，那么它必定具有唯一性，即感知单元接受的刺激与其他感知单元相比差距越大，其显著性越突出。PCA(Principal Components Analysis)模型认为显著性物体所在区域应具有一定的独特性，因此利用色彩特征和模式特征衡量这种独特性，并用先验信息进行优化。DRFI(Disicriminative Regional Feature Integration)模型将显著性检测考虑为一个回归问题，通过有监督学习的方式拟合回归参数，是一种自顶向下的模型。wCtr(background weighted contrast)模型基于边界先验，利用区域与图像边界的连接性来检测显著性，并构造优化模型提高显著图的质量。

基于深度学习的目标检测方法主要包括基于候选区域、基于端到端、基于层次显著性的目标检测方法，其基本原理是通过深度神经网络模拟人脑学习认识目标的过程，依靠神经网络从低到高传递目标的特性，层次越多、特征越抽象，越能够更好地表达目标，其输出结果为该目标更为准确的特征表达。目前深度学习在智能交通领域获得了广泛关注，其中卷积神经网络是一种将多层人工神经网络与卷积运算相结合的网络，能够识别多种目标模式并对一定程度的扭曲和形变具有良好的鲁棒性。它通过采用稀疏连接和权值共享，极大地减少了传统的神经网络的参数数量，在目标检测和图像分类上效果显著。

1.2.2 目标识别与跟踪

1. 目标识别

目标识别是指在图像(静态图像)或视频(动态图像)中对分割或检测出的目标物体进行分类。目标识别一直以来都是计算机视觉领域的研究热点之一，也是智能车载终端不可或缺的一部分，更是未来智能网联交通系统的基石。目标识别的最终目的是让计算机能够像人类大脑一样快速处理图像信息，准确高效地判断出目标物体的类别。在智能交通系统中，主要包括对汽车、行人及交通标志等类别有限的物体进行识别。如通过智能车的车载摄像头获取交通图像，通过目标分割或目标检测算法获取目标物体(汽车、行人或交通标志)区域，再通过目标识别得到目标区域的具体类别，从而能够告知智能车检测到的目标物体是什么，以便智能车决策层能够及时做出相应对策。在实际交通系统应用中，目标识别通常受到现实环境因素的影响，如多方位的目标变化(不同场景中目标的多方位变化)、多视角的目标变化(目标物体在不同视角下具有不同成像特征，包括目标平移、平面旋转、放缩、倾斜等)、光照变化(目标在不同的光照环境下会呈现出不同的成像强度的变化，并且光照产生的阴影区域不同)、背景干扰(实际场景中含有复杂的背景信息)、目标遮挡(目标中的部分区域被其他目标或目标的其他区域遮挡)、类别内的个体变化(目标几何形状的变化和内部区域的变化)。诸多的现实环境影响对目标识别带来巨大的挑战，但是随着目标识别方法的发展，目标识别准确率有了长足的进步。一般地，目标识别包含特征表达、特征学习、特征分类的过程，算法对训练样本进行特征提取后构建特征库，再通过概率推理模型或分类器模型进行学习，构建识别模型，以实现待识别目标的分类判别，最后实现对目标的识别。图1-2所示为交通图像感知中广义目标识别的一般过程。

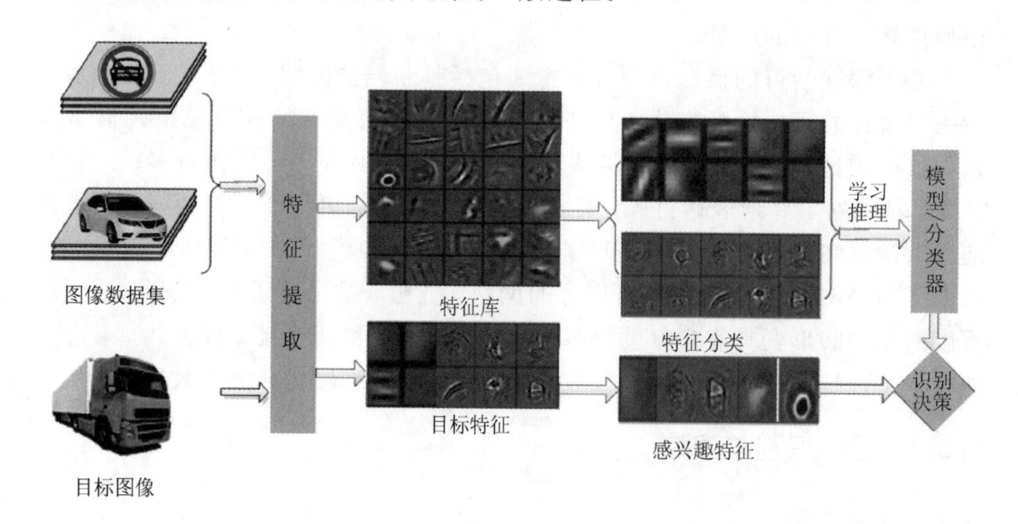

图1-2　目标识别的一般过程

2. 目标跟踪

对交通参与要素进行跟踪是智能交通系统中的重要任务之一。智能车载终端根据目标分割或目标检测的区域以及目标识别得到的类别，对交通场景中特定的物体(主要是车、行人)进行跟踪，并且获取被跟踪目标的动静态参数，如位置、速度、尺度、轨迹等，通过对相应参数的进一步分析，实现对目标行为的理解，并在一定程度上保证智能车的行驶安全。目标跟踪即对连续图像序列不断地进行运动检测、提取以及识别，根据不同区域对应的标签，锁定特定目标，并得到同一目标在不同视频图像帧中的具体参数信息，再根据这些参数信息判断出特定目标的行为，必要时做出一定的行为预测。

传统的目标跟踪算法主要包括基于目标区域、基于活动轮廓、基于目标模型和基于目标特征的目标跟踪方法。

(1) 基于目标区域的目标跟踪方法[7]一般通过目标所在区域内各个像素之间的相似性，如纹理特征、颜色直方图、灰度值直方图等信息对目标图像相似区域像素块进行归类，直至将图像中所有的像素点进行归并，在完成目标归并以后就可以实现目标所在位置的提取与跟踪。当目标发生运动变化时，与之相关的目标图像所在区域会发生变化，基于目标区域的跟踪方法根据车辆目标的灰度信息、颜色信息、纹理信息及图像运动信息等一系列的图像特征信息，采用目标运动估计算法对车辆目标进行跟踪。基于目标区域的跟踪方法在目标物体没有被遮挡时跟踪精度比较高，并且跟踪效果比较稳定。但是，当目标搜索范围较大时，该方法耗时大，实时性差。

(2) 基于活动轮廓的目标跟踪方法[8]主要利用可移动的、全封闭状态的、能够快速移动并且连续的一系列轮廓曲线来定义运动目标所在位置，利用目标的活动轮廓拟合出目标车辆的边缘信息，然后依靠外部能量函数使目标活动轮廓向目标所在的边缘位置靠近，并且通过内部能量函数保持目标的活动轮廓边缘的光滑与连续，当能量函数呈现最小状态时，目标的活动轮廓能够完全拟合出所要跟踪的目标车辆边缘位置。基于活动轮廓的目标跟踪方法能够同时考虑到目标几何线性约束条件和图像轮廓及图像数据之间的能量函数的最小约束条件，所以这种目标跟踪方法能够最大可能地减小因为边缘信息不规则所造成的误差，在比较理想的条件下，该方法能得到较好的跟踪结果。但是由于使用的是基于梯度信息寻找目标边缘的方法，该方法比较容易受到噪声的影响，从而导致目标丢失。

(3) 基于目标模型的目标跟踪方法[9]通过使用目标的外观、颜色、灰度等一系列的先验知识来构造目标检测模型。在交通场景下，通过对目标运动区域和先验目标模型进行匹配，可实现对交通目标的跟踪任务。这类跟踪算法与其他跟踪算法相比，稳定性好，能够在具有目标背景相互串扰和目标与目标之间互相遮挡等情况下，仍然得到令人比较满意的跟踪结果。但是基于目标模型的目标跟踪方法存在计算量较大且实时性较差等问题，在实时跟踪上效果并不理想，且该类方法在跟踪前必须建立对应车辆的模型。

(4) 基于目标特征的目标跟踪方法[10]利用目标的一系列相关特征对目标进行实时跟踪。该类跟踪方法一般分为全局特征和局部特征两种目标跟踪方法。按照目标特征类型不同进行分类，常用的基于特征的车辆目标跟踪方法有基于车辆边缘梯度特征或角点特征的跟踪[11]、基于灰度特征的目标跟踪[12]、基于颜色特征的目标跟踪[13]、基于车辆目标纹理特征的目标跟踪[14]和基于刚体特征的跟踪[15]等。相对于其他目标跟踪方法，当目标没有被其他目标或者障碍物遮挡的时候，基于特征的目标跟踪方法的精度较高。利用运动特征的相干信息对目标进行跟踪能够解决目标遮挡等问题，但是存在对噪声和干扰比较敏感、不能有效处理阴影干扰等问题。

除了上述传统的目标跟踪方法外，还有一些比较典型的目标跟踪方法，如

基于相关滤波的目标跟踪算法、基于判别式的目标跟踪算法和基于压缩感知的目标跟踪算法[16]。基于相关滤波的目标跟踪算法较为典型的有：Henriques等人于2012年提出的CSK(Circulant Structure of Tracking-by-detection with Kernels)方法[17]，该方法将循环矩阵和核方法引入MOSSE(Minimum Output Sum of Squared Error)框架中，利用图像目标的灰度信息构建了循环结构跟踪算法；针对CSK算法，Martins P等人于2015年提出了基于核化相关滤波器(Kernelized Correlation Filter)的目标跟踪算法[18]，该方法通过引入不同的核化处理方法，大大提高了基于相关滤波的目标跟踪算法的精度与跟踪帧率。针对跟踪目标尺度变化大的问题，Danelljan等人提出了一种基于判别尺度空间跟踪器(Discriminative Scale Space Tracker，DSST)的目标跟踪算法，该算法采用方向梯度直方图(Histograms of Oriented Gradients，HOG)特征训练的尺度滤波器作为估计目标的尺度，能够有效解决目标多尺度变化问题。在众多基于判别式的目标跟踪算法中，以基于多示例的目标跟踪算法最为成功。2011年，Babenko等人[19]提出了一种在线(Multi-Instance Learning)MIL目标跟踪算法，该算法采用多个样本同时学习的方式，当样本中存在一个正样本时，就能够准确学习得到正确结果，从而保证分类器的正确更新。基于压缩感知的目标跟踪算法采用一定的宽松规则来生成一个稀疏投影矩阵，然后将压缩后的数据作为特征来使用。该算法的优点是能够快速地进行特征提取，缺点是缺乏对观测目标信息的有效性的判断，并且会受遮挡等影响，产生更新错误，最终导致目标漂移。

近年来，深度学习在人工智能领域大放异彩，卷积神经网络的再度兴起[20]得益于大规模海量数据的出现和图像处理器性能的提升。虽然目前基于深度学习的目标跟踪算法的研究相对较少，但是基于深度学习的目标跟踪算法在复杂交通场景下的目标跟踪任务取得了不错的成绩。自2014年以来，基于深度学习的一系列跟踪算法逐渐取得了跟踪精度方面的绝对优势。Zhang等人[21]认为，利用目标的局部结构和内部几何布局信息训练的两层卷积网络足够鲁棒，可以用于跟踪目标的表达。Nam[22]提出一种基于CNN的多领域学习框架用于跟踪，在预训练时，模型学习得到多领域的一般表示。在跟踪过程中，模型通过在线学习捕获关于该目标领域的具体信息。得益于CNN强大的特征学习能力和层级结构的优势，深度学习也越来越多地应用于视觉跟踪领域，随着机器计算能力的增强，利用CNN的特征表示能力来跟踪目标已经成为未来的主流趋势。在面向智能网联的新时代，基于深度学习的目标跟踪方法必定会有所发展。

1.2.3 场景解析

智能汽车通过车载传感系统对交通参与者(车辆、行人)与交通环境构成要素(交通标志、道路标识、路面等)进行感知,自主分析周围环境状况并按照预定位置到达指定目的地,最终实现替代人工驾驶的目的。其中,对周围环境状况进行自主分析通过场景理解实现,它既是环境感知任务(目标检测、识别与跟踪)的联合输出,又是后续决策控制的基础。场景理解要求对图像场景进行正确的理解,是一种以图像为对象、知识为核心,融合视觉信息与知识信息的交叉学科,主要研究图像中有什么目标、目标之间有怎样的相互关系、图像所呈现的是什么场景以及如何对呈现的场景进行应用。其研究重点在于如何使计算机系统模拟人类视觉系统以正确理解所感知的图像场景局部目标及场景的全局内容,并从图像中获取有价值的信息进而指导应用。

场景理解根据其研究任务的不同可以分为三大类:场景描述、场景分类及场景解析。

场景描述就是研究图像中有什么目标并对所包含的目标实现语义自动标注。实现场景描述的一个重要算法就是对图像中目标的实例分割。对图像进行实例分割时,首先将物体从背景中分离(即目标检测),再对检测到的物体进行逐像素提取(图像分割)与类别划分(即图像分类)。因此,实例分割是一个融合了目标检测、图像分割与图像分类的综合性问题,相对于物体检测的方框,实例分割可精确到物体的边缘;相对于语义分割,实例分割可以标注出图上同一类别物体的不同个体。实例分割主要基于深度学习的方法实现,如SDS[23]、HyperColumns[24]、CFM[25]、MNC[26]、ISFCN[27]、FCIS[28]、Mask RCNN[29]、PAN[30]等都是为实例分割设计的网络模型。

场景分类指对多幅图像进行甄别,并找出可以划分为同一类场景的图像(具有相似的场景特征),同时正确地对这些图像进行分类,主要研究图像所呈现的是什么场景。场景分类中的关键环节就是如何为图像建立一种有效的表示,该表示既可以稳定地获取反映场景类别的结构信息,又可以抑制纹理等细节上的不显著差异。目前出现的相对流行的场景分类方法主要有三类:基于目标的场景分类、基于区域的场景分类及基于上下文的场景分类。

(1) 基于目标的场景分类方法大部分都是以目标为单位的,也就是说,通过识别一些有代表性的目标来确定图像的类别。然而这种方法需要选择特定环境中的一些固定目标,有一定的局限性。

(2) 基于区域的场景分类方法首先通过目标候选区域选择算法,生成一系列候选目标区域，然后通过深度神经网络提取候选目标区域特征，并用这些特征进行分类。然而生物学和心理学研究表明，当人类视觉系统对周边环境进行感知时，在不需要进行目标判断分析的情况下通过对场景空间布局与全局特征进行感知便可进行场景分类。

(3) 基于上下文的场景分类方法就是将场景图像看作全局目标而非图像中的某一目标或细节，将输入图片作为一个特征，并提取可以概括图像统计或语义的低维特征。这类方法的主要优势在于提高了场景分类的鲁棒性。因为自然图片中很容易掺杂一些随机噪声，这类噪声会对局部处理造成灾难性的影响，而对于全局图像却可以通过平均数来降低这种影响。

上述两种研究都是对静态场景进行的浅层理解，而当场景中既包含静态目标又包含动态目标时，若需要对场景或目标的实时变化进行预测，实现进一步的深入理解，上述两种研究方案都不足以解决这一问题。因此，人们提出了适用于场景中包含动态目标的应用型场景——场景解析。要深入理解一幅图像所包含的意义，首要的是判断图像中包含哪些兴趣对象——目标检测识别，以及对象所在的位置和区域——目标分割。对于动态的对象，还需要结合场景特征预测其运动轨迹——目标跟踪。因此，目标检测识别、目标分割、目标跟踪都是场景解析中的关键子任务。在场景解析中，首先基于输入图像提取出视觉特征及关系信息；接着基于学习算法和相应理论进行目标检测、目标分割、目标识别、目标跟踪等任务；最后对已形成的知识进行推理与分析，实现最终的场景解析任务，对场景进行动态预测，完成场景的实际应用功能。场景解析层次结构如图 1-3 所示。

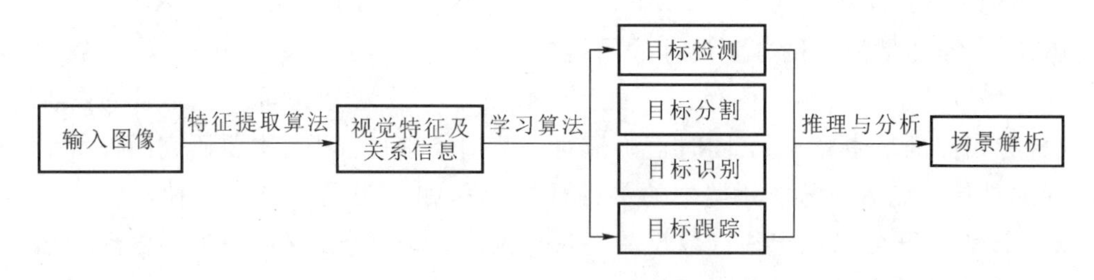

图 1-3　场景解析层次结构图

1.3　视觉智能感知应用

人工智能旨在研究出类似人类一样能够做出判断与反应的智能机器，视觉智能感知是人工智能研究发展到一定阶段的必然产物。视觉智能感知的研究基于深度学习、计算机技术以及图像处理等，随着这些学科的发展，视觉智能感知技术也越来越成熟，并且应用于不同的领域，对经济社会产生了不容忽视的积极作用。视觉智能感知技术与医疗、军事、安防以及交通网联系统的融合，使得智慧医疗、智慧军事、智能安防以及智能网联交通系统应运而生。

1.3.1 智慧医疗

在医学领域，伴随着近年来人工智能的飞速发展，视觉智能感知技术在医学影像处理、智慧医疗方面取得了很多前沿的研究成果，如图 1-4 所示。具体地，目标分割技术已经广泛地应用于医学图像中各种组织的分割，以帮助医生分析病情或对组织器官进行重建等。如脑部核磁共振影像中的白质高信号灶分割[31]将脑部核磁共振图像中的灰质、白质、脑脊髓等脑部成分进行分割；细胞组织分割将细胞图像中的细胞核、白细胞和红细胞进行分割；血管图像的分割通过分割重建血管三维图像。目标检测与识别技术能够对器官、组织及标记区域进行准确定位，将研究细节具体到某一局部区域以进行病灶的检测，及时

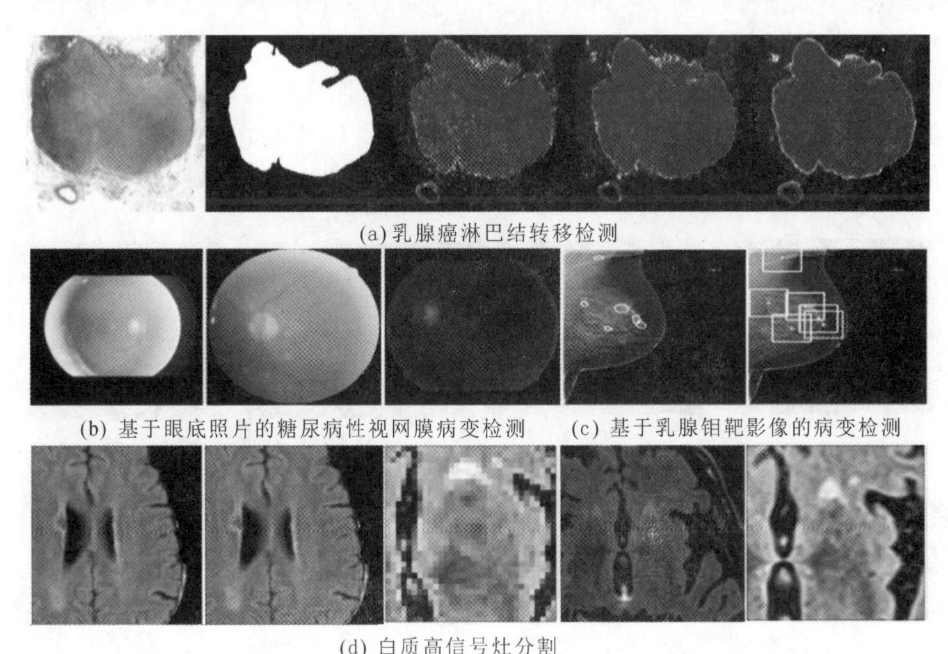

(a) 乳腺癌淋巴结转移检测

(b) 基于眼底照片的糖尿病性视网膜病变检测　(c) 基于乳腺钼靶影像的病变检测

(d) 白质高信号灶分割

图 1-4　视觉智能感知技术在智慧医疗中的应用实例

发现恶化细胞，提前控制病情。如基于乳腺钼靶影像的病变检测[32]，能够有效地检查钼靶影像中间的异常密度区域，就可以很好地降低人工筛查的工作量；基于皮肤镜照片的皮肤癌分类诊断[33]、基于数字病理切片的乳腺癌淋巴结转移检测[34]、基于眼底照片的糖尿病性视网膜病变检测[35]等(见图1-4)，其检测结果都已经达到了人类专家水平，甚至有的超过了大部分人类专家水平，接近一些非常有经验的专家水平。目标跟踪技术在医学超声波和核磁序列图像的自动分析中有广泛应用。超声波图像中的噪声经常会淹没单帧图像中的有用信息，使静态分析十分困难，如果利用序列图像中目标在几何上的连续性和时间上的相关性，得到的结果将更加准确。

1.3.2 智慧军事

在军事领域，视觉智能感知技术主要通过对雷达、卫星、无人机等采集到的军事图像进行分析，获取军事目标的位置、大小等参数，并识别、跟踪相应目标。具体地，目标分割技术主要用于对雷达图像中的军事目标(如士兵、战斗机、坦克、军事设施等)进行分割，获取重要军事信息，为实现军事目的提供可靠保障，如图1-5所示。如通过边缘分割，对卫星图像中的战斗机和周围环境进行分割[36]；采用融合通道透明值的方法对红外图像中的士兵、军车等目标进行分割[37]。目标检测与识别技术能够对军事图像中的重要军事目标(军用机场、军事基地、军用车辆等)进行检测和识别。如基于卫星雷达图形对军用机场进行检测和识别，从而准确地鉴别军用机场，为军事战略打击提供可靠的

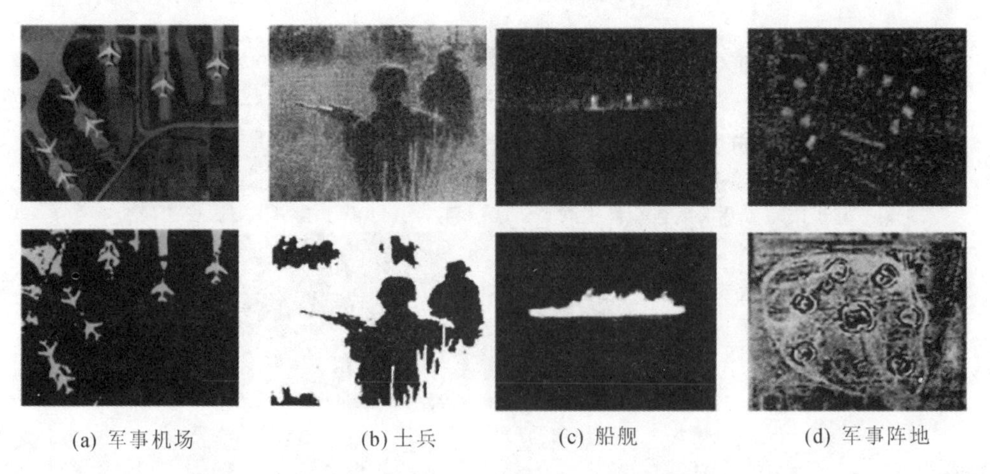

(a) 军事机场　(b) 士兵　(c) 船舰　(d) 军事阵地

图1-5 视觉智能感知技术在智慧军事中的应用实例

信息；基于合成孔径雷达的军用车辆目标检测与识别[38]，利用合成孔径雷达对金属材质响应明显的特点，结合图像检测与识别技术，能够有效地检测与识别出军用车辆目标，为精确打击提供有力保障；基于遥感图像的军事基地的检测与识别，通过对遥感图像的分析，检测与识别军事基地所在位置，能够高效地定位出重要军事目标，大大降低人工搜索的成本。目标跟踪技术在飞机、导弹跟踪中有着较为广泛的应用。如基于红外图像的空空导弹跟踪技术[39]利用空空导弹头部图像传感器获取的图像，通过图像跟踪方法对目标实时跟踪，提高导弹命中精度。场景理解在军事领域的应用主要侧重于无人机、无人船舰等无人驾驶武器设备对战场环境的理解。如无人机在执行任务时，通过图像场景的理解，实时感知战场环境[40]，为其作战任务规划、任务决策等提供依据，提高智能化程度。

1.3.3 智能安防

所谓安防，就是“安全防范”，指通过准备和保护来应付攻击或避免伤害。传统的安防系统只能完成一段时间内的视频存储记录，仅可为事后分析提供证据，其事后调取查阅的方式在一定程度上满足了社会的需求，但在事前预/报警上的缺位，导致无法采取防御措施来避免事态趋于恶化，让防范的意义大打折扣。随着人工智能技术尤其是图像、视频识别技术的发展，新型安防系统可以通过对视频传感器获取的信息进行智能分析来实现自动的场景理解，预测被观察目标的行为以及交互性行为。智能化已经不再像过去那样只是安防行业应用的一个点缀，而成为真正的核心。具体而言，目标检测技术通过对目标进行精确检测，使得安防系统的防护能力显著提高。其中应用最为广泛的是人脸检测[41]——对于给定的图像或动态视频，实时地判断其中是否包含人脸，并返回人脸的位置区域及大小，对不同尺度、不同角度的人脸实现高精度的检测，以便于后续的人脸识别及身份验证。目标跟踪技术在安防领域中同样被广泛应用，其中的重要代表是行人多目标跟踪[42]，其多用于视频监控中。全景区域内多个移动目标或指定目标的自动跟踪为后续实现对运动目标可疑行为进行报警输出提供了基础，从而实现了高等级要求的安保需求，如图 1-6 所示。场景解析作为智能感知中的最高级技术，在智能安防中的应用也不容小觑。它通过对监控视频画面中内容的理解与解析，可以对滞留、人群行为和群体轨迹进行分析，为监控者提供有用的关键信息，同时为公安机关实现快速、精准、移动化指挥提供依据。

图 1-6　视觉智能感知技术在智慧安防中的应用实例

1.3.4　智能网联交通系统

在交通领域，随着人工智能、深度学习、5G 通信网络的飞速发展，视觉智能感知技术将在智能网联交通系统中得到广泛应用。具体来说，车载终端能够实时地对获取的交通图像进行处理，具备智能环境感知和理解解析能力，能够自动分析车辆行驶的安全及危险状态，是实现辅助驾驶、智能网联、自动驾驶等应用的前提。车载终端对交通图像的处理就是视觉智能感知技术应用的典型实例，基于视觉的智能感知实质上是对交通场景的多层次感知与理解的过程，包括前方道路环境交通参与要素(道路标线、道路交通标志、行驶车辆、行人等)的检测、识别与跟踪。道路的分割能够确定车辆行驶的边界区域，道路标线的检测[43]能够协助智能车辆获取道路的详细信息，包括车道数量、道路是直线型还是曲线型等；道路交通标志检测[44]能够对道路前方的交通标志信息所表示的行驶规则进行准确获取与解析；动静态障碍物的检测可定位交通场景中需要避让的所有目标。通过分析处理获取到的上述场景感知数据，得到车辆自身位置、其余交通参与者(车辆、行人)所在位置(本车与其他交通参与者之间的相对位置关系)以及车辆的可通行区域，再根据其余交通参与者的运动意图来推测未来车辆的运动轨迹，实现安全行驶。具体任务可以分解成三部分：首先分别采用目标检测识别算法与目标跟踪算法获得场景中其余交通参与者的三维信息及运动信息，同时，目标检测算法对车道位置、道路边界实现检测并在此基础上形成一种场景的拓扑结构表示；其次，对场景中的交通标志进行识别并设计方法理解需要遵守的交通规则；最后，对车辆的下一步运动轨迹进行推理和判断，例如当前要保持车道还是要换道、前方路口要左转还是右转等。上述三部分任务的联合实现了车载摄像头的多层次智能感知，流程示意图与应用实例分别如图 1-7、图 1-8 所示。

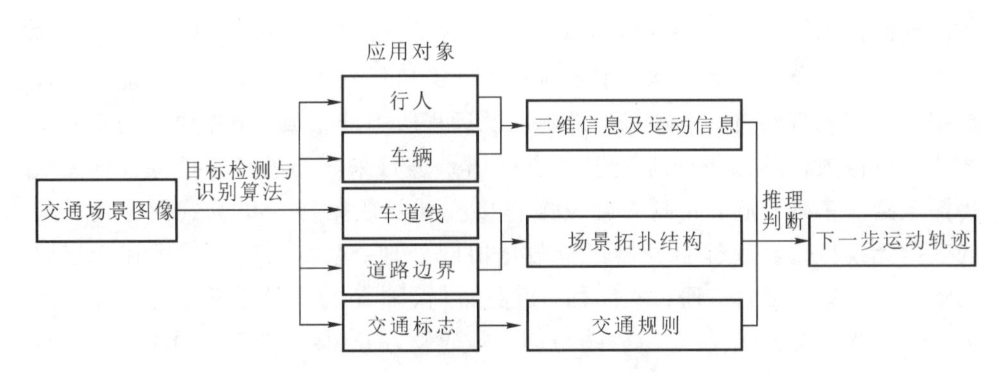

图 1－7　视觉多层次智能感知流程示意图

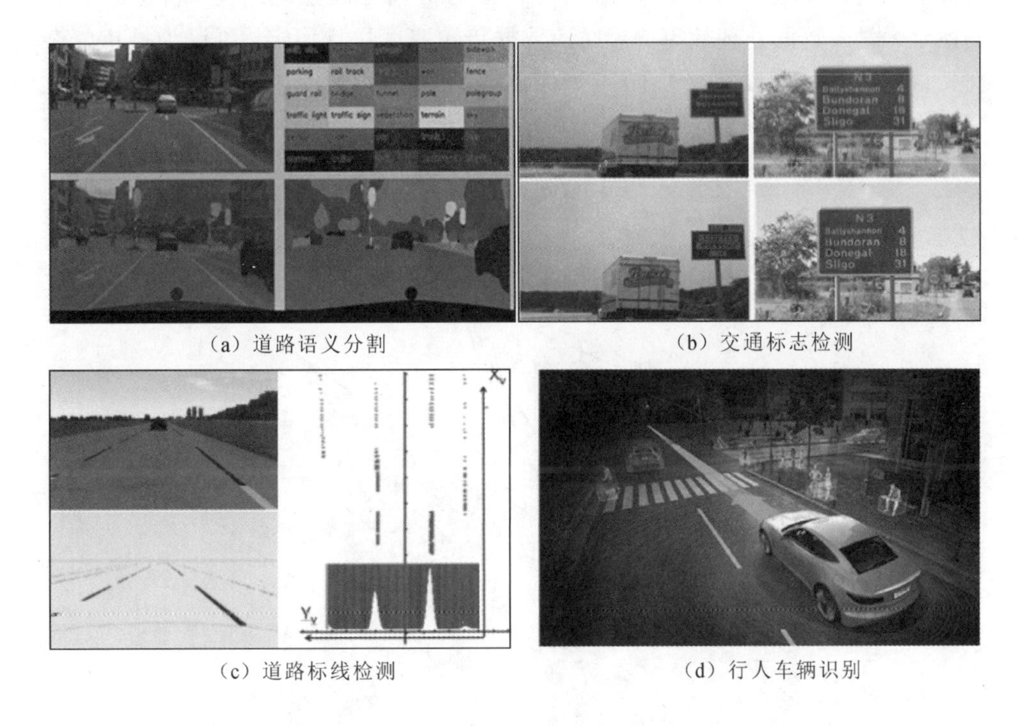

（a）道路语义分割　　（b）交通标志检测

（c）道路标线检测　　（d）行人车辆识别

图 1－8　视觉智能感知在智能交通系统中的应用实例

除此之外，面向智能网联的应用，基于视觉的交通基础设施智能化也将成为未来智能网联交通系统的热点研究方向。通过智能基础设施以及 5G 通信技术等可以将车辆与周围的一切（包括基础设施、行人等）连接起来，以确保安全有效的可通行区域和行车环境，这使得智能网联交通系统更高效、更安全。本书在交通基础设施智能化方面也进行了一定研究，并且创新性地设计了面向智能网联汽车场景理解的图像数据感知与协同处理系统，如图 1－9 所示。该系统面向的对象为交通场景，主要应用于交叉口场景中，由单移动智能体图像数据感知与处理装置、路侧基础设施以及远程服务器组成，工作原理为单移动智能体图像数据感知与处理装置对道路场景进行采集与处理，并将数据无线传输至路侧基础设施，路侧基础设施将接收到的数据与 360°全景摄像头采集的数据无线传输至远程服务器进行数据协同处理。系统的核心技术在于道路场景信息采集及处理，通过对路面、道路布局、邻近位置单一智能体、邻近环境、道路障碍物(包括静态障碍物与动态障碍物)的获取，再应用目标分割、目标检测、目标跟踪及场景理解技术，实现多视角群智信息数据的融合。这种面向智能网联汽车场景理解的图像数据感知与协同处理系统结构简单，系统构成稳定，图像数据处理效率高，通信数据传输速度快且稳定，可以为城市复杂交叉口路段智能网联车辆协同通行控制与引导提供支持，加快推动智能网联汽车产业的落地实现。

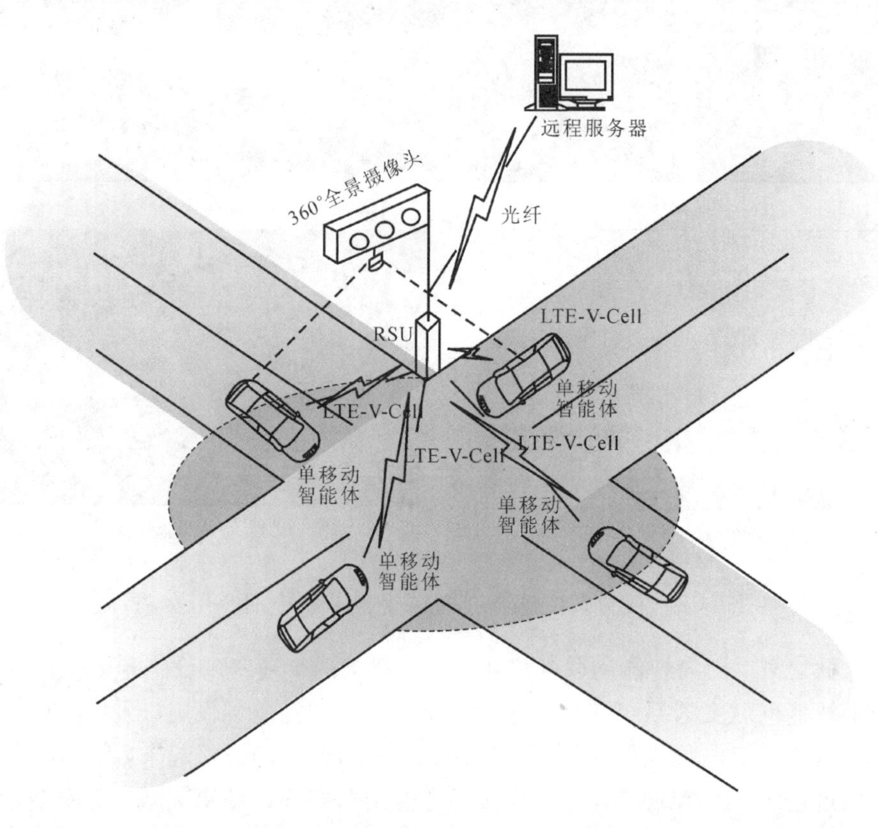

图 1－9　面向智能网联汽车场景理解的图像数据感知与协同处理系统

参考文献

[1] KASS M, WITKIN A, TERZOPOULOS D. Snakes: Active contourmodels [J]. International Journal of Computer Vision, 1988, 1(4): 321-331.

[2] LONG J, SHELHAMER E, DARRELL T. Fully convolutional networks for semantic segmentation[C]. Computer Vision and Pattern Recognition. IEEE, 2015: 3431-3440.

[3] BADRINARAYANAN V, HANDA A, CIPOLLA R. SegNet: A deep convolutional encoder-decoder architecture for robust semantic pixel-wise labelling[J]. arXiv p-reprint arXiv: 1505. 07293, 2015.

[4] CHEN L C, PAPANDREOU G, KOKKINOS I, et al. DeepLab: Semantic Image S-egmentation with Deep Convolutional Nets, Atrous Convolution, and Fully Connected CRFs. [J]. IEEE Transactions on Pattern Analysis & Machine In-telligence, 2016(99): 1.

[5] VIOLA P, JONES M. Fast and Robust Classification using Asymmetric AdaBoost and a Detector Cascade[J]. Advances in Neural Information Processing Systems, 2001, 14: 1311-1318.

[6] JOACHIMS T. Making large-scale SVM learning practical[J]. Technical Reports, 1998, 8(3): 499-526.

[7] SALTI S, CAVALLARO A, STEFANO L D. Adaptive appearance modeling for video tracking: Survey and evaluation[J]. IEEE Transactions on Image Processing, 2012, 21(10): 4334-4348.

[8] FAN C S, LIANG J M, LIN Y T, et al. A survey of intelligent video surveillance systems: History, applications and future[J]. Frontiers in Artificial Intelligence and Applications, 2015, 274: 1479-1488.

[9] UENG S K, CHEN G Z. Vision based multi-user human computer interaction[J]. Multimedia Tools and Applications, 2016(16): 1-18.

[10] MARCENARO L, OBERTI F, REGAZZONI C S. Object Tracking and Shoslif Tree Based Classification Using Shape and Color Features[J]. Video-Based Surveillance Systems, 2002: 123-134.

[11] TISSAINAYAGAM P, SUTER D. Object tracking in image sequences using point features[J]. Pattern Recognition, 2005, 38(1): 105-113.

[12] SILVEIRA G, MALIS E. Real-time visual tracking under arbitrary illumination changes [A]. IEEE Conference on Computer Vision and Pattern Recognition, 2007: 1-6.

[13] HUANG L , BARTH M. Real-Time Multi-Vehicle Tracking Based on Feature Detection and Color Probability Model[C]. IEEE Intelligent Vehicles Symposium. IEEE, 2010.

[14] NING J, ZHANG L, ZHANG D, et al. Robust object tracking using joint color-texture histogram[J]. International Journal of Pattern Recognition and Artificial Intelligence, 2009, 23(7): 245-1263.

[15] BRADLEY E, KRATOCHVIL. Real-time rigid-body visual tracking in a scanning electron

microscope[C]. IEEE-NANO IEEE Conference on Nanotechnology. IEEE, 2007.

[16] ZHANG K, ZHANG L, YANG M H. Real-time compressive tracking[A]. European Conference on Computer Vision[C], 2012: 864 - 877.

[17] HENRIQUES J F, CASEIRO R, MARTINS P, et al. Kernelized Correlation Filters[J]. IEEE Transactions on Pattern Analysis and Machine Intelligence, 2012.

[18] HENRIQUES J F, CASEIRO R, MARTINS P, et al. High-Speed Tracking with Kernelized Correlation Filters[J]. IEEE Transactions on Pattern Analysis and Machine Intelligence, 2015, 37(3): 583 - 596.

[19] BABENKO B, YANG M H, BELONGIE S. Robust Object Tracking with Online Multiple Instance Learning[J]. IEEE Transactions on Pattern Analysis and Machine Intelligence, 2011, 33(8): 1619 - 1632.

[20] KRIZHEVSKYA , SUTSKEVER I , HINTON G. ImageNet Classification with Deep Convolutional Neural Networks[J]. Advances in neural information processing systems, 2012, 25(2): 1106 - 1114.

[21] ZHANG J, MA S, SCLAROFF S. MEEM: Robust Tracking via Multiple Experts Using Entropy Minimization[C]. European Conference on Computer Vision, 2014.

[22] NAM H, HAN B. Learning Multi-domain Convolutional Neural Networks for Visual Tracking[J], 2015.

[23] HARIHARAN B, ARBELÁEZ P, GIRSHICK R, et al. Simultaneous Detection and Segmentation[J]. Lecture Notes in Computer Science, 2014, 8695: 297 - 312.

[24] HARIHARAN B , ARBELÁEZ, PABLO, GIRSHICK R, et al. Hypercolumns for Object Segmentation and Fine-grained Localization[C]. IEEE Conference on Computer Vision & Pattern Recognition, Boston, MA, 2015(185): 447 - 456.

[25] DAI J, HE K, SUN J. Convolutional Feature Masking for Joint Object and Stuff Segmentation[C]. IEEE Conference on Computer Vision & Pattern Recognition, Boston, MA, 2015: 3992 - 4000.

[26] DAI J, HE K, SUN J. Instance-aware Semantic Segmentation via Multi-task Network Cascades[C]. IEEE Conference on Computer Vision & Pattern Recognition, Seattle, WA, 2016: 3150 - 3158.

[27] DAI J, HE K , LI Y, et al. Instance-sensitive Fully Convolutional Networks[J]. Lecture Notes in Computer Science, 2016, 9910: 534 - 549.

[28] LI Y, QI H, DAI J, et al. Fully Convolutional Instance-aware Semantic Segmentation [C]. IEEE Conference on Computer Vision and Pattern Recognition, Honolulu, HI, 2017: 4438 - 4446.

[29] HE K, GKIOXARI G, DOLLAR P, et al. Mask R-CNN[J]. IEEE Transactions on Pattern Analysis & Machine Intelligence, 2017(99): 1.

[30] LIU S, QI L, QIN H, et al. Path Aggregation Network for Instance Segmentation[C]. IEEE Conference on Computer Vision and Pattern Recognition, Salt Lake City, UT, 2018: 8759 - 8768.

[31] GHAFOORIAN M, KARSSEMEIJER N, HESKES T, et al. [IEEE 2016 IEEE 13th

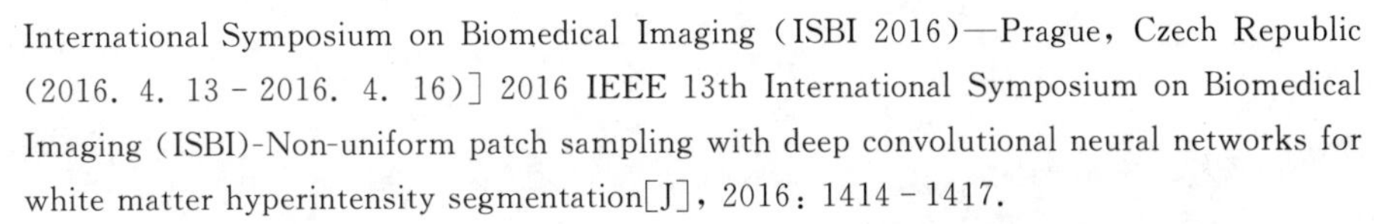

International Symposium on Biomedical Imaging (ISBI 2016)—Prague, Czech Republic (2016. 4. 13 - 2016. 4. 16)] 2016 IEEE 13th International Symposium on Biomedical Imaging (ISBI)-Non-uniform patch sampling with deep convolutional neural networks for white matter hyperintensity segmentation[J], 2016: 1414 - 1417.

[32] KOOI T, LITJENS G, VAN GINNEKEN B, et al. Large scale deep learning for computer aided detection of mammographic lesions[J]. Medical Image Analysis, 2017, 35: 303 - 312.

[33] ESTEVA A, KUPREL B, NOVOA R A, et al. Dermatologist-level classification of skin cancer with deep neural networks[J]. Nature, 2017, 542(7639): 115 - 118.

[34] LIU Y, GADEPALLI K, NOROUZI M, et al. Detecting Cancer Metastases on Gigapixel Pathology Images[J]. arXiv preprint arXiv: 1703. 02442, 2017.

[35] VOETS M, MOLLERSEN, KAJSA, BONGO L A. Replication study: Development and validation of deep learning algorithm for detection of diabetic retinopathy in retinal fundus photographs[J]. PLoS ONE, 2018.

[36] CUI ZHAOHUA, GAO LIQUN. Improved Snake model and its application in target extraction[C]. National Conference on space and sports control technology, 2008: 162 - 167.

[37] CUI ZHAOHUA, GAOLIQUN, MA HONGBIN, et al. An improved alpha-matting algorithm and its application in military targets[J]. Journal of Bohai University (Natural Science Edition), 2013(2):225 - 231.

[38] CHEN MO, WANG NIAN. SAR image recognition method based on two-stage 2DLDE feature extraction[J]. Journal of Anhui University(Natural Sciences), 2013, 37(2): 69 - 74.

[39] WANG HONGBO, ZHUANG ZHIHONG, ZHENG HUALI, et al. Investigation of Target Recognition and Tracking Algorithm for Infrared Imaging Air-to-AirMissile[J]. Journal of Detection and Control, 2003, 25(4): 1 - 6.

[40] WU LIZHEN, SHEN LINCHENG, NIU YIFENG, et al. Research on Battle Environmental Sensing and Perception Methodology for Unmanned Aerial Vehicle[J]. Journal of System Simulation, 2010, 22(s1):79 - 84.

[41] HU P, RAMANAN D. Finding Tiny Faces [J], Computer Vision and Pattern Recognition, 2016.

[42] CHU Q, OUYANG W, LI H, et al. Online Multi-Object Tracking Using CNN-based Single Object Tracker with Spatial-Temporal Attention Mechanism [C], IEEE International Conference on Computer Vision, Venice, ITALY, 2017: 4846 - 4855.

[43] GRUYER D, BELAROUSSI R, REVILLOUD M. Accurate lateral positioning from map data and road marking detection[J]. Expert Systems with Applications, 2016, 43(C): 1 - 8.

[44] ZHU Y, LIAO M, YANG M, et al. Cascaded Segmentation-Detection Networks for Text-Based Traffic Sign Detection[J]. IEEE Transactions on Intelligent Transportation Systems, 2018, 19(1): 209 - 219.

第二章

目标分割技术

在图像应用研究中，人们往往仅对其中的某些部分感兴趣，这些部分常称为目标或前景(其他部分称为背景)，它们一般对应图像中某些特定的、具有独特性质的区域。这里的独特性可以是像素的灰度值、物体轮廓曲线、颜色、纹理、运动信息，也可以是空间频谱或直方图特征等。用来表示某一物体的区域，其特征都是相近或相同的，但是不同物体的区域之间，其特征就会急剧变化。图像分割是指按一定的原则将图像分为若干特定的、具有独特性质的部分或子集，并提取出感兴趣区域，便于更高层的分析与理解。因此，它是目标特征提取、识别与跟踪的基础。

图像分割技术是计算机视觉和人工智能领域中一项意义重大而又颇为艰巨的研究工作。国内外学者对其进行了深入、广泛的研究，提出了不少算法，如阈值法、匹配法、区域生长法、多尺度法、小波分析法等。但是到目前为止，仍没有一种通用的方法能够对所有的图像进行高精度分割，因此这被认为是图像处理领域的一个瓶颈。现有的分割方法大体上可以分为基于边缘检测的分割方法、基于阈值的分割方法、基于区域的分割方法及其他分割方法。但上述方法并非截然分开，很多方法之间存在交叠。以下内容将对与上述四类分割算法相关的方法改进及实际项目应用进行详细论述。

2.1 经典目标分割

目标分割技术起源较早，因此涌现出了一批经典的目标分割技术、方法，其中包括基于边缘检测的分割方法、基于阈值的分割方法、基于区域的分割方法等。这类方法主要从目标图像固有的特征着手，通过特定属性特征对目标进行分割，这类方法的抗干扰能力一般较差，适用于目标特征明显的图像。

2.1.1 基于边缘检测的路面裂缝分割算法

图像边缘是图像最重要的信息之一，边缘检测是实现图像分割的一种重要途径，是图像分析与识别领域中的一个十分引人关注的课题。所谓边缘，是指图像中像素灰度有阶跃变化或屋顶变化的那些像素的集合，是图像的最基本特征，是图像局部特性不连续的结果。它存在于目标与背景、目标与目标、区域与区域、基元与基元之间，在图像分割及分析中有着十分重要的作用。边缘能勾画出目标物体的轮廓，其信息包含方向、阶跃性质、形状等，是图像分割的重要依据。基于边缘检测的图像分割方法是通过搜索不同区域之间的边界，来完成图像分割的。其具体做法是：首先利用合适的边缘检测算子提取出待分割场景不同区域的边界，然后对边界内的像素进行连通和标注，从而构成分割区域。

边缘有方向和幅度两个特性，通常沿边缘走向的像素特征变化平缓，垂直于边缘走向的像素特征变化剧烈。如图 2－1 所示，常见图像的边缘可以分为四种：第一种是斜坡边缘，即从一个灰度到比它高很多的另一个灰度，一般用其高度、倾斜角和斜坡中点的水平坐标值来表述边缘的特性。只有当边缘的高度大于某一特定值时才认为此斜坡存在，理想情况下，边缘被标记为斜坡中点上的单一像素。第二种是阶梯边缘，即斜坡边缘的倾斜角度是90°。在一个数字图像系统中，阶梯边缘仅存在于仿真图像中。第三种是屋顶边缘，它的灰度先缓慢增加，随后又慢慢减小；第四种是线性边缘，它的灰度从一个级别跳到另一个灰度级别之后再跳回原来的级别。

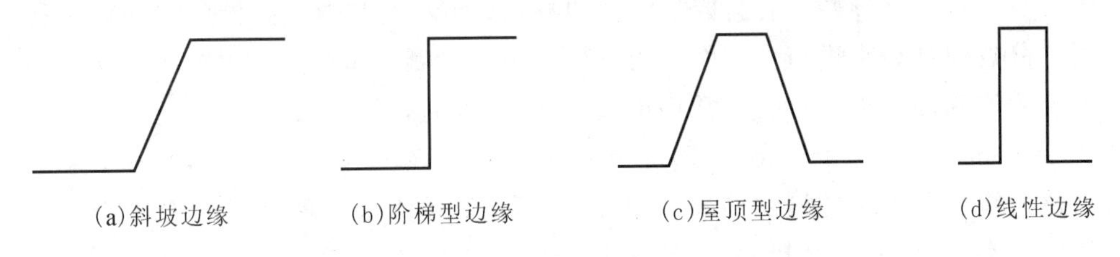

图 2－1 边缘类型

对于真实的图像，往往会在采集或传输的过程中受到噪声的干扰，因此，好的边缘检测方法既要检测出精确的边缘位置，又要平滑掉图像中的干扰噪

声。通常情况下边缘检测包含以下四个主要步骤：

（1）滤波：基于图像灰度的一阶或二阶导数的边缘检测算法对图像噪声比较敏感，有必要使用噪声滤波器来平滑图像，提高边缘检测的效果。很多滤波算子虽然能够平滑图像的噪声，但同时也会平滑掉一部分边缘信息。因此，滤波算子尽量要做到平滑噪声的同时不对边缘产生副作用，这是边缘检测领域中仍需进一步研究的难点问题。

（2）增强：边缘增强的基础是确定图像各点邻域强度的变化值。增强算法可以将邻域(或局部)强度值有显著变化的点突显出来。边缘增强一般是通过计算梯度幅值来完成的。

（3）检测：在图像中有许多点的梯度幅值比较大，而这些点在特定的应用领域中并不都是边缘，所以应该用某种方法来确定哪些点是边缘点。最简单的边缘检测判据是梯度幅值阈值判据。

（4）定位：如果要确定边缘位置，边缘的位置和方位可以在亚像素分辨率上被估计出来。

图像边缘检测流程如图 2-2 所示。

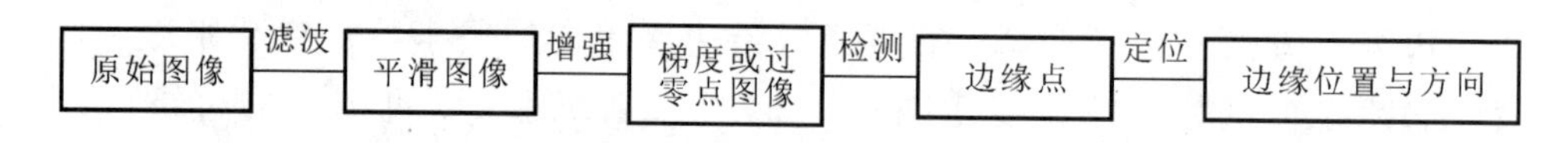

图 2-2　图像边缘检测流程

边缘检测实质上是一种像素特性不连续性影像分割，因为边缘的存在是像素灰度值不连续的结果，这种不连续可以利用求一阶或二阶导数的方法进行检测。经典的边缘检测方法就是对原始图像按像素的某邻域考察灰度的阶跃变化，根据边缘邻近一阶或二阶导数变化方向的思想，构造边缘检测算子。因而，边缘检测的目标就是检测边缘模型的一、二阶导数的极值点或零点，用微分算子计算其导数。根据数字影像的特点，实际上在数字图像中求导数是利用差分近似微分来进行的，称为微分算子边缘检测，其总体上也分为两类：过零点检测和局部极值检测。常用的算子有 Roberts 算子、Sobel 算子、Prewitt 算子、Laplacian 算子、LoG[1] 算子和 Canny[2] 算子等。以 Lena 图像为例，采用上述边缘检测算法的检测结果如图 2-3 所示。具体每一种算子的方法原理在任何一本图像处理书籍中都有详细介绍，这里不再赘述。面向工程应用，Canny 算子具有很好的信噪比和检测精度，是数字图像处理中应用较为广泛的边缘检测算子。本节将侧重论述基于实际路面养护工程提出的一种 Canny 算子参数优化方法，以及其在路面裂缝检测中的具体实现与应用效果。

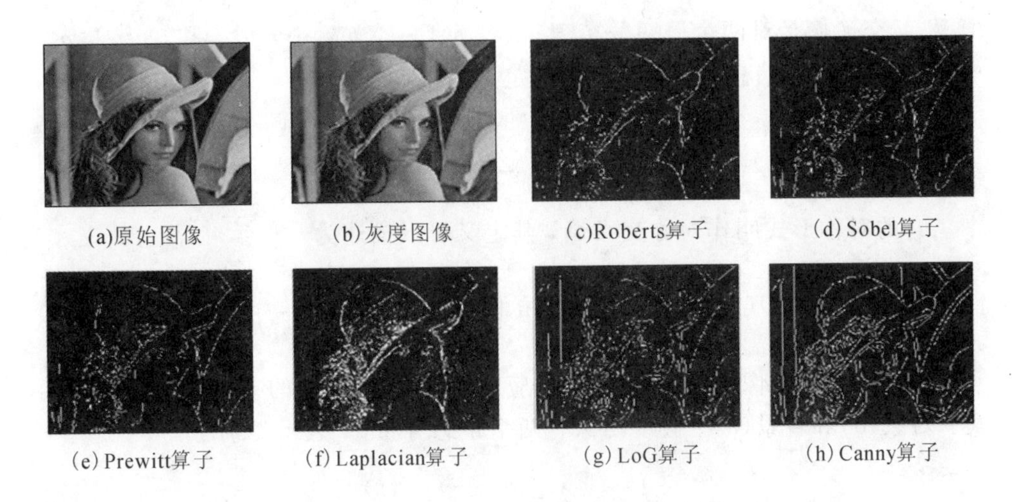
(a)原始图像 (b)灰度图像 (c)Roberts算子 (d)Sobel算子
(e)Prewitt算子 (f)Laplacian算子 (g)LoG算子 (h)Canny算子

图 2-3 不同边缘检测算子检测结果

Canny 被看作一种优良的边缘检测算子，它具有以下三个特性：

(1) 低失误概率：既要减少将真正的边缘丢失，也要减少将非边缘判为边缘。

(2) 高定位度：检测到的边缘点与实际边缘点位置最近。

(3) 唯一性：对于单个边缘点仅有一个响应。

因此，国内外学者对 Canny 边缘检测算法进行了大量的研究，提出了 Canny 算子的很多变体。但这些方法都包含大量参数，严重影响算法的鲁棒性与有效性。本节面向道路路面质量检测与养护，提出了 Canny 边缘检测的参数优化确定(Parameter Optimal Determination for Canny Edge Detection, POD-CED)算法。通过实验验证，在大多数情况下改进后的算法可以取得较好的边缘检测效果。该算法首先利用自适应滤波器对图像进行平滑处理，计算平滑图像所有像素的方向导数和振幅并进行非最大抑制操作，然后根据类间最大交叉熵和贝叶斯判断理论确定梯度幅度图像的高阈值和低阈值，最后根据需要对目标边界进行跟踪[3]。该算法详细步骤如下：

(1) 输入原始灰度图像 $f(x, y)$。

(2) 对 $f(x, y)$ 进行两次平滑处理，得到平滑后的图像 $s(x, y)$。

(3) 计算平滑图像 $s(x, y)$ 中所有像素的方向导数和振幅，得到方向导数矩阵 $\boldsymbol{D}_x(x, y)$，$\boldsymbol{D}_y(x, y)$ 以及梯度大小矩阵 $\boldsymbol{M}(x, y)$。

(4) 对 $\boldsymbol{D}_x(x, y)$，$\boldsymbol{D}_y(x, y)$ 和 $\boldsymbol{M}(x, y)$ 进行非最大抑制操作。

(5) 利用类间最大交叉熵算法和贝叶斯判断理论，求出高阈值 T_h 和低阈

值 T_1。交叉熵是对两个概率分布 $P\{p_1, p_2, \cdots, p_i, \cdots, p_N\}$ 和 $Q\{q_1, q_2, \cdots, q_i, \cdots, q_N\}$ 信息差异的度量，其定义为

$$D(P, Q)=\sum_{i=1}^{N} p_i \ln\left(\frac{p_i}{q_i}\right) \tag{2.1}$$

它的对称形式叫作对称交叉熵，其定义可以描述为

$$D(P:Q)=\sum_{i=1}^{N} p_i \ln\left(\frac{p_i}{q_i}\right)+\sum_{i=1}^{N} q_i \ln\left(\frac{q_i}{p_i}\right) \tag{2.2}$$

一般来说，图像中的物体和背景应该尽可能有较大的差别。图像分为两类：对象(o)和背景(b)。假设图像有两个正态分布，i 表示类别。

$$p(g/i)=\frac{1}{(2\pi)^{1/2}\sigma_i}\exp\left[-\frac{g-\mu_i(t)^2}{2\sigma_i^2(t)}\right](i=o, b) \tag{2.3}$$

式中，$\mu_i(t)$为均值，$\sigma_i(t)$为方差。

对象类与背景类的差异估计如下：

$$\sigma_o^2(t)=\frac{1}{P_o}\sum_{g=0}^{t} h(g)\left[g-\mu_o(t)\right]^2 \tag{2.4}$$

$$\sigma_b^2(t)=\frac{1}{P_b}\sum_{g=t+1}^{L} h(g)\left[g-\mu_b(t)\right]^2 \tag{2.5}$$

对象的先验概率为

$$P_o=\sum_{g=0}^{t} h(g) \tag{2.6}$$

背景的先验概率为

$$P_b=\sum_{g=t+1}^{L} h(g) \tag{2.7}$$

所以,类内均值为

$$\begin{cases}\mu_o(t)=\dfrac{1}{P_o}\displaystyle\sum_{g=0}^{t} gh(g)\\ \mu_b(t)=\dfrac{1}{P_b}\displaystyle\sum_{g=t+1}^{L} gh(g)\end{cases} \tag{2.8}$$

其中，t 为阈值，g 为灰度值，L 是灰度上界。利用贝叶斯算法得到后验概率公式：

$$p(i/g)=\frac{P_i\,p(g/i)}{\sum\limits_{i=o,\,b}P_i\,p(g/i)} \tag{2.9}$$

利用交叉熵法，结合贝叶斯判断理论，测量图像中目标与背景的差值；对于后验概率为 $p(o|g)$和 $p(b|g)$的目标和背景区域，通过不同区域像素的最大后验概率得到最优阈值。基于单像素后验概率的类间交叉熵为

$$D(o:b;g)=\frac{1}{3}\left[1+p(o\mid g)\right]\ln\left[\frac{1+p(o\mid g)}{1+p(b\mid g)}\right]+\frac{1}{3}\left[1+p(b\mid g)\right]\ln\left[\frac{1+p(b\mid g)}{1+p(o\mid g)}\right] \tag{2.10}$$

类间的区别是

$$D(o:b)=\sum_{g\in o}\frac{p(g)}{P_o}D(o:b;g)+\sum_{g\in b}\frac{p(g)}{P_b}D(o:b;g) \tag{2.11}$$

其中，g 为像素灰度。为了简化计算，用灰度直方图来代替概率分布，则有

$$D(o:b;g)=\sum_{g=0}^{T}\frac{h(g)}{P_o}D(o:b;g)+\sum_{g=T+1}^{L}\frac{h(g)}{P_b}D(o:b;g) \tag{2.12}$$

其中，T 是灰度值阈值。最终通过式(2.13)得到最优阈值 $T^*=(T_h,T_l)$，即

$$D(o:b;T^*)=\max_T D(o:b;g) \tag{2.13}$$

(6) 利用高阈值 T_h 和低阈值 T_l 搜索图像 $M(x,y)$ 上的边缘点。

(7) 输出边缘图像 $g(x,y)$。

选取四幅典型图像进行算法实验，分别为 Lena 图像、辣椒图像、岩石图像和狮子图像，并采用能够获得较好结果的文献[4]的方法作为对比算法。实验对比结果如图 2-4 所示。

由图 2-4 可以看出，图(a-2)中的标记 1～6 均未准确检测，图(a-3)中的标记 1、2 检测不完整，图(a-4)中上述标记点的区域细节及闭合度最完整。原始图像图(b-1)中含有大量的黑色条纹信息，POD-CED 检测结果图(b-4)中细节信息完整。针对原始图像图(c-1)，采用传统的 Canny 算法，得到了不同宽度和灰度的裂缝边缘。通过对比可以看出，采用 POD-CED 后检测细节与边缘更完整。原始图像图(d-1)表面大部分比较粗糙，图(d-2)中狮头左右两侧边缘检测不完整，图(d-4)边缘检测最完整。

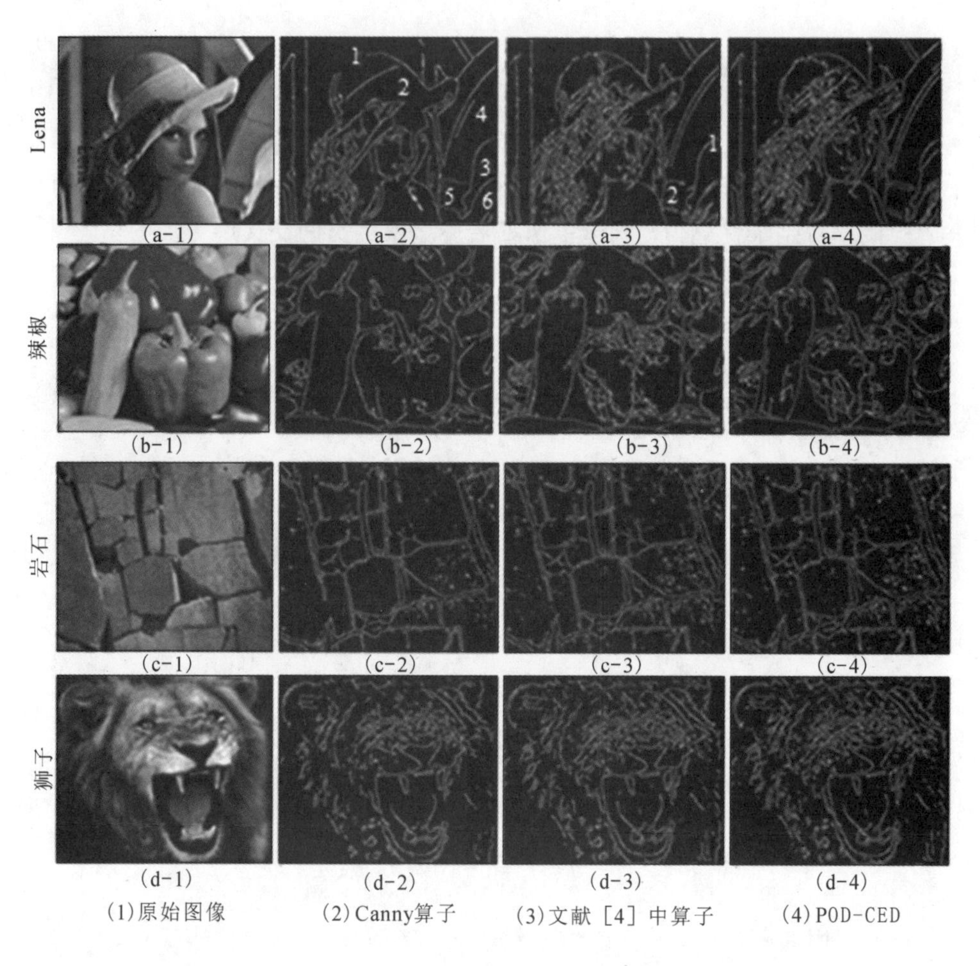

图 2-4　算法实验结果

首先，采用文献[5]提出的客观评价方法对Canny算子、文献[4]的方法与POD-CED算子的实验结果进行对比，以 P、E、E/P 作为评价指标，其中 P 为检测到的边缘数，E 为边缘图像中8邻域内的连接数。E/P 值越小，线性连通度越好，提取的边缘效果越好。三种算法的实验数据如表2-1所示。

其次，为了验证高、低阈值比例系数对传统算子的影响，在对三幅图像使用传统Canny算法进行实验时，特别采用两组高、低阈值比例系数(0.4，0.7)和(0.5，0.8)，并与参考文献[6]的实验结果进行对比。由对比图2-5(a-2)与图(a-3)以及图(b-2)与图(b-3)可以看出，同一张图片采用不同的阈值比例系数所产生的边缘检测效果也不同。对比图2-5(a-3)与图

(b-3)可以看出，图(a-3)边缘检测效果比较好，但是图(b-3)存在较多噪声，这也说明对不同的图像使用相同的比例系数会影响检测结果。对比图2-5(a-4)和图(a-5)、图(b-4)和图(b-5)可以看出，在双阈值自适应获得的情况下，POD-CED的结果较为优良。图2-5(c-1)老虎图像包含大量精细的表面信息，图(c-2)表明如果高阈值 T_h 太高，会丢失很多精细的表面信息。图(c-3)表明当 T_h 设置在低阈值 T_l 附近时，T_l 的变化对检测结果不敏感。综合对比，POD-CED算子的边缘检测提供了更加详细和清晰的边缘信息，检测效果最好。

表2-1 三种算法的实验数据

图像名称	Canny算子			文献[4]的方法			POD-CED算子		
	P	E	E/P	P	E	E/P	P	E	E/P
Lena	6099	123	2.02	9490	166	1.74	9498	151	1.59
辣椒	5457	169	3.10	9215	194	2.10	13624	228	1.67
岩石	5416	295	5.45	6580	424	6.44	7223	567	7.85
狮子	5388	430	7.98	6375	445	6.98	7183	560	7.79

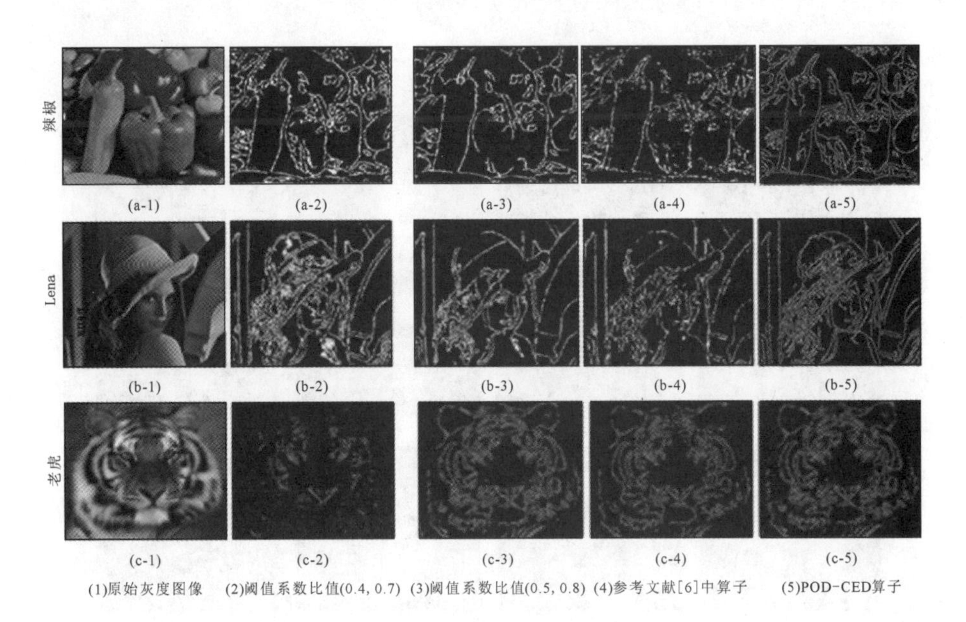

图2-5 图像实验结果

鉴于 POD－CED 算子边缘检测的连续性和完整性比较好，对于图像边缘检测的准确率高，因此将上述算法用于课题组自主研发的多源信息融合道路检测工程车底部的图像采集装置中，以便检测路面质量，见图 2－6。在道路检测车进行路面质量检测与维护的过程中，主要对道路路面裂缝进行检测。实际的工程应用表明 POD－CED 算法能够发挥很好的作用。

(a) CT-501A高速激光道路检测车

(b) CT-301A高速激光道路检测车

图 2－6　道路检测车

针对各种常见类型的路面破损图像，见图 2－7，POD－CED 算法的裂缝检测结果见图 2－8，它与其他算法的实验对比结果见图 2－9。

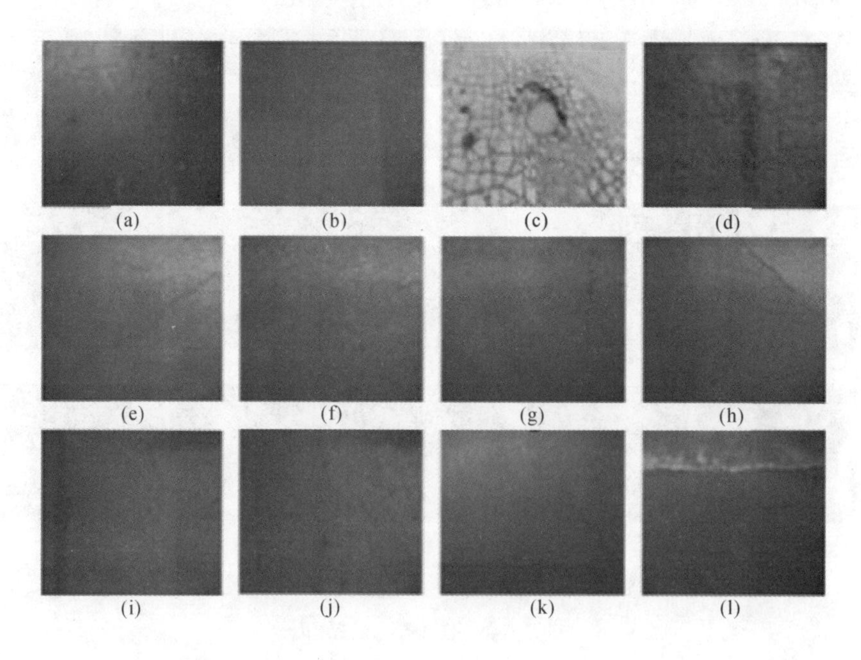

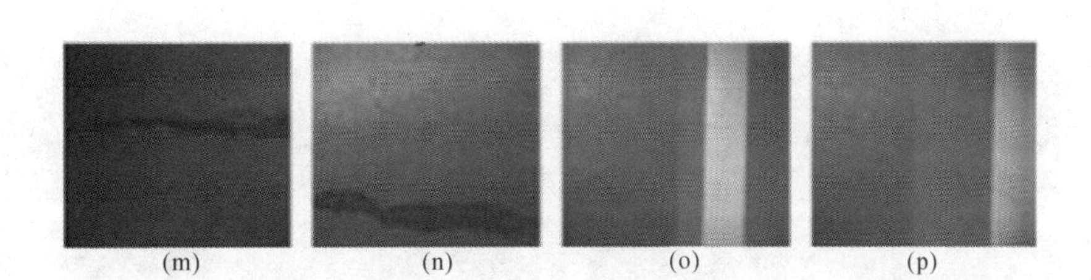

(m)　(n)　(o)　(p)

图 2-7　常见类型的路面破损图像

图 2-7 中，(a)、(b)为完整路面；(c)、(d)为坑洼困扰；(e)、(f)为强对比裂纹；(g)、(h)为弱对比裂纹；(i)、(j)为鳄鱼裂纹；(k)、(l)为路面接缝；(m)、(n)为补丁；(o)、(p)为道路标记。

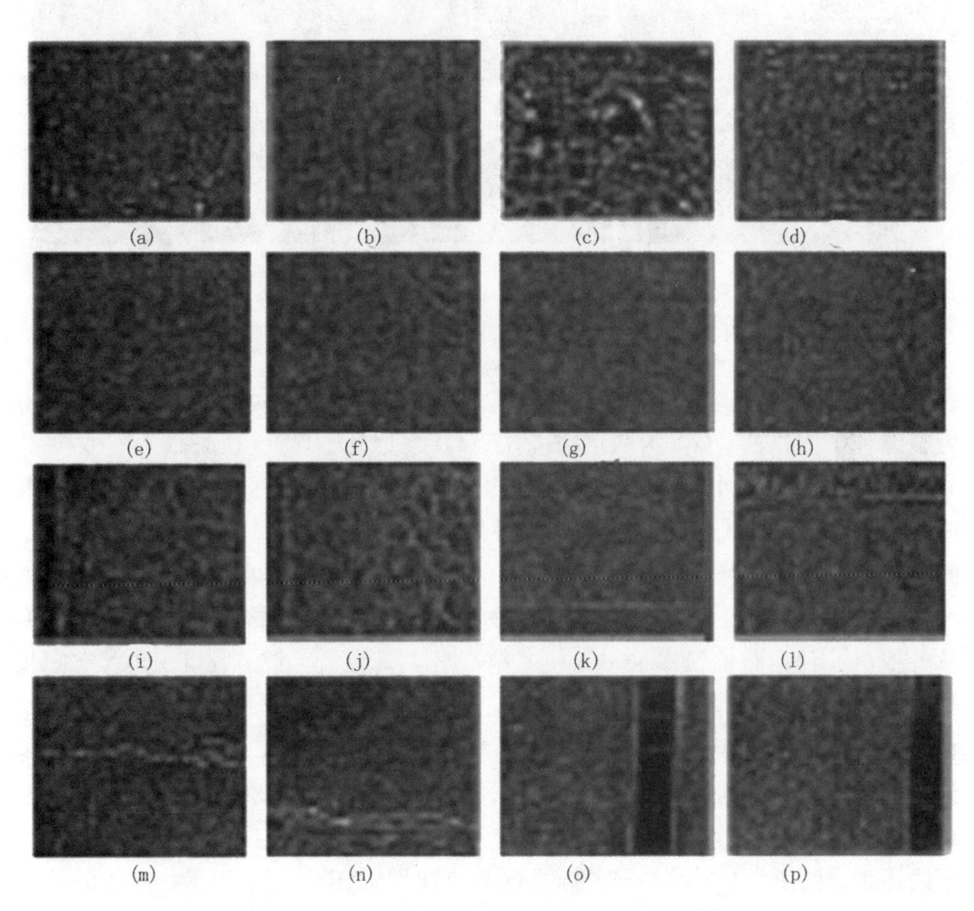

(a)　(b)　(c)　(d)
(e)　(f)　(g)　(h)
(i)　(j)　(k)　(l)
(m)　(n)　(o)　(p)

图 2-8　POD-CED 算法的裂缝检测结果

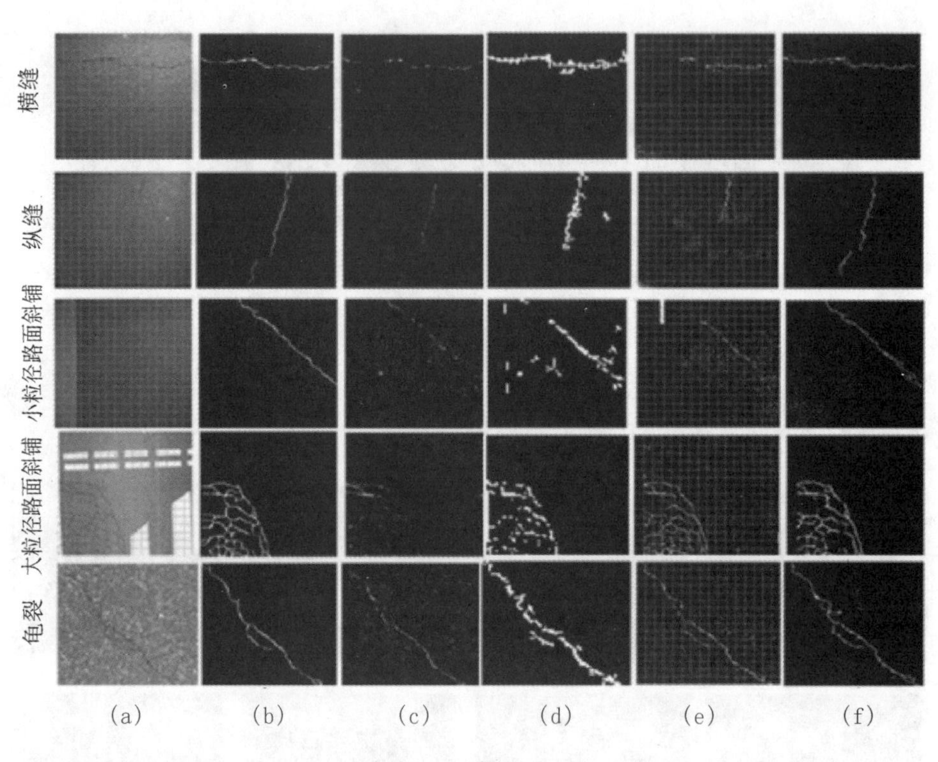

图 2-9 各种算法对路面裂缝的检测对比图

图 2-9 中，(a) 为原始图像；(b) 为人工分割；(c) 为迭代剪裁方法；(d) 为裂缝种子修正法；(e) 为灰度方差法；(f) 为 POD-CED 算法。

除上述情况以外，在道路养护过程中对于含有路面标记的路面破损尤其值得关注。道路标线经过一段时间的使用后，会出现磨损、污染、剥落等现象，而且道路标线下覆盖的路面出现图 2-7 所示的各种病害后，也会导致道路标线损害。因此，利用 POD-CED 得到的边缘二值图像，结合 Beamlet 变换，有学者提出一种道路标线 Beamlet 快速精确分割算法[7]。该算法采用“以空间换时间”的方法，首先将不同尺度 Beamlet 上的像素坐标事先存储到查找表中，在进行 Beamlet 变换时可直接从查找表中提取像素坐标，然后设计直线边缘分割能量函数，得到分割结果。该方法不仅能够定位需要养护的完整道路标线，而且能够获取详细的路面破损及标线破损信息。针对具有不同模式的路面标线图像，见图 2-10，部分实验结果及对比图如图 2-11 所示，具体的算法性能对比如表 2-2 所示。

表 2-2 动态阈值与全局阈值结合法与本节算法的性能对比

测试项目	单幅图像平均处理时间/s	误检率(%)	漏检率(%)	准检率(%)
动态阈值与全局阈值结合法	1.563	21.6	4.6	73.8
本节算法	1.613	0.6	0.4	99.0

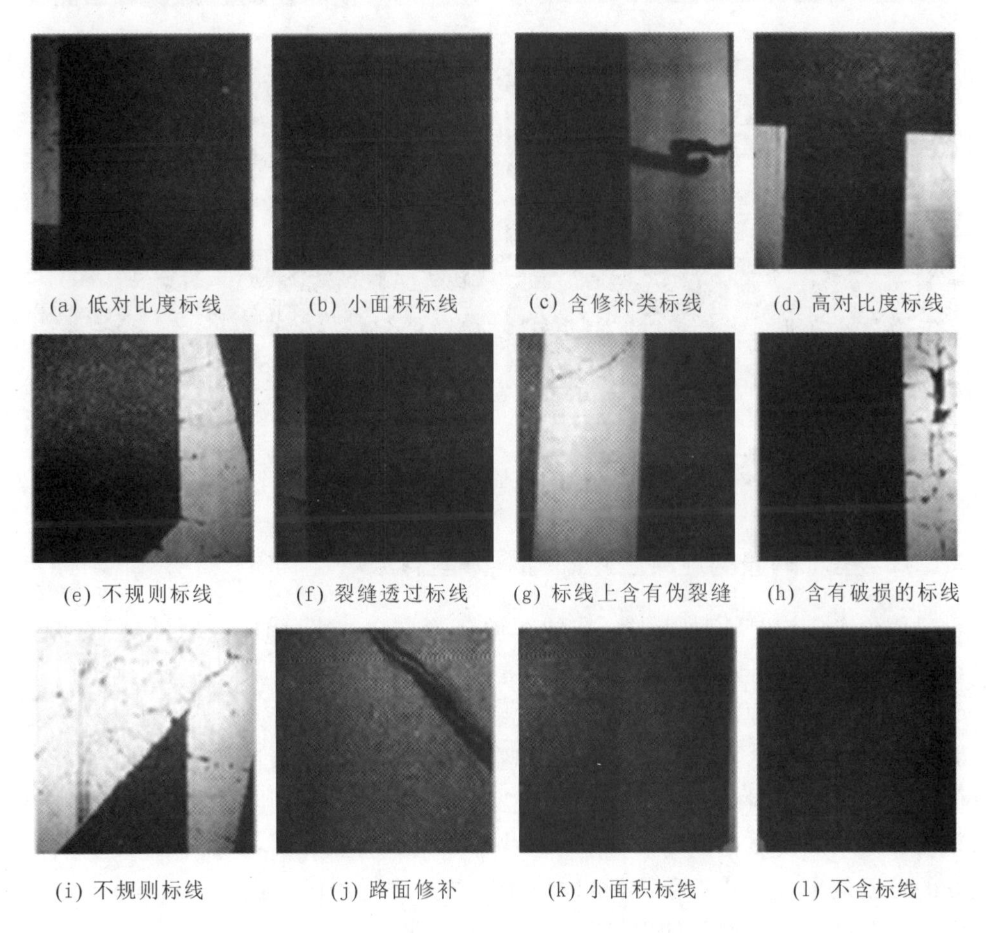

(a) 低对比度标线　(b) 小面积标线　(c) 含修补类标线　(d) 高对比度标线

(e) 不规则标线　(f) 裂缝透过标线　(g) 标线上含有伪裂缝　(h) 含有破损的标线

(i) 不规则标线　(j) 路面修补　(k) 小面积标线　(l) 不含标线

图 2-10 具有不同模式的路面标线图像

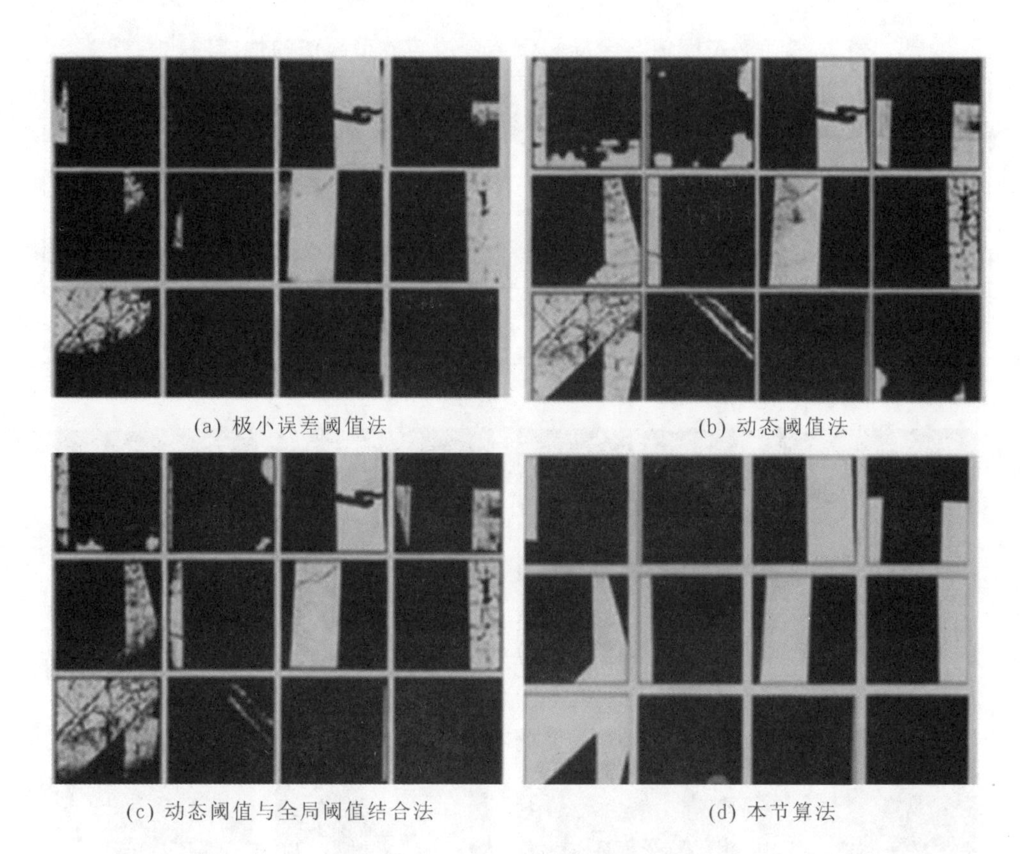

(a) 极小误差阈值法　(b) 动态阈值法

(c) 动态阈值与全局阈值结合法　(d) 本节算法

图 2－11　实验结果及对比图

2.1.2　基于阈值的混凝土路面骨料分割算法

阈值分割法是一种基于区域的图像分割方法。其目的是按照像素的灰度级，将图像像素划分为不同的区域，使各个区域的内部灰度级尽可能均匀，相邻区域之间的平均灰度级尽可能不同。因其实现简单、计算量小、性能较稳定并且算法复杂度低，所以成为图像分割中最基本且应用最广泛的分割技术。阈值分割法总能用封闭且连通的边界定义不交叠的区域，特别适用于目标和背景占据不同灰度级范围的图像，对于物体与背景有较强对比度的图像，具有较好的分割效果。在很多情况下，阈值分割法是进行图像分析、特征提取与模式识别之前必要的图像预处理过程。

阈值分割法是通过定义图像中不同目标的区域归属进行分割的方法，因此，选取合适的阈值就显得至关重要。在确定阈值后，通过阈值分割出的结果直接给出了图像的不同区域分布。目前有多种阈值选取方法，按照阈值的个数分为单阈值分割和多阈值分割。单阈值分割是设定一个灰度阈值，将图像像素分为两类的方法。多阈值分割则选择多个阈值，把整个图像像素分为多类。又可根据阈值的作用范围将阈值分割法分为全局阈值法、局部阈值法两大类。全局阈值法利用全局信息(如图像的灰度直方图)为整幅图像确定一个或多个阈值。根据确定阈值时所使用的信息，全局阈值法又可细分为基于点的阈值法和基于区域的阈值法。前者在确定阈值时仅从整幅图像出发考虑像素的灰度分布；后者综合考虑了像素的灰度分布和每个像素邻域的局部特性。典型的基于点的全局阈值法有双峰法、最大类间方差法(OSTU)[8]、最大熵法[9]、最小误差法[10]；典型的基于区域的全局阈值法有直方图变换法、基于二阶灰度统计的方法以及基于过渡区域的方法[11]等。

前面介绍的阈值都是全局阈值，也就是阈值根据全局信息产生，而作用对象也是整幅图像的全部像素，无法兼顾图像各处的情况，因此全局阈值法的分割效果受到影响。而局部阈值法则是根据像素邻域块的像素值分布来确定该像素位置上的二值化阈值的。这样做的好处在于每个像素位置处的二值化阈值不是固定不变的，而是由其周围邻域像素的分布来决定的。亮度较高的图像区域的二值化阈值通常会较高，而亮度较低的图像区域的二值化阈值则会相应地变小。不同亮度、对比度、纹理的局部图像区域将会拥有相对应的局部二值化阈值。通常这类算法具有较强的普适性，特别适合对光照不均匀图像或者文本字符图像的二值化处理。经典的局部自适应阈值分割算法主要有 Bernsen 法、Niblack[12]法以及 Sauvola[13]法等。上述每一种算法的详细原理介绍我们可以在任何一本图像处理书籍中找到，此处不再赘述。

图像处理过程中广泛存在不确定性，如图像成像过程中信息的丢失所造成的不确定性，图像灰度级别的模糊性，集合形状的不确定性，知识和概念的不明确性等，这使得上述阈值分割算法对该类模糊图像的分割存在噪声大、空间相关性差、分割精度较低等缺陷。因此，针对上述问题，本节将侧重论述面向道路路面建设工程应用提出的一种递推的模糊划分熵多阈值分割算法，以及其在路面基建过程中对骨料颗粒筛选的具体应用。

模糊集合论是描述模糊现象的方法，它将待考察的对象及反映它的模糊概念作为一定的模糊集合，建立适当的隶属函数，通过模糊集合的有关运算和变换，对模糊对象进行分析。而图像处理过程中存在的不确定性使得模糊集合论自诞生之日起便和图像处理技术的发展息息相关，且广泛应用于图像分割领域。目前主流的模糊集合理论分割算法为模糊划分熵分割算法[14]，其作为优化复杂模糊性问题的全局最优技术而广受关注。该方法首先利用隶属度函数来描述图像中难以用经典逻辑表示的不确定模糊信息；再用模糊熵来衡量图像的总模糊信息；最后使用种群优化算法搜索最大模糊熵准则下的全局阈值。但是它在使用种群优化算法搜索时存在重复计算的弊端，而递推算法可以将复杂问题的求解转化为前后项有依赖关系的递推过程，可有效避免重复操作。基于此，Tang 等人提出了递推模糊 2-划分[15]算法，但该算法也难以应用到分割精度较高、隶属度函数较复杂的模糊划分中。

针对以上的问题，本节在递推模糊 2-划分的基础上进行改进，提出了一种基于递推模糊划分熵多阈值($N\geqslant3$)分割算法[16-17]，用于运输带上或自由落体流中采集筑路材料图像的骨料颗粒分割。首先，为了在确保精度的前提下提高模糊 N-划分熵的计算效率，选择含有 3 个参数的 S 隶属度函数代替梯形隶属度函数，建立图像的模糊熵公式；接着，使用递推算法计算模糊 N-划分熵($N\geqslant3$)，并保存瞬间的递推值用于后续种群寻优；然后，将预存的递推值与不同的优化算法相结合，进一步搜索最大模糊熵准则下的最优阈值，以减少重复计算，提高寻优效率；最后，使用图割算法(Graph Cut)完成空间相关性的优化，以进一步去除阈值分割产生的噪声。下面对该算法中的各步骤进行详细论述。

1. 递推的模糊划分熵计算

模糊划分熵测量分割后图像信息的质量，模糊熵值越大，图像包含的信息越多。基于该原则，首先将颗粒目标图像的灰度直方图信息映射到模糊域中，考虑到颗粒目标图像固有的模糊特性，选择带 3 个参数的 S 隶属度函数，表达式如下：

$$S=\begin{cases}1, & x\leqslant a\\ 1-\dfrac{(x-a)^2}{(c-a)(b-a)}, & a<x\leqslant b\\ \dfrac{(x-c)^2}{(c-a)(c-b)}, & b<x\leqslant c\\ 0, & x>c\end{cases}\quad (a,b,c\in\mathbf{R}) \tag{2.14}$$

其反函数为 Z 函数，记为 $Z(x,a,b,c)=1-S(x,a,b,c)$。以模糊 3-划分熵为例，如公式(2.15)～式(2.17)所示，两对 S 函数和 Z 函数将图像的像素按灰度级分为低灰度级模糊集合 E_{d}、中灰度级模糊集合 E_{m}、高灰度级模糊集合 E_{b}：

$$u_{\mathrm{d}}(k)=S(k,a_1,b_1,c_1) \tag{2.15}$$

$$u_m(k)=\begin{cases}Z(k,a_1,b_1,c_1), & k\leqslant c_1\\ S(k,a_2,b_2,c_2), & k>c_1\end{cases} \tag{2.16}$$

$$u_b(k)=Z(k,a_2,b_2,c_2) \tag{2.17}$$

式(2.15)～式(2.17)中：k 是颗粒目标图像的像素灰度级，$u_d(k)$、$u_m(k)$、$u_b(k)$是梯形隶属度函数，三者的取值大小分别反映了像素 k 隶属于模糊集 E_d、E_m、E_b 的程度。a_1，b_1，c_1，a_2，b_2，c_2 是决定隶属度函数形状的参数变量，满足如下限制：$0\leqslant a_1<b_1<c_1<a_2<b_2<c_2\leqslant 255$；在($a_1$，$b_1$，$c_1$，$a_2$，$b_2$，$c_2$) 最优组合下，隶属度函数之间的交叉点即为模糊划分熵的分割阈值。

E_d 、E_m 、E_b 模糊集合所对应的模糊划分概率 p_d 、p_m 和 p_b 分别为

$$p_d=\sum_{k=0}^{255}h(k)u_d(k),\quad p_m=\sum_{k=0}^{255}h(k)u_m(k),\quad p_b=\sum_{k=0}^{255}h(k)u_b(k) \tag{2.18}$$

式中，$h(\cdot)$为归一化直方图函数，用于计算图像内各灰度值的出现概率。基于三个模糊划分概率的总模糊熵为

$$H(a_1,b_1,c_1,a_2,b_2,c_2)=-p_d\lg(p_d)-p_m\lg(p_m)-p_b\lg(p_b) \tag{2.19}$$

使得模糊熵最大的(a_1，b_1，c_1，a_2，b_2，c_2)即为最优阈值。该计算规则易扩展到模糊 N -划分熵($N>3$)的情况，即 $N-1$ 组函数将图像像素划分为 N 个模糊集合，然后通过搜索参数(a_1，b_1，c_1，a_2，b_2，c_2，…，a_{N-1}，b_{N-1}，c_{N-1})的最优解获得最优阈值。

以模糊 3-划分熵为例，最优阈值的选取均涉及参数组合(a_1，b_1，c_1，a_2，b_2，c_2)自(0，1，2，3，4，5)到(250，251，252，253，254，255)的重复计算。当为模糊 N -划分熵 ($N>3$) 时，参数组合(a_1，b_1，c_1，a_2，b_2，c_2，…，a_{N-1}，b_{N-1}，c_{N-1})更加复杂，重复计算更为严重。针对上述问题，提出了适用 S 隶属度函数的递推模糊 N -划分熵($N\geqslant 3$)计算，将预递推结果用于后续的寻优操作。

首先通过上述公式(2.14)～式(2.17)将 S/Z 函数看成上下 2 层，即 $u_m(k)$ 为上层函数，$u_b(k)+u_d(k)$ 为下层函数，记为 $u'_m(k)$ ，则 $u_m(k)=1-(u_b(k)+u_d(k))=1-u'_m(k)$ 。对应的 $u'_m(k)$ 见公式(2.20)，其概率由公式(2.18)可得 $p'_m=(p_b+p_d)=1-p_m$。 这样基于 S，Z 函数的模糊 3 -划分熵退化为基于

$u_{\mathrm{m}}(k)$，$u'_{\mathrm{m}}(k)$ 的模糊 2 -划分熵。

$$u'_{\mathrm{m}}(k)=\begin{cases}S(k,a_1,b_1,c_1),\ k\leqslant c_1\\ Z(k,a_2,b_2,c_2),\ k>c_1\end{cases} \tag{2.20}$$

按照模糊划分熵准则，基于 $u_{\mathrm{m}}(k)$，$u'_{\mathrm{m}}(k)$ 的总模糊划分熵为

$$H=-p'_{\mathrm{m}}\lg(p'_{\mathrm{m}})-p_{\mathrm{m}}\lg(p_{\mathrm{m}})=-\lg(1-p_{\mathrm{m}})+p_{\mathrm{m}}\lg\left(\frac{1-p_{\mathrm{m}}}{p_{\mathrm{m}}}\right) \tag{2.21}$$

由此可见，由 p_{m} 即可求出图像的总模糊熵，将公式(2.16)代入到公式(2.18)的 p_{m} 中，得到

$$\begin{aligned}p_{\mathrm{m}}=&\frac{1}{(c_1-a_1)(b_1-a_1)}\sum_{k=a_1+1}^{b_1}(k-a_1)^2h(k)-\\&\frac{1}{(c_1-a_1)(c_1-b_1)}\sum_{k=b_1+1}^{c_1}(k-c_1)^2h(k)-\\&\frac{1}{(c_2-a_2)(b_2-a_2)}\sum_{k=a_2+1}^{b_2}(k-a_2)^2h(k)+\\&\frac{1}{(c_2-a_2)(c_2-b_2)}\sum_{k=b_2+1}^{c_2}(k-c_2)^2h(k)+\sum_{k=b_1+1}^{b_2}h(k)\end{aligned} \tag{2.22}$$

公式(2.22)包含五个部分且每个部分均包含求和项。针对公式中三种不同的求和项，进一步使用 $E(a,b)$、$F(a,b)$ 和 $G(a,b)$ 来表示，即

$$E(a,b)=\sum_{k=a+1}^{b}(k-a)^2h(k),\ F(a,b)=\sum_{k=a+1}^{b}(k-b)^2h(k)$$

$$G(a,b)=\sum_{k=a+1}^{b}h(k)$$

则公式(2.22)又可表示为

$$\begin{aligned}p_{\mathrm{m}}=&\frac{E(a_1,b_1)}{(c_1-a_1)(b_1-a_1)}-\frac{F(b_1,c_1)}{(c_1-a_1)(c_1-b_1)}-\\&\frac{E(a_2,b_2)}{(c_2-a_2)(b_2-a_2)}+\frac{F(b_2,c_2)}{(c_2-a_2)(c_2-b_2)}+G(b_1,b_2)\end{aligned} \tag{2.23}$$

使用递推法计算 $E(a,b)$，$F(a,b)$ 和 $G(a,b)$。因 $E(a,b)$ 随 b 变化：

$$
\begin{aligned}
E(a,b) &= \sum_{k=a+1}^{b}(k-a)^2h(k) \\
&= \sum_{k=a+1}^{b-1}(k-a)^2h(k)+(b-a)^2h(b) \\
&= E(a,b-1)+(b-a)^2h(b)
\end{aligned}
\tag{2.24}
$$

则有

$$
\begin{cases}
E(a,b)=E(a,b-1)+(b-a)^2h(b),\ b=a+2,\cdots,255 \\
E(a,a+1)=h(a+1)
\end{cases}
\tag{2.25}
$$

对于 $F(a,b)$，当 b 固定时，$F(a,b)$ 随 a 变化，递推过程如下：

$$
\begin{aligned}
F(a,b) &= \sum_{k=a+1}^{b}(k-b)^2h(k) \\
&= \sum_{k=(a+1)+1}^{b}(k-b)^2h(k)+(a-b+1)^2h(a+1) \\
&= F(a+1,b)+(a-b+1)^2h(a+1)
\end{aligned}
\tag{2.26}
$$

可进一步写成

$$
\begin{cases}
F(a,b)=F(a+1,b)+(a-b+1)^2h(a+1),\ a=0,\cdots,b-2 \\
F(b-1,b)=0
\end{cases}
\tag{2.27}
$$

最后，$G(a,b)$ 的递推过程如下：

$$
G(a,b)=\sum_{k=a+1}^{b}h(k)=G(a,b-1)+h(b)
\tag{2.28}
$$

保存 $0\leqslant a<b\leqslant 255$ 范围内，$E(a,b)$、$F(a,b)$ 和 $G(a,b)$ 的所有递推值，用于后续的优化算法。值得注意的是，该递推过程独立于图像的大小和模糊划分数，故递推计算的时间相对独立。

2. 人工蜂群算法的阈值搜索

不同优化算法均可用来搜索最大模糊熵准则下的最优阈值。递推的模糊划分熵多阈值分割算法主要利用人工蜂群算法（ABC）[18] 实现阈值寻优过程。ABC 是 Karaboga 于 2007 年提出的一种智能种群寻优算法。它将阈值寻优问题转化为最优蜜源的搜索问题，将图像的模糊熵函数看作蜜源的收益度函数，

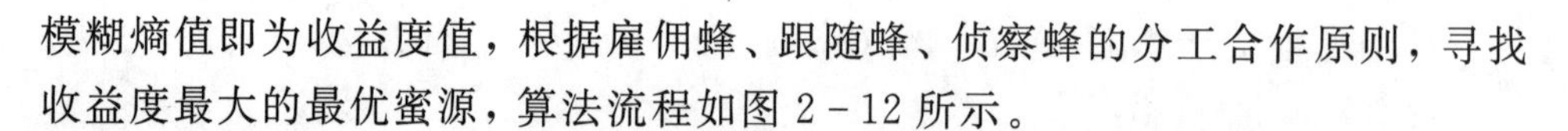

模糊熵值即为收益度值，根据雇佣蜂、跟随蜂、侦察蜂的分工合作原则，寻找收益度最大的最优蜜源，算法流程如图 2-12 所示。

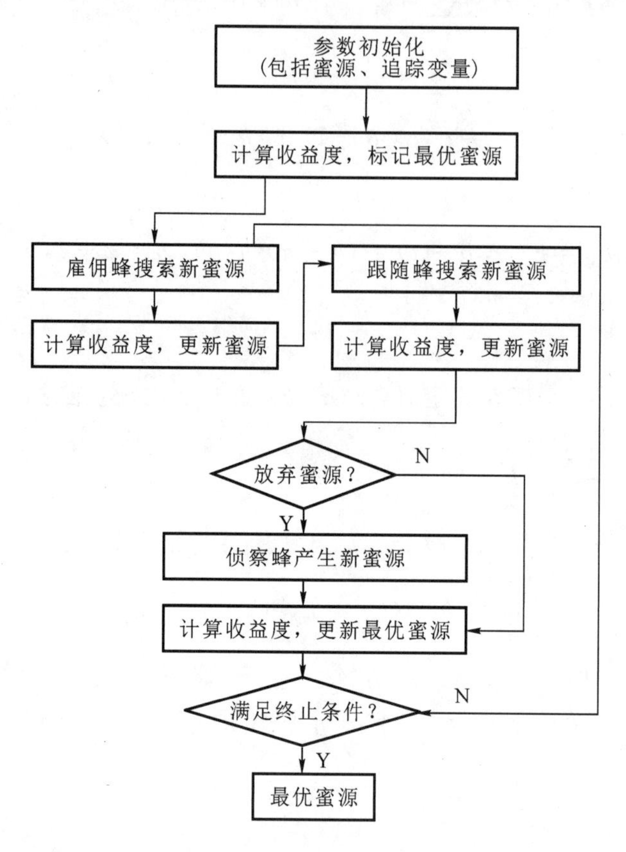

图 2-12 人工蜂群算法寻优流程图

在上述算法中，雇佣蜂、跟随蜂、侦察蜂紧密合作层层搜索，使寻优精度大幅度提高，但是计算量也随之加大。实际上，不同蜜源的收益度存在重复计算，可使用上节预存的递推结果来解决，详细寻优设计如下：

(1) 参数初始化。初始化 S 个蜜源 $Z_i(i=1, \cdots, S)$，每个蜜源对应$(a_1, b_1, c_1, a_2, b_2, c_2, \cdots, a_{N-1}, b_{N-1}, c_{N-1})$ 的 $3(N-1)$维向量，即 $Z_i=\{Z_{i,1}, Z_{i,2}, \cdots, Z_{i,3(N-1)}\}$。初始化追踪变量 $T_i=0$。

(2) 计算收益度值，标记最优蜜源。利用公式(2.21)计算每个蜜源 Z_i 的收益度 B_i（模糊熵 H_i），并标记收益度最大的蜜源 $Z_{\max}$，以及对应的收益度 $B_{\max}$。

$$B_{\max}=\max\{B_i\}=\max\{H_i\} \tag{2.29}$$

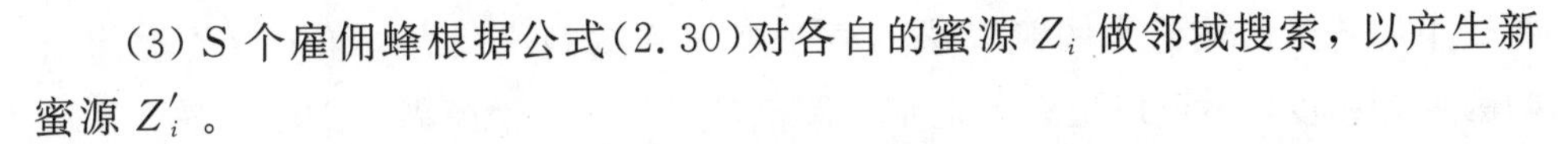

(3) S 个雇佣蜂根据公式(2.30)对各自的蜜源 Z_i 做邻域搜索，以产生新蜜源 Z'_i 。

$$Z'_{i,j}=Z_{i,j}+f_r(-1,1)(Z_{i,j}-Z_{k,j}),\ k\neq i,\ j\in\{1,2,\cdots,3(N-1)\} \tag{2.30}$$

式中，$f_r(-1,1)$ 产生$[-1,1]$之间的随机数。

(4) 计算收益度，更新蜜源。使用公式(2.21)计算蜜源 Z'_i 的收益度 B'_i ，若 $B'_i\geqslant B_i$ ，则 $Z_i=Z'_i$；否则保持 Z_i 不变。

(5) 蜜源 Z_i 利用 $f_r(0,1)$ 函数产生$[0,1]$的随机数 r_i，由公式(2.31)计算该蜜源的概率 p_i，若 $p_i>r$，跟随蜂按式(2.30)对蜜源 Z_i 做领域搜索，以产生新蜜源 Z'_i ；否则检测下一个蜜源，直到 S 个跟随蜂均被派出。

$$p_i=\frac{H(Z_i)}{\sum_{i=1}^{S}H(Z_i)} \tag{2.31}$$

(6) 重复执行步骤(4)。

(7) 蜜源判断。若当前蜜源 Z_i 仍保持不变，则 $T_i=T+1$。若 $T_i\geqslant L_{\lim}$ ($L_{\lim}$ 为设定的上限)，则放弃该蜜源，对应的雇佣蜂变为侦察蜂，并按公式(2.32)生成新蜜源 Z'_i：

$$Z'_{i,j}=0+(255-0)f_r(0,1) \tag{2.32}$$

(8) 计算收益度，更新最优蜜源。使用公式(2.32)计算蜜源 Z'_i 的收益度 B'_i，若 $B'_i\geqslant B_i$ ，则 $Z_i=Z'_i$ ，$T_i=0$；否则 Z_i 保持不变。标记收益度最大的蜜源 $Z'_{\max}$ 及其收益度 $B'_{\max}$。若 $B'_{\max}\geqslant B_{\max}$，则 $Z_{\max}=Z'_{\max}$；否则 $Z_{\max}$ 保持不变。

(9) 重复执行步骤(3)～(8)，直到满足预先设定的最大循环次数 $C_{\max}$。当前收益度最大的蜜源 $Z_{\max}$，即为(a_1，b_1，c_1，a_2，b_2，c_2，…，a_{N-1}，b_{N-1}，c_{N-1})的最优组合解。

3. 图割的空间相关性设计

单一像素的分割方式易导致噪声干扰，为此图割算法被进一步用来去除图像的噪声。首先，采用双边滤波器平滑初始图像，并保持图像的边缘；然后在滤波图像上采用标准的分水岭算法，对属于同一区域的像素分配相同的标号；最后在基于区域划分的图像上，结合模糊划分熵的分割结果，选择灰度方

差较小的若干区域作为图割算法的种子点实施图割优化。这样不仅能加速图割的处理速度，还可以更有效地定义图割数据项。对于模糊 3-划分，每个区域对应的低灰度级模糊集合 E_d、中灰度级模糊集 E_m、高灰度级模糊集合 E_b 的数据项设置如下：

$$\begin{cases} E_{\text{data}}(l_R = \text{“}E_d\text{”}) = -\log\sum_{k=0}^{255} h_R(k)u_d(k) \\ E_{\text{data}}(l_R = \text{“}E_m\text{”}) = -\log\sum_{k=0}^{255} h_R(k)u_m(k) \\ E_{\text{data}}(l_R = \text{“}E_b\text{”}) = -\log\sum_{k=0}^{255} h_R(k)u_b(k) \end{cases} \tag{2.33}$$

式中：l_R 是区域 R 的标号；$h_R(k)$ 是区域 R 内像素的归一化直方图。为了确保相邻区域标号的一致性，图割的平滑项 E_{smooth} 采用文献[19]提出的定义：

$$E_{\text{smooth}} = \exp\left(-\frac{(R_p - R_q)^2}{2\sigma^2}\right)\frac{1}{\text{dist}(p, q)} \tag{2.34}$$

式中：R_p 和 R_q 是区域 p 和 q 的平均灰度值；$\text{dist}(p, q)$ 是区域 p 和 q 的平均距离；参数 σ 与图像中所有相邻区域的灰度均值相关；当图割模型建立好后，不同区域的最优标号分配则采用 α-β 交换算子完成[20]。

上述递推模糊划分熵多阈值分割算法具有较高的分割精度和鲁棒性，运行效率高，抗干扰噪声能力强且能够保留更多的细节信息。因此，将其应用在路面基建过程中骨料颗粒的筛选。骨料是在混凝土中起骨架或填充作用的粒状松散材料，如鹅卵石、金刚石、碎岩石等。骨料的粒度对材料的质量有关键的影响，因此使用骨料取像系统采集骨料图像并分割出图像中的骨料颗粒，已经成为骨料粒度检测技术的关键环节。但是骨料颗粒在成像时，受天气、照明、环境、背景干扰物的影响，具有一定的模糊特性。基于此，本书将骨料取像系统安置在传送带上方或终端的传送带下方，对骨料运输过程中或自由落体时的图像进行采集并作为输入图像，应用递推模糊划分熵多阈值分割算法进行处理，并与现有的多阈值的类间方差法（Otsu）[21]、K 均值聚类法（K-mean）[22]和直方图分割法（Histogram-based）[23]的处理结果进行对比，可以得到如图 2-13 所示的不同多阈值分割对三种不同骨料（岩石、鹅卵石、金刚石）的双阈值分割结果对比图。

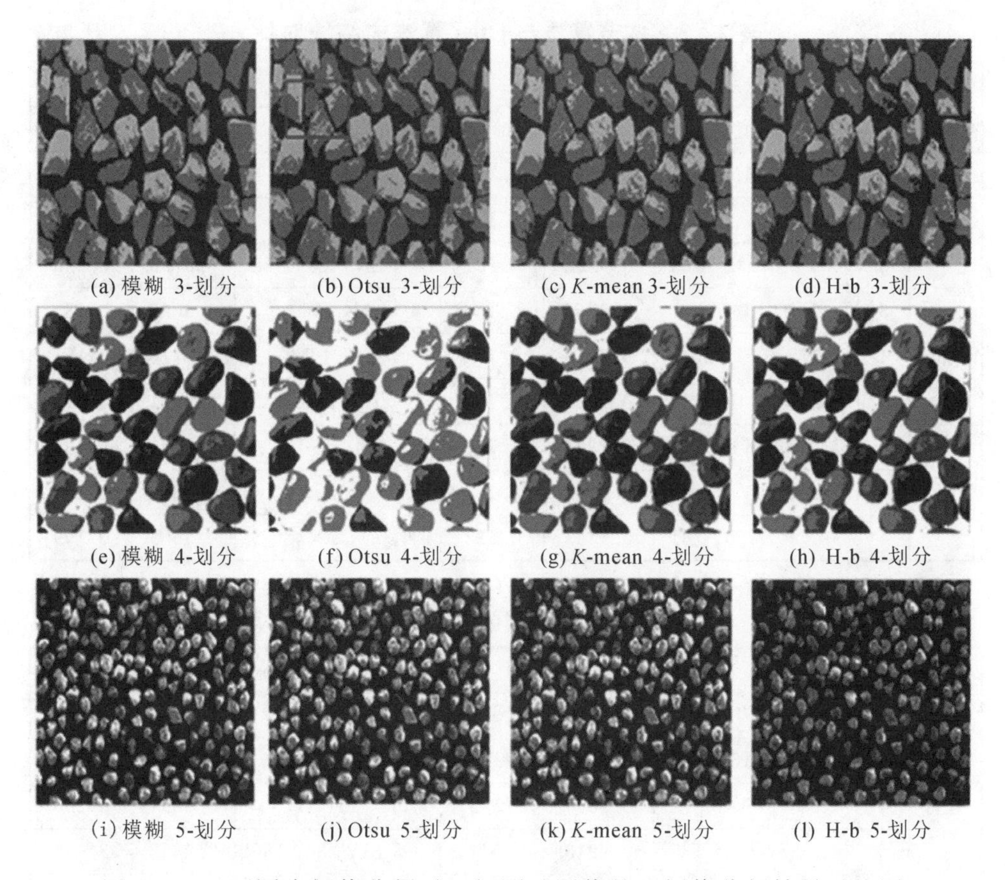

(a) 模糊 3-划分 (b) Otsu 3-划分 (c) *K*-mean 3-划分 (d) H-b 3-划分

(e) 模糊 4-划分 (f) Otsu 4-划分 (g) *K*-mean 4-划分 (h) H-b 4-划分

(i) 模糊 5-划分 (j) Otsu 5-划分 (k) *K*-mean 5-划分 (l) H-b 5-划分

图 2－13 不同多阈值分割对三幅测试图像的双阈值分割结果对比图

由图 2－13 中可见，递推模糊划分熵多阈值分割算法总能获得较好的分割结果，其余算法或获得次优的分割结果。如图 2－13(b)所示，岩石图像在使用 Otsu 分割后，部分背景像素受光照影响被误分为目标像素，如矩形框标出部分。Histogram-based(简称 H-b)算法通过搜索直方图中的谷底来获取阈值，当直方图中的谷底过于平坦时，阈值存在较大误差，如图 2－13(l)所示。

上述算法结果均用 MATLAB 软件实现，并以运行时间和均一度[24]为量化指标对分割结果进行评价。运行时间越短，算法的效率越高。均一度中的 U 值越接近 1，分割性能越好。不同算法对三幅测试图像进行分割时，产生的阈值、均一度、处理时间如表 2－3 和表 2－4 所示。其中两表中均一度最高值已用黑色粗体标出。从中可见，在大部分情况下，本节算法保持最高的均一度和最短的运行时间，且随着阈值数量的增长，运行时间稳定不变。

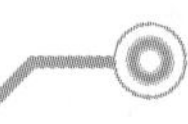

表 2-3　本节算法与 Otsu 算法的结果对比

图片	N	本节算法			Otsu		
		阈值	U	时间/s	阈值	U	时间/s
岩石	3	74, 151	**0.9851**	0.174	60, 142	0.9412	0.164
	4	60, 115, 172	**0.9910**	0.177	58, 115, 170	0.9721	0.187
	5	40, 86, 132, 183	**0.9932**	0.181	42, 86, 131, 180	0.9796	0.206
鹅卵石	3	83, 141	**0.9763**	0.183	66, 121	0.9692	0.138
	4	71, 108, 150	**0.9814**	0.185	52, 89, 130	0.9710	0.191
	5	58, 88, 118, 154	**0.9825**	0.188	45, 75, 104, 136	0.9741	0.211
金刚石	3	74, 149	**0.9801**	0.185	64, 138	0.9791	0.136
	4	62, 110, 170	**0.9842**	0.189	53, 102, 160	0.9832	0.180
	5	52, 90, 130, 181	**0.9863**	0.193	46, 84, 124, 175	0.9855	0.199

表 2-4　*K*-mean 算法与 Histogram-based 算法的结果对比

图片	N	K-mean			Histogram-based		
		阈值	U	时间/s	阈值	U	时间/s
岩石	3	72, 157	**0.9854**	17.002	78, 156	0.9848	3.265
	4	63, 116, 173	0.9863	27.265	60, 111, 176	**0.9894**	3.290
	5	41, 85, 131, 185	**0.9913**	31.744	39, 81, 134, 186	0.9892	3.421
鹅卵石	3	82, 139	**0.9762**	18.977	66, 151	0.9673	3.281
	4	72, 112, 152	**0.9807**	25.068	66, 109, 151	0.9806	3.291
	5	59, 89, 117, 153	**0.9820**	41.431	59, 66, 109, 151	0.9768	3.301
金刚石	3	72, 145	**0.9808**	11.084	69, 107	0.9710	3.312
	4	62, 124, 158	**0.9840**	13.348	56, 83, 143	0.9794	3.327
	5	53, 89, 129, 180	**0.9863**	34.425	69, 107, 194, 236	0.9733	3.335

2.1.3　基于区域的车道线分割算法

区域分割的实质就是把某种相似性质的像素连通起来，从而构成最终的分割区域。这类方法不但考虑了像素的相似性，还考虑了空间上的邻接性，有效地克服了其他方法存在的图像分割空间不连续的缺点，可以有效消除孤立噪声的干扰，具有较强的鲁棒性。基于区域分割法就是利用同一物体区域内像素灰度的相似性，将灰度相似的区域合并，把不相似的区域分开，最

终形成不同的分割区域。常用的区域分割方法有区域生长法、分裂合并法等。区域生长和分裂合并是两种典型的串行区域分割算法，其特点是将分割过程分解为顺序的多个步骤，其中后续步骤要根据前面步骤的结果进行判断而确定。

区域生长是指从某个像素出发，按照一定的准则，逐步加入邻近像素，当满足一定的条件时，区域生长终止。区域生长的好坏取决于：初始点(种子点)的选取、生长准则的设定及终止条件的设定。区域生长的基本思想是将具有相似性质的像素集合起来构成区域，具体是：先在每个需要分割的区域找一个种子像素作为生长起点，然后将种子像素和周围邻域中与种子像素有相同或相似性质的像素(根据某种事先确定的生长或相似准则来判定)合并到种子像素所在的区域中，将这些新像素当作新的种子继续上面的过程，直到没有满足条件的像素可被包括进来。这样一个区域就生长成了。区域生长的优点是计算简单，对于较均匀的连通目标有较好的分割效果。它的缺点是需要人为选取种子，对噪声较敏感，可能会导致区域内有空洞。另外，它是一种串行算法，当目标较大时分割速度较慢，因此在算法设计时应尽量提高运行效率。

区域生长从某个或者某些像素点出发，最后得到整个区域，进而实现目标的提取。而分裂合并可以说是区域生长的逆过程。它是从整个图像出发，不断分裂得到各个子区域，然后再把前景区域合并，得到前景目标，继而实现目标的提取。

分裂合并算法的基本思想是先确定一个分裂合并的准则，即区域特征一致性的测度，当图像中某个区域的特征不一致时，就将该区域分裂成 4 个相等的子区域；当相邻的子区域满足一致性特征时，则将它们合成一个大区域，直至所有区域不再满足分裂合并的条件为止。当分裂到不能再分时，分裂结束，然后它将查找相邻区域有没有相似的特征，如果有就将相似区域进行合并，最后达到分割的目的。在这类方法中，最常用的就是四叉树分解法。

区域生长和分裂合并算法有异曲同工之妙，区域分裂到极致就成为单一像素点，然后按照一定的测量准则进行合并，这在一定程度上可以认为是单一像素点的区域生长方法。区域生长比区域分裂合并的方法节省了分裂的过程，而区域分裂合并的方法可以在较大的一个相似区域基础上再进行相似合并，而区域生长只能从单一像素点出发。

区域生长算法仅将具有特定属性的点聚集起来形成各种区域。在将此方法应用到交通场景分割，如车道线分割时，将出现大量无关区域被分割的问题。图 2-14(b)显示了使用区域生长方法或分裂合并方法割裂原始道路图像的结果。在图中，可以看到不仅实车道线和虚车道线区域被生长分割，道路周围的区域也同样被分割。针对交通场景分割中需要对特定目标进行分割的特点，本节提出一种基于统计的区域生长法，对车道线区域进行分割。

(a) 原始图像

(b) 区域生长方法

图 2-14　区域生长和区域分裂包含大量区域

基于统计的区域生长法在进行区域生长的同时统计每一个区域的属性。区域的属性可以是区域的长度、面积、宽度、颜色、灰度等特性。以下为统计各个区域面积的基于统计的区域生长法的具体步骤：

(1) 对于图像的每一点，为其定义编号 $ID(x, y, z)$，初始值为 0，编号表示这个点所在区域的编号，x，y，z 表示这个点的三维坐标。为其定义面积 $S(ID(x, y, z))$，初始值为 1，面积表示这个点所在区域的面积。

(2) 定义相似性阈值 T_s。从图像的(0, 0)坐标点开始沿坐标轴依次遍历图像点，当遇到一个没有区域归属的像素点 P_0 时，以此像素点为圆心，检查半径 T_s 范围内有无未归属的像素点 P_1 存在，如果存在则将点 P_1 与点 P_0 划为同一个区域。设 P_0 坐标为 (x_0, y_0, z_0)，则记录 P_0 所在区域 $ID(x_0, y_0, z_0)$，区域面积 $S(ID(x_0, y_0, z_0))=1$。设 P_1 坐标为 (x_1, y_1, z_1)，因为点 P_1 与点 P_0 为同一个区域，则 $ID(x_1, y_1, z_1)=ID(x_0, y_0, z_0)=1$，区域面积自增，则 $S(ID(x_1, y_1, z_1))=S(ID(x_0, y_0, z_0))+1=2$。

(3) 以点 P_1 为圆心，检查半径 T_s 范围内有无未归属的像素点 P_2 存在，若存在则将点 P_2 与 P_1 合并为同一个区域，那么若设 P_2 坐标为 (x_2, y_2, z_2)，则 $ID(x_2, y_2, z_2)= ID(x_1, y_1, z_1)= 1$，区域面积自增，则 $S(ID(x_2, y_2, z_2))=S(ID(x_1, y_1, z_1))+1=3$。

(4) 若在某一时刻，以 P' 为圆心且在半径 T_s 范围内没有未归属像素点存在，那么点 P' 为一个孤立点或一个新区域的开始点。那么区域编号自增，即 $ID(P')$ 自增，区域面积为 1，即 $S(P')=1$。

(5) 重复步骤(2)~(4)，直到所有图像点被遍历完。

图 2-15 显示了统计区域生长的过程。图 2-15(a) Ⅰ点表示发现的第一个没有归属的图像点，它的长度初始为 1，表示新区域当前面积为 1。在半径 T_s 内发现了Ⅱ点没有归属区域，因此将Ⅱ点与Ⅰ点合并为同一个区域，那么区域面积增长为 2，如图 2-15(b)所示。以Ⅱ点为圆心，半径 T_s 内发现Ⅲ点没有归属区域，因此将Ⅲ点合并入自己的区域，区域面积增长为 3，如图 2-15(c)所示。以Ⅲ点为圆心，半径 T_s 内发现Ⅳ点没有归属区域，因此将Ⅳ点合并入自己的区域，区域面积增长为 4，如图 2-15(d)所示。

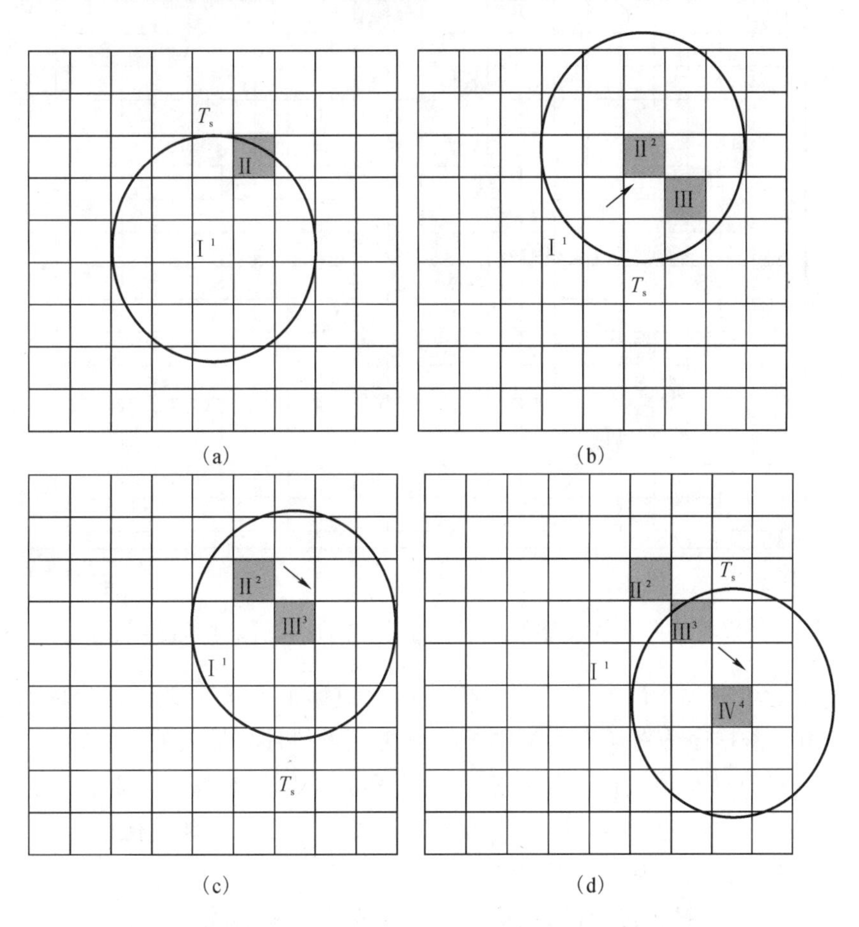

图 2-15 基于统计的区域生长法的分割

对原始图像的每一个区域点进行统计区域生长处理后，每个区域点都将有一个面积值。

图 2-16 为对某路面图像使用统计区域生长分割车道线区域的结果。图中

箭头表示搜索方向，一个方格为一个像素，方格中的数字表示这个点的长度，即该区域当前的面积，区域旁的数字表示此区域的 ID。

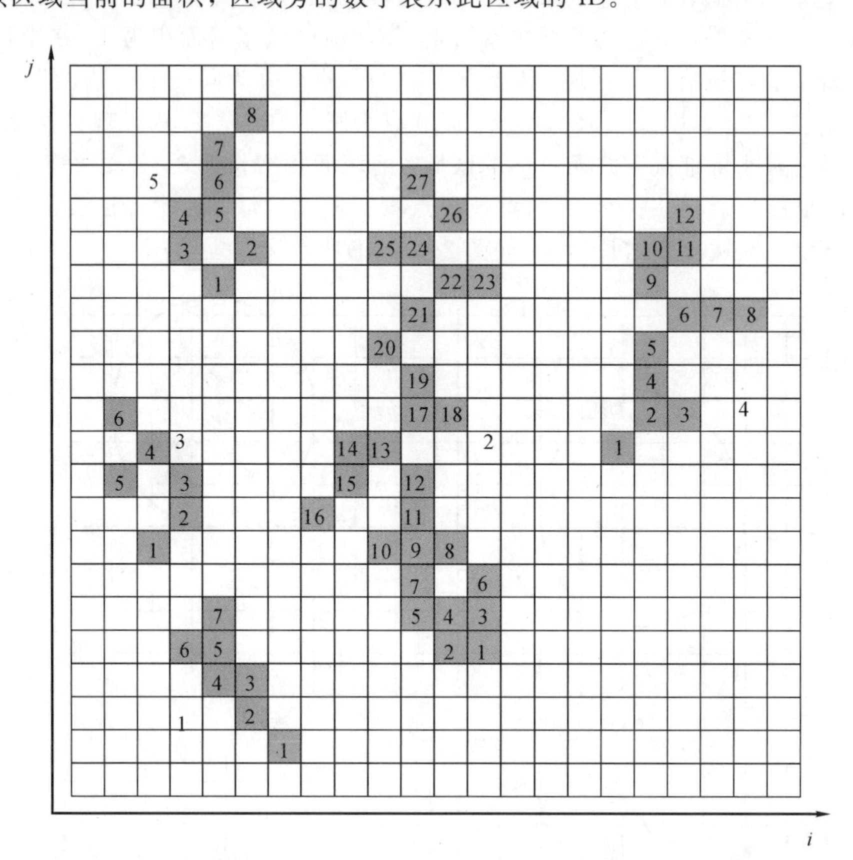

图 2－16　直线搜索统计处理后得到的区域长度和区域 ID

一个区域中包含的所有点中，长度最大的那个点被定义为这个区域的长度。使用快速排序法对所有区域的面积从高到低排序，最大的 N_f 个区域可以被认为是最符合车道线的区域特性，因此 N_f 这个区域被保留，其他的被滤除。在图 2－16 中，若设置 $N_f=1$，因为区域 2 长度是 27，因此被保留，其他区域被认为是非车道线区域，应予以滤除。

图 2－17 为使用可统计区域生长方法提取出的车道线结果。图 2－17(a)为原始道路图像，图 2－17(b)为使用普通区域生长方法分割出的原始图像中的车道线区域，图 2－17(c)为使用统计区域生长方法分割出的原始图像中的车道线区域。从图中也可以看到其他非车道线区域都已经被过滤掉，这说明统计区域生长方法具有更好的特定区域分割能力。

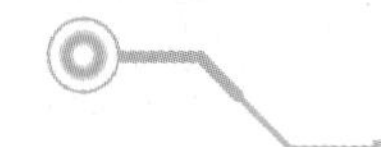

(a) 原始图像　　(b) 区域生长方法　　(c) 统计区域生长方法

图 2-17　车道线区域提取结果对比

图 2-18 为白天和夜间不同环境下的识别方法效果对比。在图中的 Otsu 过滤列中，前景(车道区域)被显示出来，背景(非车道区域)使用白色表示。图 2-18(a)为夜间虚实车道线识别结果。原始图像中只有白色车道线和少量灯光，且前景(车道线)与背景差异很大，因此 Otsu 方法可以较好地将车道线区域从背景中分割。但由于灯光颜色与车道线相近，因此 Otsu 方法不能过滤灯光等干扰，从而导致灯光边缘也被误识别为车道线。Canny 边缘检测后识别导致大量误识别。图 2-18(b)为白天实车道线识别结果。由于车道线颜色较暗，

(a) 夜间虚实车道线识别

(b) 白天实车道线识别

图 2-18　白天和夜间不同环境下的识别方法效果对比

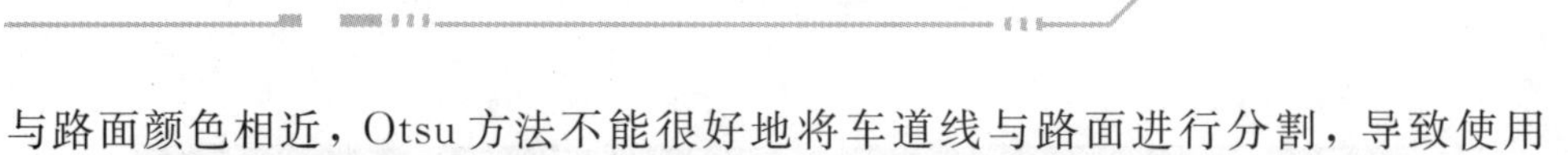

与路面颜色相近，Otsu 方法不能很好地将车道线与路面进行分割，导致使用 Canny 边缘检测后将道路边缘、车辙边缘误识别为车道线。

2.2 基于数理方法的目标分割

图像本身是由数字化的像素信息构成的，并且其矩阵式的尺寸建立，为采用数理方法进行处理提供了可能。因此，针对图像目标分割，一些专家学者采用了一系列数理方法进行处理，并且取得了较为理想的结果。其中应用最为广泛的有基于图论的目标分割和基于偏微分方程的目标分割等。

2.2.1 基于图论的车辆分割算法

基于图论的目标分割方法一直以来都是目标分割领域的一个研究热点。图论(Graph Theory)是一种以图为研究对象的数学问题，这里的图由若干给定的点及连接两点的线所构成，其中点表示事物，两点间的连线表示相应两个事物间的某种关系，图用于描述某些事物之间的某种特定关系。基于图论的分割方法都遵循一个基本框架(如图 2-19 所示)：首先，将图像映射为图论中的图或网络；其次，将图像像素作为图的顶点，邻接像素之间的关系看作图的边，邻接像素之间的相似性定义边的权值；接着，将图像分割问题转化为对图的不同操作，并在此基础上定义分割准则，根据不同的分割准则形成不同的目标函数；最后，通过最小化能量函数完成图像的分割。

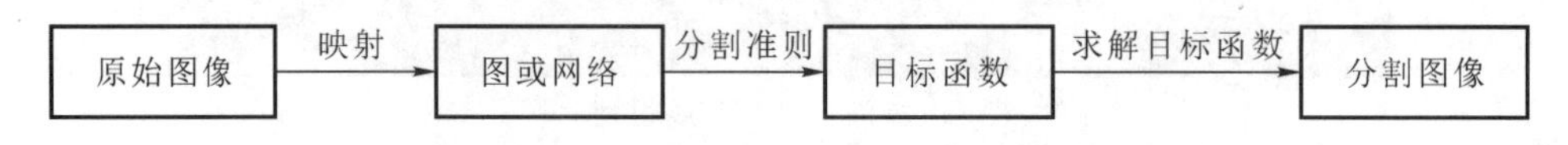

图 2-19 基于图论分割方法的基本框架

基于图论的分割方法将图像像素明确地组织为合理的数学结构，使分割问题能够公式化表述，使其更加灵活，计算效率更高。本节对基于图论的图像分割方法进行了系统性的整理，这些方法大致分为五类：① 基于最小生成树的方法；② 基于代价函数的图割方法；③ 基于马尔可夫随机场模型的图割方法；④ 基于最短路径的方法；⑤ 不属于上述任何一类的其他方法。基于最小生成树的方法[25-28]明确定义了聚类的架构，利用亮度、颜色或位置等底层特征来表达像素并很好地实现了聚类分割。基于代价函数的方法使用统一的框架，根据不同的应用需要，灵活地定义全局优化函数，相关算

法有最小割方法[29]、归一化割方法[30]、平均分割准则[31]、比例分割准则[32]、最小最大分割准则[33]等。基于马尔可夫随机场模型的图像分割通过建模，形成关于邻域系统的马尔可夫随机场，再通过局部条件概率[34]确定随机场的联合概率，实现利用局部信息表达全局分布的目的，相关算法有二元与多元标记图割方法[35]、形状先验的图割方法[36]、交互式图割方法[37]。基于最短路径的图像分割通过将图像映射为图论中的图，并在每条边上定义一个与图像特征相关的代价函数的方式，将寻找最优分割边界的问题转化为寻找两点之间代价最小的路径问题，相关算法有 Dijkstra 算法[38-39]、Livewire 算法[40-41]、智能剪分割方法[42]以及测地线方法[43]等。除上述方法外，还有随机游走(Random Walk)算法[44-46]、基于模糊颜色相似测度的彩色图像分割方法[47]、基于显著集的图像分割方法[48-49]等也被应用于图像分割。

经典的基于图论的目标分割方法已经有大量研究学者进行了总结和分析，其中的算法细节这里不再赘述。基于代价函数的图像分割方法由于其灵活性好、通用性强的特点被广泛应用。而基于归一化割的自适应图像层次分割方法(HASVS)[50]是基于代价函数的图像分割方法中最为著名的方法之一，它很好地解决了归一化割算法的计算复杂度随图像尺寸指数增加的难题，但该方法仍然具有图论分割方法的分割效率与全局分割的局限性问题。本书侧重于面向智能网联交通系统应用，在基于归一化割的自适应图像层次分割方法的启发下，对其存在的不足进行改进，提出了基于图割优化的图像目标分割方法[51]，并将该方法成功应用于车辆目标的分割，下面进行详细论述。

1. 算法中涉及的概念

为了对算法进行更加系统的理解，首先对算法中涉及的概念进行详细说明。

1) 图的表示

将输入图像分成若干超像素表示的局部区域，每个局部区域被当作一个包，将每一个包作为图中的一个顶点，得到映射的无向权图。

2) 权函数与代价函数

图中的每个顶点由图像区域表示，顶点的属性值由区域所对应的底层、中高层视觉特征向量表示，将区域的视觉特征信息引入到区域的相似性度量中，

并以此作为边权值(权函数)确定的依据，进一步优化代价函数。对于区域级相似度矩阵中任意两顶点 i 、j ，其对应的边权值(权函数)定义如下：

$$w_{ij}=\begin{cases}\frac{1}{2}[S(i)+S(j)]\cdot\exp[-E(\boldsymbol{f}_i,\boldsymbol{f}_j)/\delta^2], & i\neq j\\0, & i=j\end{cases}\tag{2.35}$$

式中，w_{ij} 表示i示例包与j示例包对应区域的视觉特征相似性权函数；$S(i)$ 与 $S(j)$ 分别表示区域i与区域j归一化后的显著度值；$\boldsymbol{f}_i$ 和 $\boldsymbol{f}_j$ 分别对应区域i与区域 j 的视觉特征矢量，采用欧氏距离空间计算模型；δ 为调节视觉特征差异的敏感参数；区域 i 与其自身的相似权值为 0。由边权值构成的相似度矩阵 $\boldsymbol{W}$ 是对角线为 0 的对称矩阵，且边权值 $w_{ij}\in[0,1]$ 。

定义基于改进权函数的代价函数公式为

$$R(\boldsymbol{U})=\frac{\sum_{i>j}w_{ij}(U_i-U_j)^2}{\sum_{i>j}w_{ij}U_i U_j}=\frac{\boldsymbol{U}^{\mathrm{T}}(\boldsymbol{D}-\boldsymbol{W})\boldsymbol{U}}{\frac{1}{2}\boldsymbol{U}^{\mathrm{T}}\boldsymbol{W}\boldsymbol{U}}\tag{2.36}$$

式中，$\boldsymbol{W}$ 为对角线上元素为 0 的对称矩阵，其元素 w_{ij} 如式(2.35)所示；$\boldsymbol{D}$ 为 N 维对角矩阵，其对角线上元素 $d_i=\sum_j w_{ij}$ ，U 为原始无向赋权图G 中的分割状态向量。上述代价函数的本质表示图的割，$R(\boldsymbol{U})$ 的取值能够满足子图内相似度最大，同时保证子图间相似度最小，即表示图的最优分割效果。

3）粗化过程

粗化过程是指通过递归计算构造金字塔式的图结构，如图 2-20 所示。最底层 $G^{[0]}$，即原始图像的映射图，原始图像的每一个像素对应图的每一个顶点。顶点之间的相似性越大，在上一层被合并的概率就越高。随着图的层数增加，顶点的不断聚类合并，图的顶点数随之变少，这一过程称为粗化过程。粗化中 $k-1$ 层被合并的顶点，在 k 层形成一个抽象的“顶点”，这个顶点是不存在的，实质上是被合并的顶点形成的子图，即图像区域。在金字塔结构中上层称为粗糙层，下层称为精细层。随着粗化层次的增加与 $k-1$ 层顶点的合并，k 层的“顶点”所表示子图之间的相似权值也随之被修正与更新，依次迭代。此粗化过程最大程度地保留了原始图像的属性，保证了图像分割精度。

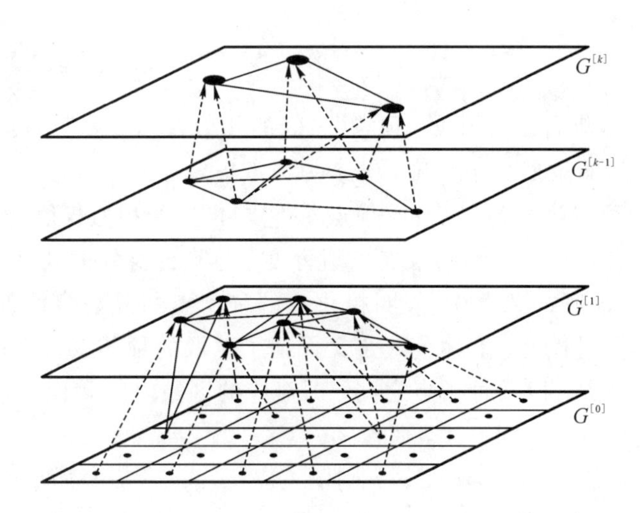

（注：定义原始无向权图 G 为 $G^{[0]}$，$G^{[0]}$ 经过一层粗化后的无向权图记为 $G^{[1]}$，依次类推，$G^{[0]}$ 经过 $k-1$ 层粗化后的无向权图记为 $G^{[k-1]}$，$G^{[0]}$ 经过 k 层粗化后的无向权图记为 $G^{[k]}$，$k=\{1, 2, \cdots, s\}$）

图 2-20 粗化过程

4）插值矩阵

插值矩阵用于描述粗化前第 $k-1$ 层的顶点与粗化后第 k 层的“顶点”之间的隶属关系。粗化前顶点之间的相似权值通过与插值矩阵的二次型运算，更新为粗化后的“顶点”之间的权值。粗化前的最底层 G^0 是由抽象的“顶点”构成的，每一个“顶点”对应一个图像区域。定义插值矩阵 $\boldsymbol{P}^{[k-1, k]}=\{p_{iK}^{[k-1, k]}\}$，$k=\{1, 2, \cdots, s\}$，则表达式为

$$p_{iK}^{[k-1, k]}=\begin{cases}\dfrac{\frac{1}{2}[S(i)+S(K)]^{*} w_{iK}^{[k-1]}}{\sum\limits_{K \in V^{[k]}} w_{iK}^{[k-1]}}, & i \in V^{[k-1]} \quad V^{[k]}, K \in V^{[k]} \\ 1, & i \in V^{[k]}, K \in V^{[k]}, i=K \\ 0, & i \in V^{[k]}, K \in V^{[k]}, i \neq K\end{cases} \tag{2.37}$$

式中，i 为图 $G^{[k-1]}$ 层的第 i 个区域，即对应图 $G^{[k-1]}$ 层顶点集合 $V^{[k-1]}$ 中的第 i 个“顶点”；K 为图 $G^{[k-1]}$ 经过第 k 次粗化，从顶点集合 $V^{[k-1]}$ 对应的 i 个区域中，随机选取 K 个区域，再依据 i 个区域间的视觉特征相似性进行合并，得到的 K 个新的区域作为种子点，即对应图 $G^{[k]}$ 层的顶点集合 $V^{[k]}$ 中的“顶点”。图 $G^{[k-1]}$ 经过第 k 次粗化，当 i 为顶点集合 $V^{[k-1]}$ 中未被选取的区域时，定义

$\frac{1}{2}[S(i)+S(K)]^{*} w_{iK}^{[k-1]} \Big/ \sum_{K \in V^{[k]}} w_{iK}^{[k-1]}$ 作为 $V^{[k-1]}$ 中未被选取的区域与被选取成为 $G^{[k]}$ 层顶点集合 $V^{[k]}$ 中的“顶点”之间的相似权值，表明粗化后的种子点与非种子点之间的隶属依附程度；若 i 为顶点集合 $V^{[k-1]}$ 中被选取的区域，成为图 $G^{[k]}$ 层的顶点集合 $V^{[k]}$ 中的“顶点”，它与自身的相似权值定义为1，表明粗化后的种子点与自身之间的隶属依附程度，与除自身外的其余 $V^{[k]}$ 中的“顶点”之间的相似权值定义为0，表明粗化后的种子点与除自身以外的其他种子点之间的隶属依附程度。上述公式定义保证了选取的种子点自身，即对应的区域内部相似性最大，以及种子点之间，即对应的区域之间相似性最小，这样有利于图像的精确分割。如上述，假设 $i \in V^{[k-1]}$，$i=1, 2, \cdots, n$，经过 k 次粗化，$K \in V^{[k]}$，$K=1, 2, \cdots, q$，则 $\boldsymbol{P}^{[k-1, k]}$ 为 $n \times q$ 的插值矩阵，实际上 $\boldsymbol{P}^{[k-1, k]}$ 是一个稀疏矩阵，能够快速减少算法的运算量。

5）相似权值更新

定义相似矩阵 $\boldsymbol{W}^{[k-1]}$ 表示 $k-1$ 层粗化后选取的种子点与种子点之间的相似权值，$\boldsymbol{W}^{[k-1]}=\{w_{ij}^{[k-1]}\}$，$k=\{1, 2, \cdots, s\}$。通过插值矩阵和 $\boldsymbol{W}^{[k-1]}$，得到相似矩阵 $\boldsymbol{U}^{[k]}$，$\boldsymbol{W}^{[k]}=\{w_{KL}^{[k]}\}$，即表示 k 层粗化后选取的种子点 K、L 之间的相似权值，具体的计算公式为

$$w_{KL}^{[k]}=\sum_{i \neq j} P_{iK}^{[k-1, k]} w_{ij}^{[k-1]} P_{jL}^{[k-1, k]} \tag{2.38}$$

其中，$w_{ij}^{[k-1]}$ 包含了原始图像的视觉特征，K 为 k 层粗化后抽象“顶点” $K\boldsymbol{U}^{[k]}$ 对应的 $k-1$ 层顶点集合。

6）层次迭代

每一粗化层次都有对应的分割状态向量，$k-1$ 层粗化后的分割状态向量 $\boldsymbol{U}^{[k-1]}$ 与 k 层粗化后的分割状态向量 $\boldsymbol{U}^{[k]}$ 之间的映射关系可由插值矩阵来表示，即

$$\boldsymbol{U}^{[k-1]}=\boldsymbol{P}^{[k-1, k]}\boldsymbol{U}^{[k]} \tag{2.39}$$

则

$$\boldsymbol{U}^{[0]}=\boldsymbol{P}^{[0, 1]}\boldsymbol{U}^{[1]}=\boldsymbol{P}^{[0, 1]}\boldsymbol{P}^{[1, 2]}\boldsymbol{U}^{[2]}=\cdots=\boldsymbol{P}^{[0, 1]}\boldsymbol{P}^{[1, 2]}\cdots\boldsymbol{P}^{[s-1, s]}\boldsymbol{U}^{[s]} \tag{2.40}$$

令 $\boldsymbol{P}=\boldsymbol{P}^{[0, 1]}\boldsymbol{P}^{[1, 2]}\cdots\boldsymbol{P}^{[s-1, s]}$，则式(2.40)变为 $\boldsymbol{U}^{[0]}=\boldsymbol{P}\boldsymbol{U}^{[s]}$。式(2.40)中，$\boldsymbol{U}^{[0]}$ 表示原始无向赋权图 G 中的分割状态向量，因此式(2.36)变为

$$R(\boldsymbol{PU}^{[s]})=\frac{(\boldsymbol{PU}^{[s]})^{\mathrm{T}}(\boldsymbol{D}-\boldsymbol{W})(\boldsymbol{PU}^{[s]})}{\frac{1}{2}(\boldsymbol{PU}^{[s]})^{\mathrm{T}}\boldsymbol{W}(\boldsymbol{PU}^{[s]})}=\frac{(\boldsymbol{U}^{[s]})^{\mathrm{T}}\boldsymbol{P}^{\mathrm{T}}(\boldsymbol{D}-\boldsymbol{W})\boldsymbol{PU}^{[s]}}{\frac{1}{2}(\boldsymbol{U}^{[s]})^{\mathrm{T}}\boldsymbol{P}^{\mathrm{T}}\boldsymbol{WPU}^{[s]}} \tag{2.41}$$

根据式(2.41)，得出基于改进的加权函数的最优分割 $\min R(\boldsymbol{PU}^{[s]})$，即获得相似矩阵所表示的广义特征系统，如下式：

$$\min R(\boldsymbol{PU}^{[s]})=\min\frac{(\boldsymbol{U}^{[s]})^{\mathrm{T}}\boldsymbol{P}^{\mathrm{T}}(\boldsymbol{D}-\boldsymbol{W})\boldsymbol{PU}^{[s]}}{\frac{1}{2}(\boldsymbol{U}^{[s]})^{\mathrm{T}}\boldsymbol{P}^{\mathrm{T}}\boldsymbol{WPU}^{[s]}} \tag{2.42}$$

2. 算法的详细步骤

(1) 对训练图像进行多尺度、多通道的线性滤波，从而得到亮度、颜色和纹理等属性特征，利用图像属性的梯度特征对图像进行描述。

(2) 以上述梯度特征为基础，使用超像素的方法将训练图像分成若干超像素表示的局部区域，每个局部区域被当作一个包，将每一个包作为图中的一个顶点，顶点的属性值由区域所对应的底层、中高层视觉特征向量表示，将区域的视觉特征信息引入到区域的相似性度量中，并以此构建权函数与代价函数，如下式所示：

$$w_{[ij]}=\begin{cases}\exp(-E(f_i,f_j)/\delta^2), & i\neq j\\ 0, & i=j\end{cases} \tag{2.43}$$

$$R(\boldsymbol{U}^{[0]})=\frac{\sum\limits_{i>j}w_{ij}(U_i-U_j)^2}{\sum\limits_{i>j}w_{ij}U_iU_j}=\frac{(\boldsymbol{U}^{[0]})^{\mathrm{T}}(\boldsymbol{D}-\boldsymbol{W})\boldsymbol{U}^{[0]}}{\frac{1}{2}(\boldsymbol{U}^{[0]})^{\mathrm{T}}\boldsymbol{WU}^{[0]}} \tag{2.44}$$

(3) 根据前文相关定义，对输入图像进行逐层粗化，依据式(2.35)、式(2.37)、式(2.38)对粗化的顶点之间相似权值进行不断的修正和更新。

(4) 根据前文相关定义，经过层次迭代，将式(2.40)代入式(2.44)，依据式(2.39)、式(2.40)，得到如下公式：

$$R(\boldsymbol{PU}^{[s]})=\frac{(\boldsymbol{U}^{[s]})^{\mathrm{T}}\boldsymbol{P}^{\mathrm{T}}(D-\boldsymbol{W})\boldsymbol{PU}^{[s]}}{\frac{1}{2}(\boldsymbol{U}^{[s]})^{\mathrm{T}}\boldsymbol{P}^{\mathrm{T}}\boldsymbol{WPU}^{[s]}} \tag{2.45}$$

得到低维稀疏相似矩阵，直至得到兴趣区域停止迭代。最后求解式(2.45)相似矩阵所表示的广义特征系统，求出广义次小特征值对应的特征向量，即为状态

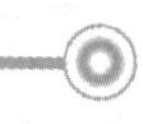

向量 $\boldsymbol{U}^{[s]}$ ，得到无向赋权图中目标区域的分割。

(5) 选取一组 δ_1，δ_2，满足关系 $\delta_1 = 1 - \delta_2 = 0.15$，若 $U_i^{[k]} \leqslant \delta_1$，则令 $U'^{[k]}_i = 0$，若 $U_i^{[k]} \geqslant \delta_2$，则令 $U'^{[k]}_i = 1$，若 $\delta_1 < U_i^{[k]} < \delta_2$，则令 $U'^{[k]}_i = \sum_i w_{ij}^{[k]} U'^{[k]}_j \Big/ \sum_i w_{ij}^{[k]}$ ，得到修正状态向量 $\boldsymbol{U}'^{[k]}$ ；再依据式(2.39)和式(2.40)，通过逆插值运算，得到图像的原始分割状态向量 $\boldsymbol{U}^{[0]}$ ，即得到目标区域的精确分割。

将算法实际应用于江西某条高速公路上的道路交通信息采集与检测系统平台，如图 2-21 所示。将其中线阵 CCD 摄像机采集的夜间高速公路道路图像数据作为研究对象，对夜间高速公路道路图像进行车辆目标的分割，部分结果如图 2-22 所示。

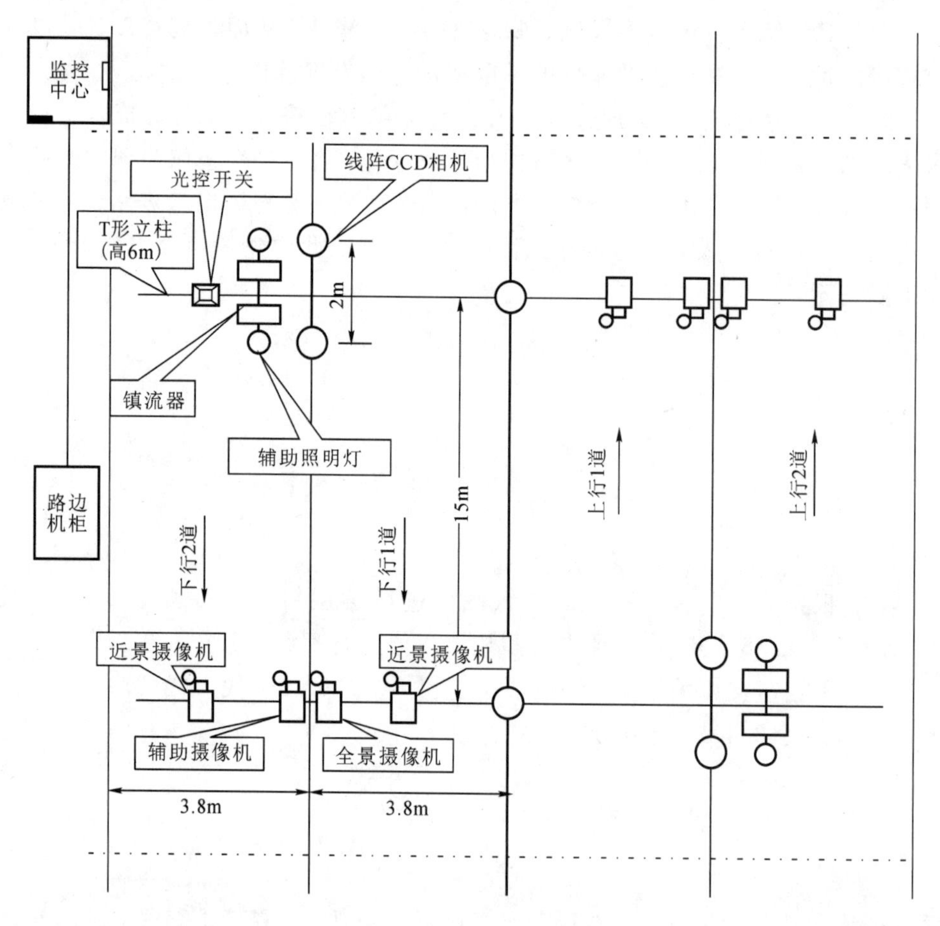

图 2-21　道路交通信息采集与检测系统平台监测断面现场俯视布局图

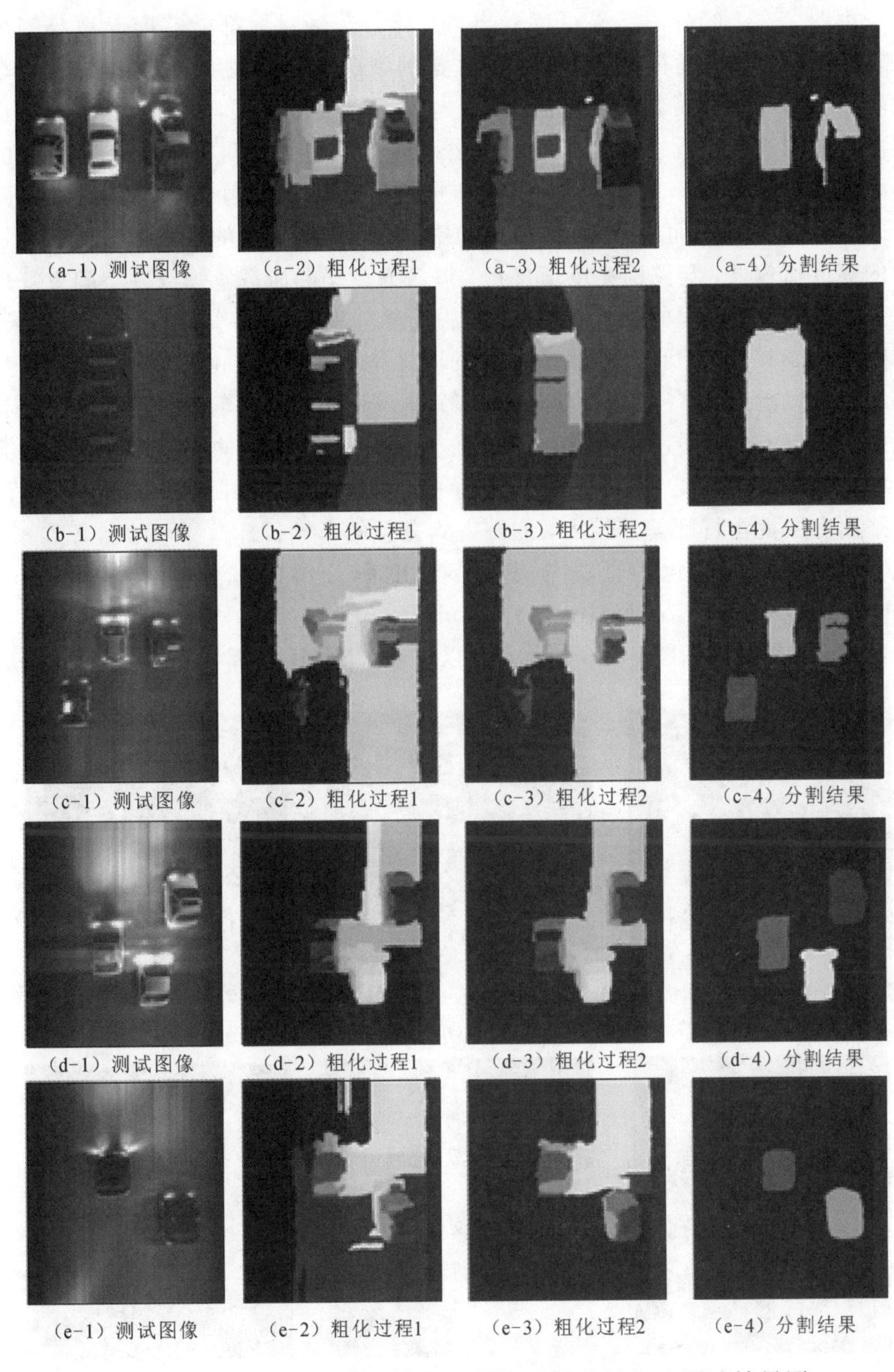

(a-1) 测试图像　(a-2) 粗化过程1　(a-3) 粗化过程2　(a-4) 分割结果

(b-1) 测试图像　(b-2) 粗化过程1　(b-3) 粗化过程2　(b-4) 分割结果

(c-1) 测试图像　(c-2) 粗化过程1　(c-3) 粗化过程2　(c-4) 分割结果

(d-1) 测试图像　(d-2) 粗化过程1　(d-3) 粗化过程2　(d-4) 分割结果

(e-1) 测试图像　(e-2) 粗化过程1　(e-3) 粗化过程2　(e-4) 分割结果

图 2 - 22　基于图像分割优化的图像目标分割方法测试结果图

由图2-22的分割结果可以看出，大部分车辆目标都能够准确地分割出来，只有少部分车辆存在车体分割不完整的情况。图2-22(a-1)中皮卡货车的敞篷后车厢所载货物的亮度值较低，与路面亮度值接近，纹理特征杂乱，在层次合并的迭代过程中，皮卡货车的敞篷后车厢中货物目标被合并至相邻的路面区域，导致皮卡货车目标的车体分割失败，只分割出车头部分，如图2-22(a-4)所示。而在图2-22(b-1)中，虽然皮卡货车的敞篷后车厢所载货物的亮度值较低，与路面亮度值接近，但敞篷后车厢所载货物纹理空间重复性较强，易于粗化过程的合并，因此，算法仍然能获得好的车辆目标分割效果，如图2-22(b-4)所示。图2-22(c-1)同样是多车目标，由图2-22(c-4)分割结果可以看出，右一车辆目标的车体分割不完整，因其车体前盖有自阴影与投射阴影存在，底层视觉特征和路面的差异较小，但车辆的基本轮廓还是很明显的。图2-22(d-1)与(e-1)多车图像中，虽然有车灯和阴影的干扰，但车体与路面底层视觉特征差异较大，能够得到完整的车辆目标。

将基于图割优化的算法与基于多尺度图分解的谱分割算法（Spectral Segmentation based on Multiscale Graph Decomposition，SSMGD）[52]进行比较，测试效果对比如图2-23所示。可以看出，SSMGD算法对于相对路面对

(a-1) 原始图像

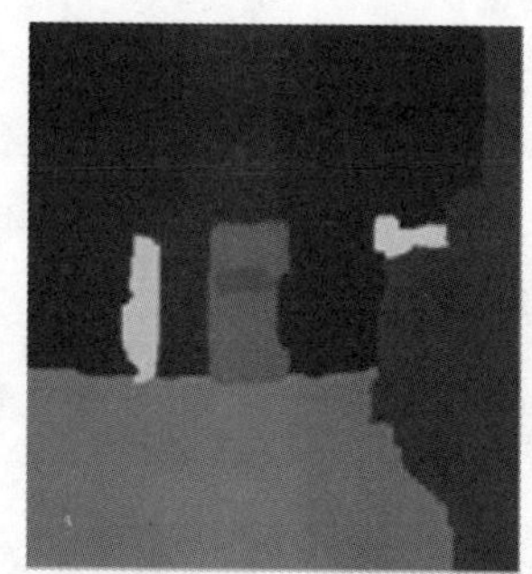
(b-1) SSMGD分割结果

(c-1) 基于图割优化分割结果

(a-2) 原始图像

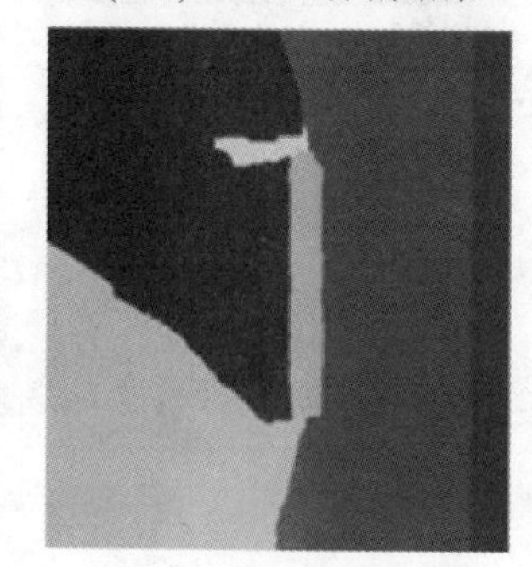
(b-2) SSMGD分割结果

(c-2) 基于图割优化分割结果

(a-3) 原始图像

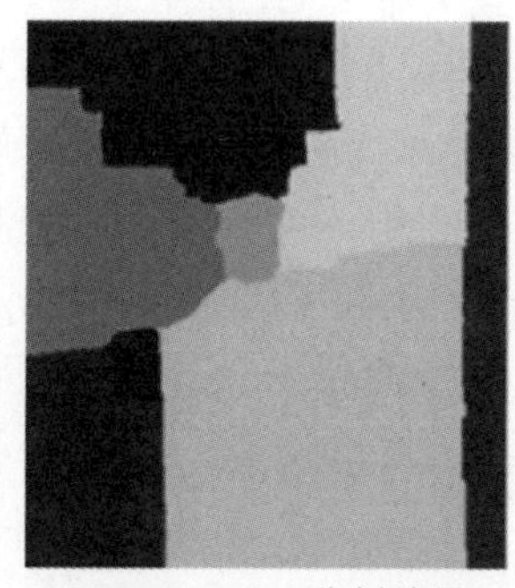

(b-3) SSMGD分割结果

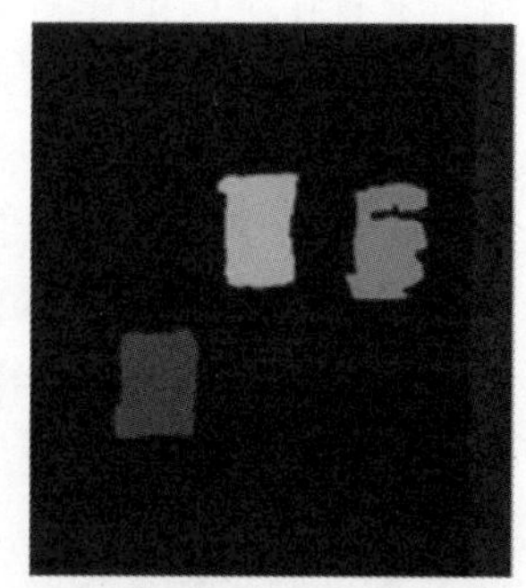

(c-3) 基于图割优化分割结果

(a-4) 原始图像

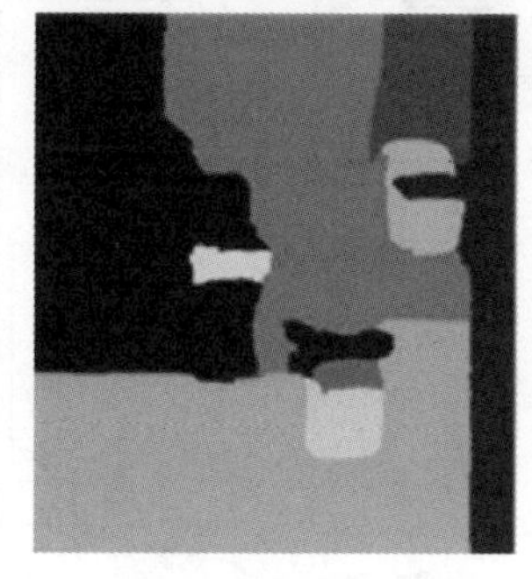

(b-4) SSMGD分割结果

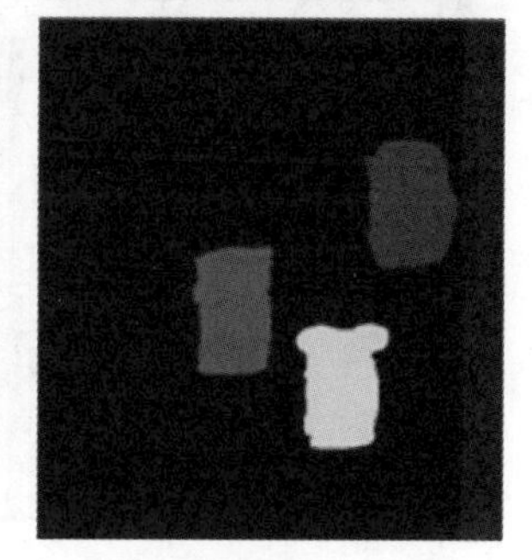

(c-4) 基于图割优化分割结果

图 2-23　分割效果对比图

比度较高的车辆目标能够得到较为完整的车辆目标，如图 2-23(a-1)中间的白色车辆目标与图 2-23(b-1)中间的白色车辆目标，但对于弱对比度车辆目标基本是分割失败的。而基于图割优化的算法能够将夜间高速公路道路图像中大部分的车辆目标分割出来，尤其是弱对比度车辆目标的分割效果要明显优于 SSMGD 算法。

我们还采用了 PRI、VI、GCE 与 $P-R-F$ 指数对基于图割优化的算法和 SSMDG 算法进行定量评价分析，如图 2-24 所示。首先对选用的评价标准进行介绍。

(1) PRI：概率边缘指数，表明了使用算法所得的分割结果与真实标记相一致的像素所占比例，其数值越大，表明分割结果越好。

(2) VI：信息变化度量，通过计算在两个分割区域之间，像素点从一个区域到另一个区域的丢失信息量与获取信息量，来度量某一个聚类解释另一个聚类的程度[53]。VI 指标数值越小，表明分割效果越好。

(3) GCE：整体一致性误差，用于计算分割区域的重叠程度。若将不同的分割结果看作不同的像素点集，那么GCE用于度量一个分割结果与另一个分割结果的细化程度。GCE取值越小，表明分割结果越好。

(4) $P-R-F$：由三个指标组成，即查全率P、查准率R以及F值。查全率定义为$P=\mathrm{TP}/(\mathrm{TP}+\mathrm{FP})$，用来评估实际分割结果相对理想分割结果的准确率；查准率定义为$R=\mathrm{TP}/(\mathrm{TP}+\mathrm{FN})$，用来表示实际分割目标结果占理想分割结果的比例；$F$值通过融合查准率与查全率两种评价方法进行综合评价分析，定义为$F\text{-measure}=\mathrm{PR}/[(1-\alpha)\times P+\alpha\times R]$。这三个值都是越大越好。

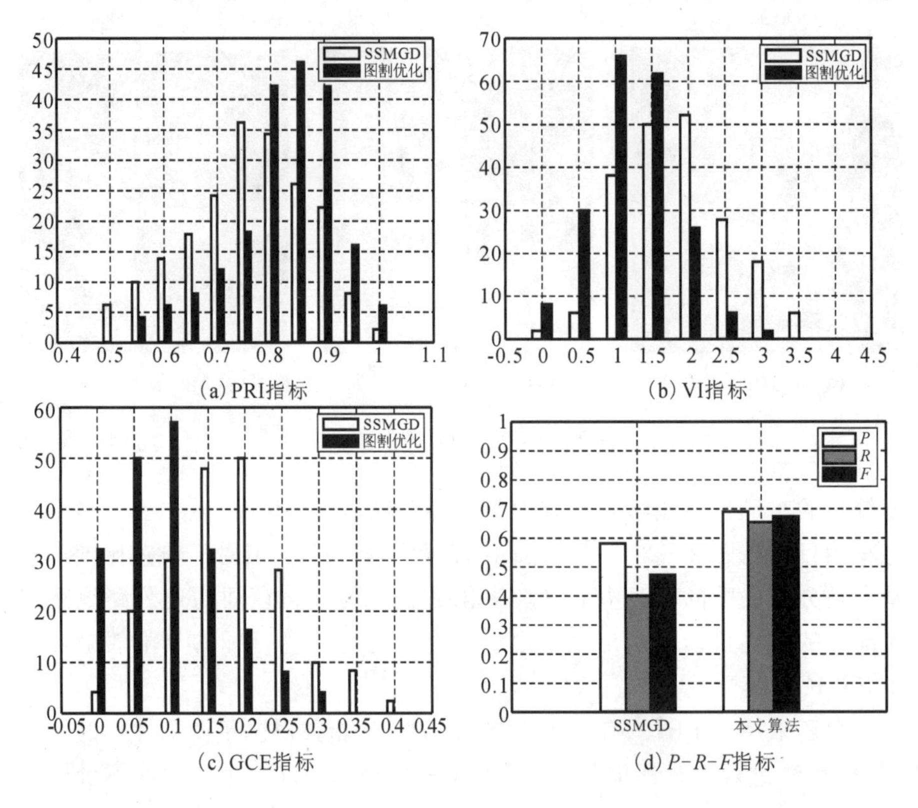

图2-24 分割效果定量评价分析

由图2-24可以看出，基于图割优化的算法对真实图像分割效果的PRI值超过0.8的占80%；VI与GCE值也相对集中在较低的区域，误差较小；本文算法的F指数达到了0.66，而SSMGD算法只有0.47。上述四个指标都表明，基于图像分割优化的算法对真实图像的分割效果要明显优于SSMGD算法。

综上分析得出，基于图像分割优化的图像目标分割算法能够将夜间高速

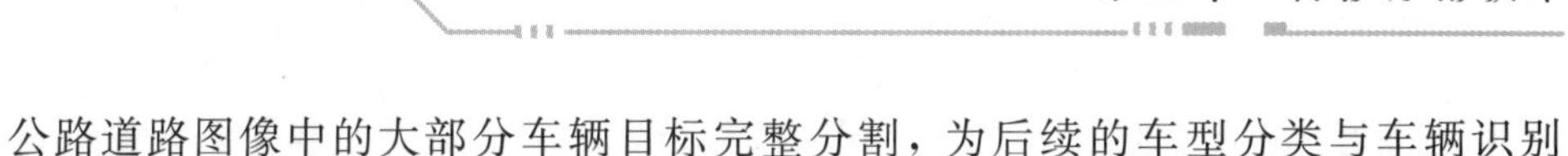

公路道路图像中的大部分车辆目标完整分割，为后续的车型分类与车辆识别提供准确的依据。

2.2.2 基于偏微分方程的车辆分割算法

基于偏微分方程的分割方法是目标分割领域的一项重要技术，在图像处理和视觉研究中运用偏微分来处理问题也是当前重要的研究方向。偏微分方程是基础数学的一个重要分支，其所需的数学知识和实现过程的计算技巧已经较为完善，这也驱使更多领域的科研工作者都对基于偏微分方程的图像分割技术产生浓厚兴趣。基于偏微分方程的图像分割技术是20世纪80年代产生并逐渐发展起来的一种非线性图像分割方法，其基本思想是在图像的连续数学模型上，令图像遵循某一指定的偏微分方程发生变化，当方程达到稳态解时就对应得到了希望的分割结果。这种分割技术的最大优点是曲线在演化的过程中始终保持连续性和光滑性，可以实现连续、封闭的目标轮廓提取，这是早期的分割方法无法直接实现的。近年来偏微分方程的图像分割技术得到了巨大的发展，并成功应用到了交通、医学、军事等领域。

基于偏微分方程的图像分割技术主要通过构建图像分割模型来获取最优的分割结果，常用的方法有：① 通过对问题的分析，建立相应的“能量”模型，运用变分方法计算模型的极值，得到此模型所对应的 Euler 方程；② 通过预想达到对图像产生某些改变，并与其他交叉学科的某种变化过程进行相应的对比，从而建立对应的偏微分方程。与传统的分割方法相比，采用偏微分方程的图像分割方法以连续的图像模型为基础，通常运用连续微分对图像进行滤波，以离散的网格化使得对图像的局部处理与分析更容易实现，同时基于偏微分方程的图像分割算法是以封闭曲线为基础的，最终图像分割结果可以达到亚像素的精度。

基于偏微分方程的图像分割的经典模型是活动轮廓模型。活动轮廓模型主要分为基于边缘的活动轮廓模型、基于区域的活动轮廓模型以及混合的活动轮廓模型。1988年，Kass 等人[54]提出了基于边缘的活动轮廓模型，由于其带有参数也被称为参数活动轮廓模型，而其他大部分基于边缘的活动轮廓模型均是在此模型的基础上开发出来的。此模型是一条具有能量的参数化闭合曲线。在计算机视觉研究领域中，参数化曲线通过极小化它所具有的能量来达到动态地提取目标边界的目的。当初始曲线置于目标附近时，Kass 等人通过增加适当的能量项，驱动局部极小值之外的模型朝着期望的解收缩，最后达到极小值停止。Kass 等人利用 Snake 模型把目标边界提取问题转化成能量泛函的优化问题，由此开创了一类新形式的图像分割算法。基于区域的活动轮廓模型以模糊边缘活动轮廓模型[55]和局部二值拟合模型[56]为代表，利用图像的某些统计特征实现图像的分割，采用不同的统计信息可以得到不同的分割精度。混合的活动轮廓模型将边缘信息与区域信息融合，能够得到更好的分割结果，但是分割前的自动初始化是一个开放性问题，对于不同的初始化，可能会得到不同的分割结果，当前初始化一般是将初始曲线置于目标附近。近年来，许多的研究人员将活动轮廓模型应用于各种图像(如医学图像等)分割中，并取得显著成果。本节面向智能网联交通系统应用，侧重论述基于分数阶微分和形态学多级合成的图像分割算法，及其在弱对比度下车辆目标分割与检测中的具体实现[57]。

算法的整体思路是：首先对图像进行噪声滤除、图像分割、空腔填充、短枝去除等操作，然后使用分数阶微分的方法进行预处理，最后采用改进形态学多级合成方法得到分割结果。本方法对弱对比度环境下的噪声图像有较好的边缘检测能力和抗噪性。下面对算法的步骤进行详细说明。

1. 基于分数阶微分的边缘提取算子

分数阶微积分的 Grümwald-Letnikov 定义是从研究连续函数整数阶导数的经典定义出发，将微积分的阶数与因次由整数扩大到分数[58]。$\forall v \in \mathbf{R}$(包括分数)，令其整数部分为$[v]$，若信号$s(t) \in [a]$ $(a < t, a \in \mathbf{R}, t \in \mathbf{R})$，存在$m+1$($m \in \mathbf{Z}$)($\mathbf{Z}$表示整数)阶连续导数，当$v > 0$时，$m$至少取$[v]$，定义$v$阶导数为

$$ {}_a^G D_t^v s(t) \underline{\underline{\mathrm{def}}} \lim_{h \to 0} s_h^{(v)}(t) \underline{\underline{\mathrm{def}}} \lim_{\substack{h \to 0 \\ nh \to t-a}} h^{-v} \sum_{r=0}^{n} \begin{bmatrix} -v \\ r \end{bmatrix} s(t-rh) \tag{2.46} $$

其中，h为微分步长，$\begin{bmatrix} -v \\ r \end{bmatrix} = \frac{(-v)(-v+1)\cdots(-v+r-1)}{r!}$，若将组合数$\begin{bmatrix} g \\ r \end{bmatrix} = \frac{(g)(g-1)\cdots(g+r-1)}{r!}$中的$g$扩展到任意实数(包括分数)，则$\begin{bmatrix} -g \\ r \end{bmatrix} = (-1)^r \begin{bmatrix} g \\ r \end{bmatrix}$。为使$s_h^{(v)}(t)$达到非零极限，须当$h \to 0$时，$n \to \infty$，故令$h = \frac{t-a}{n}$，于是$n = \left[\frac{t-a}{h}\right]$。先对式(2.46)进行部分归纳，再部分积分可得

$$ {}_a^G D_t^v s(t) = \sum_{k=0}^{m} \frac{s^k(a)(t-a)^{-v+k}}{\Gamma(-v+k+1)} + \frac{1}{\Gamma(-v+m+1)} \int_a^t (t-\tau)^{(-v+m)} s^{(m+1)}(\tau) \mathrm{d}\tau \tag{2.47} $$

其中，Gramma 函数 $\Gamma(a)=\int_0^{+\infty}\mathrm{e}^{-x}x^{a-1}\mathrm{d}x=(a-1)!$。可导出一元信号 $s(t)$ 分数阶微分的差值表达为

$$\frac{\mathrm{d}^v s(t)}{\mathrm{d}t^v}\approx s(t)+(-v)s(t-1)+\frac{(-v)(-v+1)}{2}s(t-2)+\frac{(-v)(-v+1)(-v+2)}{6}s(t-3)+\cdots+\frac{\Gamma(-v+1)}{n!\ \Gamma(-v+n+1)}s(t-n)\tag{2.48}$$

针对数字图像，$s(x, y)$ 的偏分数阶微分在 x 轴方向上的相对逼近误差为

$$\varepsilon_x^v s(x, y)=\frac{(-v)(-v+1)(-v+2)}{6}s(x-3, y)+\cdots+\frac{\Gamma(-v+1)}{n!\ \Gamma(-v+n+1)}s(x-n, y)\tag{2.49}$$

在 y 轴方向上的相对逼近误差为

$$\varepsilon_y^v s(x, y)=\frac{(-v)(-v+1)(-v+2)}{6}s(x, y-3)+\cdots+\frac{\Gamma(-v+1)}{n!\ \Gamma(-v+n+1)}s(x, y-n)\tag{2.50}$$

在图像像素点 (x, y) 上的分数阶梯度通过一个二维列向量定义：

$$\nabla^v s=\begin{bmatrix}G_x^v\\G_y^v\end{bmatrix}=\begin{bmatrix}\dfrac{\partial^v s}{\partial x^v}\\\dfrac{\partial^v s}{\partial y^v}\end{bmatrix}\tag{2.51}$$

定义分数阶梯度向量的模值为

$$\mathrm{mag}(\nabla^v s)=\left[G_x^{v2}+G_y^{v2}\right]^{\frac{1}{2}}\tag{2.52}$$

定义在实际操作中，用绝对值来代替平方根运算，近似求分数阶梯度的模值：

$$\mathrm{mag}(\nabla^v s)=|G_x^v|+|G_y^v|\tag{2.53}$$

根据公式(2.53)写出差分方程右边的前 n 项乘数：

$$a_0=1,\ a_1=-v,\ a_2=\frac{-v(-v+1)}{2},\ a_3=\frac{-v(-v+1)(-v+2)}{6}$$

$$a_4=\frac{-v(-v+1)(-v+2)(-v+3)}{24},\ \cdots,\ a_n=\frac{\Gamma(-v+1)}{n!\ \Gamma(-v+n+1)} \tag{2.54}$$

由上述内容可定义分数阶微分掩模，如表 2-5 所示。

表 2-5　分数阶微分掩模

a_2	0	a_2	0	a_2
0	a_1	a_1	a_1	0
a_2	a_1	$8a_0$	a_1	a_2
0	a_1	a_1	a_1	0
a_2	0	a_2	0	a_2

v 为阶数，本处选为 0.55 阶。进行卷积运算后得到的图像与源图像对应位置像素相减，得到图像边缘。

2. 基于形态学多级合成的边缘检测

腐蚀和膨胀是数学形态学中的两种基本变换，基本的形态学边缘检测算子如下[59-60]：

$$\begin{cases}\mathrm{Grad}_1=F(n)\oplus B-F(n)\\ \mathrm{Grad}_2=F(n)-F(n)\Theta B\\ \mathrm{Grad}_3=F(n)\oplus B-F(n)\Theta B\\ \mathrm{Grad}_4=F(n)-F(n)\circ B\\ \mathrm{Grad}_5=F(n)\circ B-F(n)\\ \mathrm{Grad}_6=F(n)\circ B-F(n)\circ B\end{cases} \tag{2.55}$$

其中 $F(n)$ 表示图像，B 表示结构元素。利用形态膨胀、腐蚀和开闭运算的特性，对上述基本算子进行改进[61]，得到抗噪型形态边缘检测算子：

$$\begin{cases}\mathrm{OGrad}_1=F(n)\oplus B-F(n)\circ B\\ \mathrm{OGrad}_2=F(n)\circ B-F(n)\Theta B\\ \mathrm{OGrad}_3=(F(n)\circ B)\oplus B-(F(n)\circ B)\Theta B\end{cases} \tag{2.56}$$

式中，OGrad_1 对正脉冲的响应为 0，OGrad_2 对负脉冲的响应为 0，OGrad_3 对正负脉冲的响应都为 0。本节算法利用 OGrad_3 的边缘检测算子来进行边缘检测。

该算法采用小尺度的结构元素，定义 6 种小尺度结构元素，如图 2-25 所示。

结构元素 B1、B2 分别选择尺度为 3×3 的邻接像素模板和弱像素模板。B3～B6 是不同走向的 2×2 小尺度结构矩阵，目的是能准确地检测到不同走向的边缘。

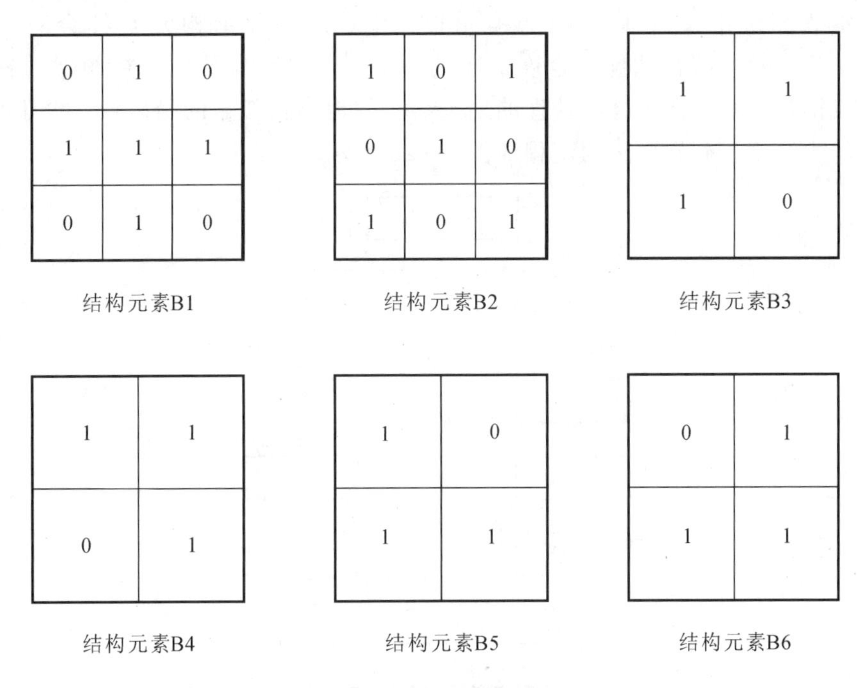

图 2-25　本节算法结构元素

由于弱对比度下车辆目标存在边界模糊、噪声干扰大等问题，我们在上述抗噪型形态边缘检测算子的基础上进行改进，提出了多级合成边缘检测算法。

(1) 图像针对某一结构元素分为 A、B 两路进行处理，一路进行开闭运算，另一路进行闭开运算，然后分别进行腐蚀和膨胀操作。开闭运算可分别对图像的内外进行滤波，达到去除噪声的目的，两种运算都可除去比结构元素小的图像细节，同时保证不产生全局的几何失真。考虑到不同形态的滤波针对噪声类型(亮、暗噪声)的差异，进行开闭滤波的子图像没能够全部滤除黑噪声，进行闭开滤波的子图像没能全部滤除白噪声，所以对开闭运算的结果采用最大值，而对闭开运算的结果采用最小值，得到 $F_a(n)$ 和 $F_b(n)$。

(2) 在 $OGrad_3$ 的基础上用不同尺度大小的结构元素分别检测出图像 $F_a(n)$ 和 $F_b(n)$ 的边缘信息。

(3) 对各结构元素求得的图像边缘进行合成，得到最终的图像边缘。

合成依据以下规则：首先，在图像 $F_a(n)$ 中扫描，若遇到一个非零值像素

点，则跟踪以该点为开始点的轮廓线，直到该线的终点；然后，在图像 $F_b(n)$ 相对应位置点的邻域中寻找可以连接到轮廓的边缘点，利用递归跟踪算法不断地在 $F_a(n)$ 中搜索边缘点，直到 $F_a(n)$ 中所有的间隙都连接起来为止。

本节算法中设计了 6 种结构元素，针对每一种结构元素都会有一对 $F_a(n)$、$F_b(n)$，找出边缘拟合度最小的一对，合成后与其他 5 幅图像再次进行合成得到最终结果。这样处理的结果会有效地消除孤立的噪声点，并且得到较好的边缘度。本节算法的流程如图 2-26 所示。

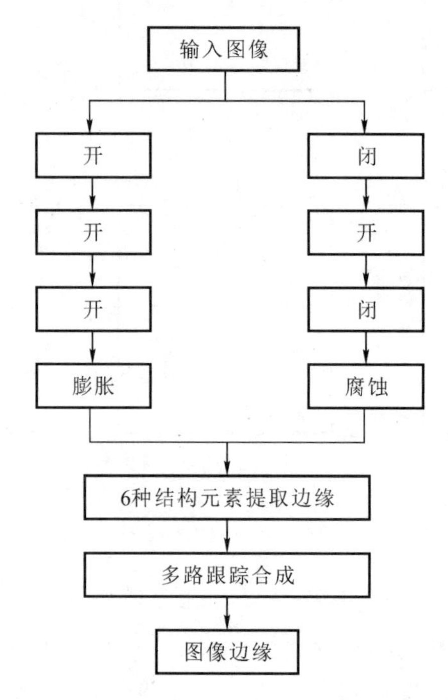

图 2-26　基于形态学多级合成的边缘检测流程

本书面向智能网联交通系统，研究了弱对比度交通场景下的前方车辆检测分割的过程，并对比传统分割算法与本节中基于偏微分的图像分割算法得到结果，如图 2-27～图 2-29 所示。

图 2-27～图 2-29 中各图所代表含义为：(a) 测试原图；(b) 真值图；(c) 基于边缘检测的图像分割算法结果图；(d) 基于图论的图像分割算法结果图；(e) 本节所提出分割算法结果图。由分割结果可以直观地看到，当弱对比度情况下目标与背景边界过渡缓慢且差异极小时，本节介绍的基于偏微分的图像分割算法能够得到较好的车辆目标分割效果，边缘细节丰富，清晰拟合性好，误检率较低。

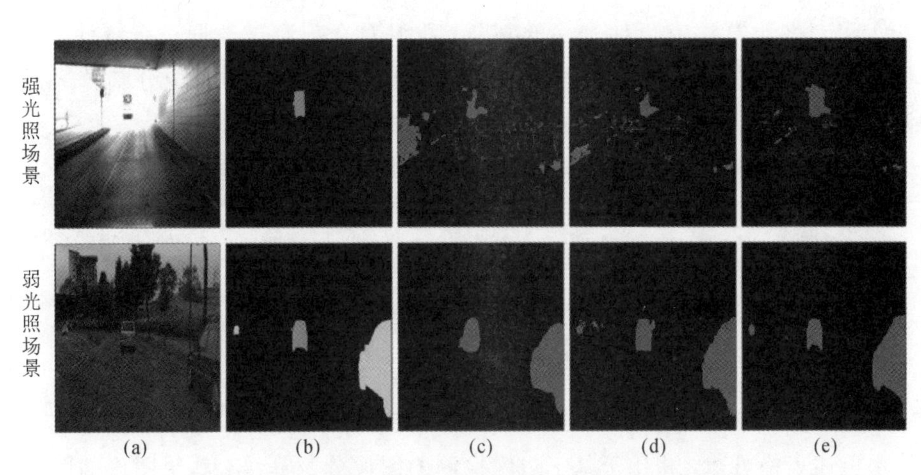

图 2-27　强弱光照交通场景下前车分割结果图

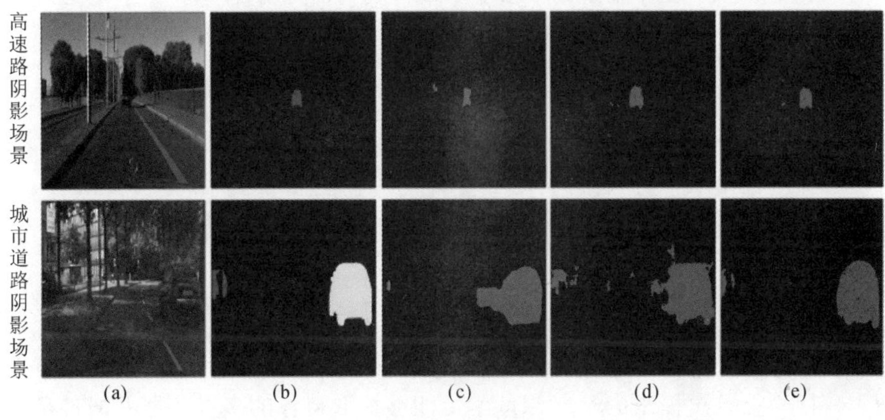

图 2-28　阴影交通场景下前车分割结果图

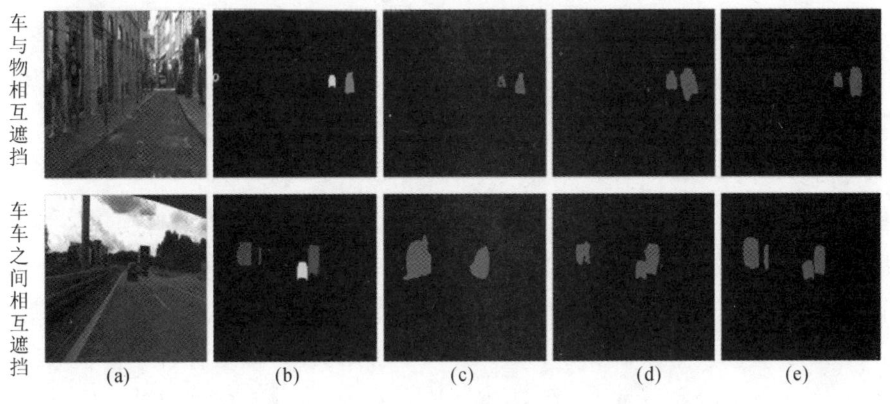

图 2-29　遮挡交通场景下前车分割结果图

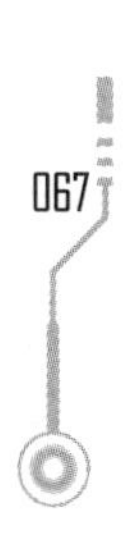

为了对各类算法有更加全面的判断，我们对全部测试数据进行统计，本节所提出的算法、基于边缘检测的图像分割算法、基于图论的图像分割算法得到的测试结果的准确率、召回率、平均运行速率如表 2-6 所示。

表 2-6　准确率、召回率及平均运行速率结果表

指标	基于边缘检测的图像分割算法	基于图论的图像分割算法	本节所提出的算法
准确率	72.7%	78.0%	84.2%
召回率	75.7%	80.9%	84.1%
平均运行速率	60.2 ms	66.2 ms	71.4 ms

由上述表格可知，相比于基于边缘检测的图像分割算法、基于图论的图像分割算法，虽然基于分数阶微分和形态学多级合成的图像分割算法在平均运行速率上有所减慢，但是在准确率上分别提升了 11.5%、6.2%，在召回率上分别提升了 8.4%、3.2%。通过综合比较，基于分数阶微分和形态学多级合成的图像分割算法的各类性能均有所提升。

2.3　基于深度学习的目标分割

基于深度学习的目标分割主要采用深度学习的理论及方法对图像中的感兴趣目标进行分割。“深度学习”的概念是由多伦多大学的 Hinton 于 2006 年在著名科学杂志《科学》上首次提出的[62]。深度学习能够提取目标的多级特征并通过足够多的特征变换组合，可以学习非常复杂的深层特征，也因此具有较好的目标分割能力。随着深度学习算法能力的提升以及计算机与图形显卡性能的提高，深度学习已经成为众多学科领域的研究热点之一。在图像分割领域，基于深度学习的经典分割模型有 FCN、SegNet 以及 DeepLab 等。

Fully Convolutional Networks (FCN)[63]是 UC Berkeley 的 Jonathan Long 等人提出的一种端到端的图像语义分割方法。所谓图像语义分割，就是预测每个像素点的语义标签[64]，即对每个像素点做出有限类别的判断。FCN 以图像分割的真值作为监督信息，训练一个端到端的网络，让网络做像素级别的预测(Pixelwise Prediction)，直接预测标签图(Label Map)。FCN 网络可以结合若干种学习结构，如 VGGNet、AlexNet、SIFT-Flow 等，它和 CNN 的最大区别在于它将 CNN 中的全连接层都转化成了卷积层，其网络结构如图 2-30 所示。

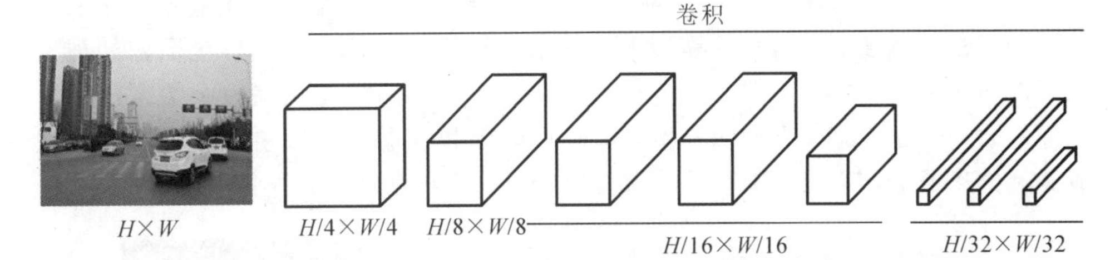

图 2-30　FCN 网络结构示意图

FCN 具有高效且能够接受任意尺寸的输入图像的优点，为实现语义分割提供了新的思路。但其也具有一定的缺陷：① 分割的结果仍然不够精细，边缘和细节部分仍然十分模糊；② 忽略了像素间的联系，整体一致性不高。

SegNet 是由剑桥大学提出的，旨在解决自动驾驶或智能机器人视觉导航中的图像语义分割问题[65]。它主要基于道路场景理解的应用，对道路、建筑物、汽车、行人进行建模，了解不同类别(如道路、行人、车辆)之间的空间关系。SegNet 是在 FCN 网络的基础上对 VGG-16 网络进行修改得到的语义分割网络，其网络结构如图 2-31 所示(彩图见书末二维码)。该网络是一个对称网络，由绿色的池化层(Pooling 层)与红色的上采样层(Upsampling 层)作为网络的主要部件，左边采用卷积网络提取高维特征，并通过池化缩放特征图，这个过程称为编码(Encode)；右边主要采用反卷积(在这里反卷积与卷积没有区别)与上采样操作，通过反卷积使得图像分类后特征得以重现，上采样使图像尺寸复原，这个过程称为解码(Decode)。SegNet 分割模型对于分类的边界位置，不确定性较大；对于难以区分的类别，例如人与自行车、路与人行道，两者如果有相互重叠，分割效果较差。

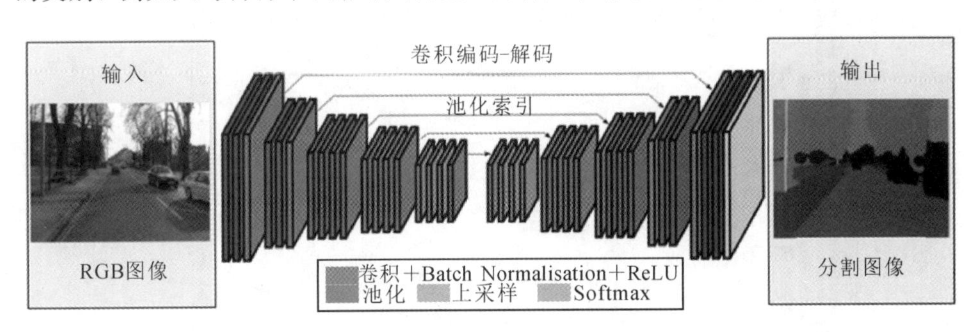

图 2-31　SegNet 网络结构

DeepLab 模型主要在 FCN 基础上借用全连接条件随机场(Fully Connected CRF)[66] 对从 FCN 得到的分割结果进行优化，最后得到一个精细的分割图，DeepLab 网络结构图如图 2-32 所示。为了提高 FCN 部分的空间分辨率，

DeepLab 调整了部分池化操作中的步长，并且在卷积核中增加空洞卷积，进一步提升分割精细程度。DeepLab 模型采用的条件随机场（CRF），在传统图像处理上是平滑图像的一个操作，但是在该模型中，其主要作用是在决定一个像素值的分类标签时，充分考虑周围的像素值，这样将模糊和不显著的像素级类别标注提取成锐利的边缘分布，从而能消除一部分噪声，一定程度上提升了图像分割效果。

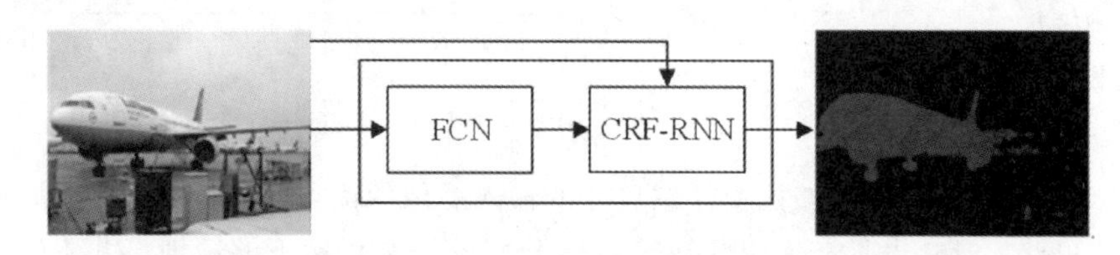

图 2－32　DeepLab 网络结构

基于深度学习的图像分割算法，与传统的图像分割算法相比，有着分割效果好、应对噪声能力强的特点。在面向智能网联交通系统中，本节将基于深度学习的图像分割技术应用于对路面的检测，设计并提出了一种全卷积 VGG_16 网络和条件随机场组合的路面分割模型，模型结构如图 2－33 所示。该模型将 VGG_16 最后 3 个全连接层改为一个上采样预测输出层，用来标识每一个像素属于路面或者属于非路面(背景)的概率。算法模型首先使用全卷积 VGG_16 网络对输入图像中的路面和背景进行粗分类，得到每一个像素的属于路面和不属于路面的分类概率。然后，使用全连接的条件随机场，对粗分类结果中路面与非路面边缘部分进行细节优化，得到更细致、更准确的道路边缘。

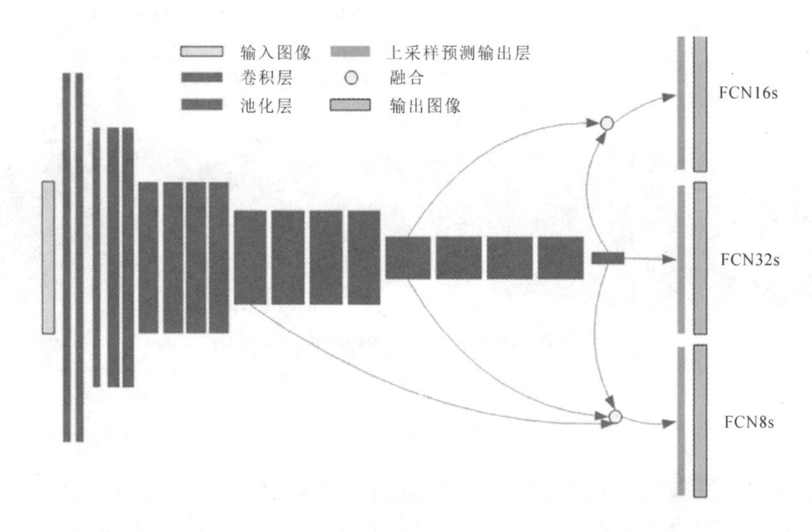

图 2－33　全卷积 VGG_16 网络和条件随机场的路面分割模型

在所提出的组合网络模型中，有13个卷积层、5个池化层以及3个上采样预测输出层，涉及的网络连接权重参数数量多达数百万。从零开始训练这样的一个组合网络用于道路分割不仅非常耗时，而且需要大量的样本。为了能够节省训练成本，采用在ImageNet数据集上的预训练模型作为初始模型，再在目标数据集上进行训练。算法采用VGG_16网络结构作为基础学习网络，因此，算法使用VGG_16在PASCAL VOC 2012数据集上训练获得的权重作为初始权重，再在相应数据集上训练，对参数进行微调(对网络中除上采样预测输出层之外的所有权重进行调整)。上采样预测输出层中的参数采用双线性插值方法进行初始化，插值过程不参与参数学习。网络中的损失函数定为像素间的交叉熵损失。交叉熵损失函数如下：

$$E=-\sum_{n=1}^{N}\sum_{k=1}^{K}t_{nk}\ln(y_{nk}) \tag{2.57}$$

其中，N表示像素的数量，K表示类别的数量，变量t_{nk}表示第n个像素对应的实际分割区域，变量y_{nk}为模型的预测输出结果。在训练阶段，采用自适应矩估计法(Adaptive Moment Estimation，Adam)对学习率进行自适应动态调整，其能够在调整较少的参数的情况下使模型获得很好的效果[67]。此外，算法在超参设置上使用$1e^{-6}$的学习率，Dropout值取为0.5[68]。

在对全卷积VGG_16网络和条件随机场的路面分割模型进行训练时，使用BCN-1和BCN-2两个数据集，原图像均为640×480像素的RGB图像，标注图为640×480像素的二值图像。随机选取数据集的70%作为训练集，剩余30%作为测试集。首先对FCN32s进行训练，仅对第5池化层(图2-33中最后端的一个池化层)进行上采样预测输出，经过VGG_16网络5次步长为2的2×2最大池化层之后，输入图像最终由640×480像素降维到20×15像素。因此，上采样因子取降维跨度32，经过上采样之后便得到640×480像素的分割结果。每张图像迭代10次，训练完成后得到两个数据集的损失函数值分别为0.038 52和0.033 36。损失变化曲线如图2-34和图2-35所示，其中横轴表示训练次数，纵轴表示损失函数取值。从损失函数值变化图中可以看出，损失曲线波动小，损失函数值趋于稳定，模型达到收敛状态。同时可以看出，网络模型的损失曲线稳定下降。

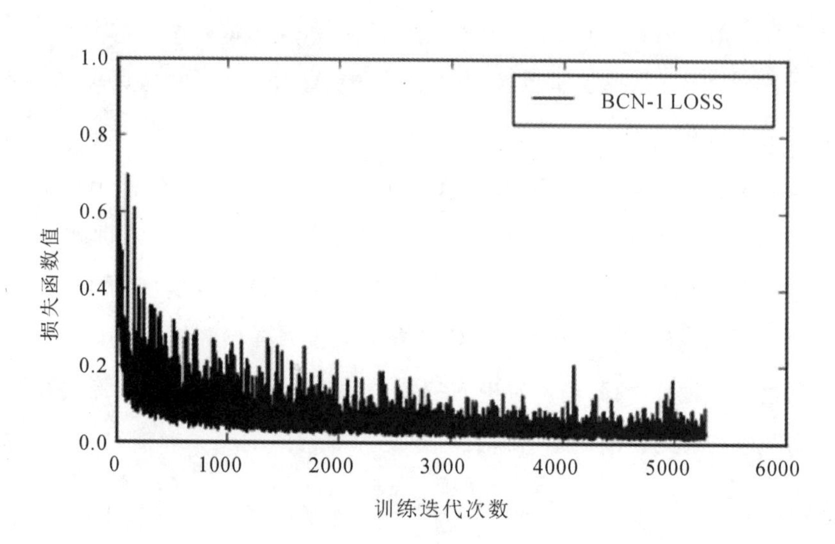

图 2-34　BCN-1 基准数据集训练损失函数取值

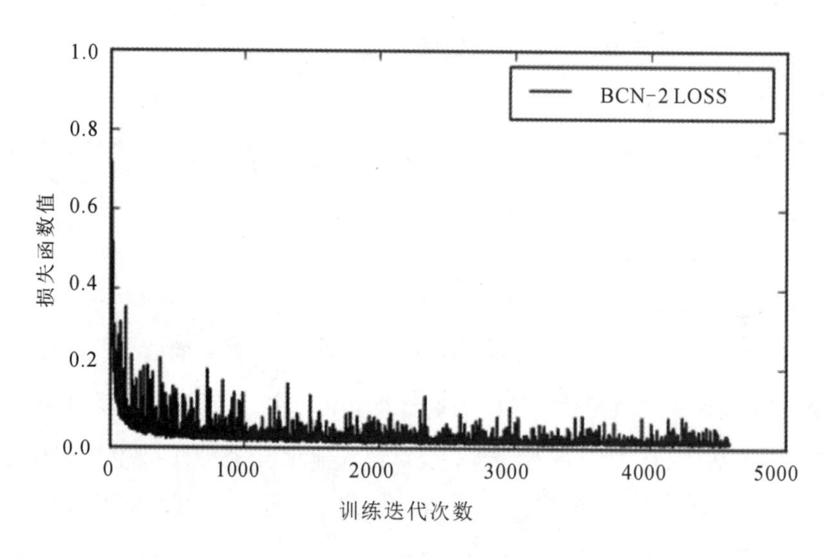

图 2-35　BCN-2 基准数据集训练损失函数取值

在 FCN32s 模型参数的基础上，使用同样的参数和迭代次数，对 FCN16s 进行训练，此次融合第 4 和第 5 池化层的特征进行上采样，上采样因子等于降维的跨度 16。FCN16s 训练结束后以同样的方法对 FCN8s 进行训练，融合第 3～5 池化层的特征，进行上采样，上采样因子为 8。经过对比分析，FCN8s 通过融合浅层网络的局部特征与深层网络的全局特征来得到更好的分割结果。表 2-7 给出了损失值和训练消耗的时间。

表 2-7 组合模型训练后损失函数取值和训练耗时

模型	BCN-1		BCN-2	
	损失值	训练时间	损失值	训练时间
FCN32s	0.038 52	2750 s	0.033 36	2377 s
FCN16s	0.031 94	5509 s	0.012 49	4726 s
FCN8s	0.016 00	8231 s	0.004 77	7096 s

使用训练好的网络模型，在测试集上进行验证，部分测试结果如图 2-36 和图 2-37 所示。在图 2-36 和图 2-37 中，第一行为原始输入图像，第二行为对应的标注图，第三行为采用 FCN32s 得到的分割结果，第四行为采用 FCN8s 得到的分割结果，第五行为 FCN8s 组合 CRFs 得到的分割结果。从图中可以看出，全卷积 FCNs 能够很好地识别路面的整体位置，但在细节方面几乎没有分割能力，通过增加上采样次数能得到一定的提升但效果并不明显。但经过 CRFs 处理后，细节方面有了明显的提升。

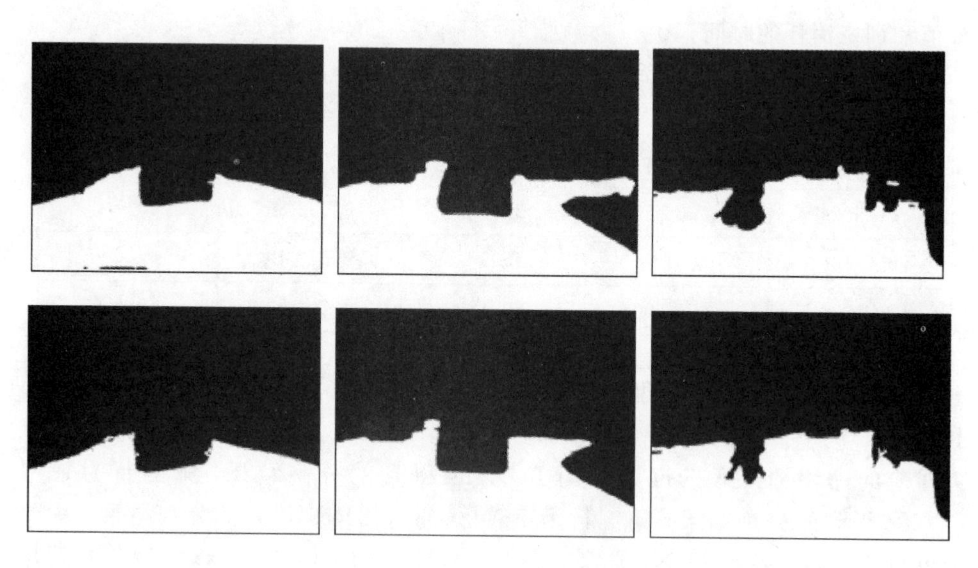

图 2-36　BCN-1 数据集中部分测试图像的分割结果

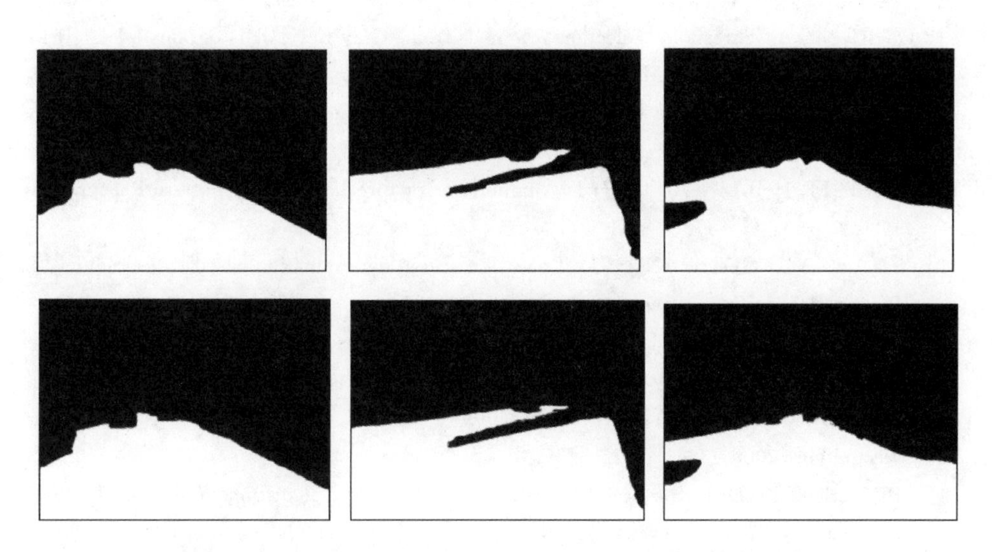

图 2-37 BCN-2 数据集中部分测试图像的分割结果

本书将提出的全卷积 VGG_16 网络和条件随机场结合的路面分割模型应用于无人驾驶智能车的环境感知模块中，主要针对智能车可通行区域进行分割检测。实际应用效果表明，该算法具有一定的应用价值。

参考文献

[1] MARR D, HILDRETH E. Theory of Edge Detection[J]. Proceedings of the Royal Society B: Biological Sciences, 1980, 207(1167): 187-217.

[2] CANNY J. A Computational Approach to Edge Detection[J]. IEEE Transactions on Pattern Analysis and Machine Intelligence, 1986, PAMI-8(6): 679-698.

[3] ZHAO X M, WANG W X, WANG L P. Parameter Optimal Determination for Canny Edge Detection[J]. Imaging Science Journal, 2011, 59(6): 332-341.

[4] WANG G Y. Study of Image Edge Detection Algorithm[D]. Chongqing University of Posts and Telecommunications, 2008.

[5] WANG W X. Fragment Size Estimation without Image Segmentation[J]. Imag. Sci. J., 2008, 56:91-96.

[6] LI M, YAN J, LI G. Self-adaptive Canny operator edge detection technique[J]. Journal of Harbin Engineering University, 2008, 29(9): 1002-1007.

[7] XU Z G,ZHAO X M,YANG L, et al. Fast and accurate segmentation algorithm of road marking Beamlet[J]. Journal of Chang'an University, Natural Science Edition, 2013(05): 105-112,134.

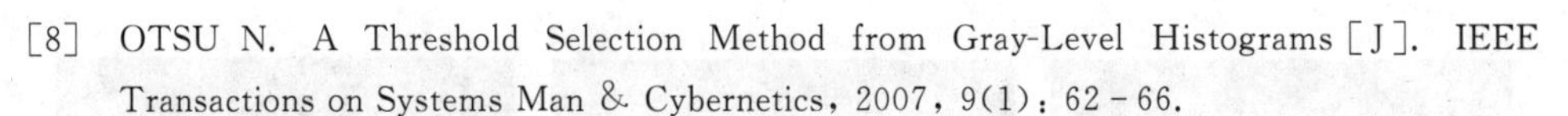

[8] OTSU N. A Threshold Selection Method from Gray-Level Histograms [J]. IEEE Transactions on Systems Man & Cybernetics, 2007, 9(1): 62 - 66.

[9] PUN T. A new method for grey-level picture thresholding using the entropy of the histogram[J]. Signal Processing, 1980, 2(3): 223 - 237.

[10] KITTLER J, ILLINGWORTH J. Minimum error thresholding[J]. Pattern Recognition, 1986, 19(1): 41 - 47.

[11] ZHANG Y J, GERBRANDS JJ. Transition region determination based thresholding[J]. Pattern Recognition Letters, 1991, 12(1): 13 - 23.

[12] NIBLACK W. An Introduction to Digital Image Processing[C]. Advances in Computer Graphics VI, Images: Synthesis, Analysis, & Interaction. Springer-Verlag, 1986.

[13] SAUVOLA J, PIETIKÄINEN M. Adaptive document image binarization[J]. Pattern recognition, 2000, 33(2): 225 - 236.

[14] BENABDELKADER S, BOULEMDEN M. Recursive algorithm based on fuzzy 2-partition entropy for 2-level image thresholding[J]. Pattern Recognition, 2005, 38(8): 1289 - 1294.

[15] TANG Y, MU W, ZHANG Y, et al. A fast recursive algorithm based on fuzzy 2-partition entropy approach for threshold selection[J]. Neuro computing, 2011, 74(17): 3072 - 3078.

[16] YIN S B, WANG Y B, LI D P, et al. Fast segmentation of ore and rock by Region merging of fuzzy entropy and graph cutting [J]. Journal of Image and Graphics, 2016, 21 (10): 1307 - 1315.

[17] YIN S B, ZHAO X M, WANG W X, et al. A Fuzzy Partition Entropy Approach for Multi-Thresholding Segmentation Based on the Recursive Artificial Bee Colony Algorithm [J]. Journal of Xi'an Jiaotong University, 2012, 046(010): 72 - 77.

[18] KARABOGA D, BASTURK B. A powerful and efficient algorithm for numerical function optimization: artificial bee colony (ABC) algorithm[J]. Journal of global optimization, 2007, 39(3): 459 - 471.

[19] BOYKOV YY, JOLLY M P. Interactive graph cuts for optimal boundary & region segmentation of objects in ND images[A]. Conference on Computer Vision(ICCV) 2001 [C]. IEEE, 2001: 105 - 112.

[20] BOYKOV Y, FUNKA L G. Graph cuts and efficient ND image segmentation [J]. International journal of computer vision, 2006, 70(2): 109 - 131.

[21] OTSU N. A threshold selection method from gray-level histograms [J]. IEEE Transactions on Systems Man & Cybernetics,1979, 9(1): 62 - 66.

[22] CHEN C W, LUO J, PARKER K J. Image segmentation via adaptive K-mean clustering and knowledge-based morphological operations with biomedicalapplications [J]. IEEE Transactions on Image Processing, 1998, 7(12): 1673 - 1683.

[23] PAPAMARKOS N, GATOS B. A new approach for multilevel threshold selection[J].

CVGIP: Graphical Models and Image Processing, 1994, 56(5): 357 - 370.

[24] LEVINE A J. The Cellular Gatekeeper Review for Growth and Division[J]. Cell, 1997, 88(3): 323 - 331.

[25] ZAHN C T. Graph-theoretical methods for detecting and describing gestalt clusters[J]. computers, IEEE Transactions on, 1971, 20(1): 68 - 86.

[26] MORRIS O J, LEE M J, CONSTANTINIDES A G. Graph theory for image analysis: an approach based on the shortest spanning tree[J]. Communications, Radar and Signal Processing, IEE Proceedings F, 1986, 133(2): 146 - 152.

[27] KWOK S H, CONSTANTINIDES A G. A fast recursive shortest spanning tree for image segmentation and edge detection[J]. IEEE Trans Image Process, 1997, 6(2): 328 - 332.

[28] FELZENSZWALB P F, HUTTENLOCHER D P. Efficient graph-based image segmentation [J]. International Journal of Computer Vision, 2004, 59(2): 167 - 181.

[29] YURI B, VLADIMIR K. An Experimental Comparison of Min-Cut/Max-Flow Algorithms for Energy Minimization in Vision[J]. IEEE Transactions on Pattern Analysis and Machine Intelligence, 2004, 26(9): 1124 - 1137.

[30] HI J, MALIK J. Normalized cuts and image segmentation[J]. Pattern Analysis and Machine Intelligence, IEEE Transactions on, 2000, 22(8): 888 - 905.

[31] SARKAR S, SOUNDARARAJAN P. Supervised learning of large perceptual organization: Graph spectral partitioning and learning automata[J]. Pattern Analysis and Machine Intelligence, IEEE Transactions on, 2000, 22(5): 504 - 525.

[32] HAGEN L, KAHNG A B. New spectral methods for ratio cut partitioning and clustering [J]. Computer-aided design of integrated circuits and systems, ieee transactions on, 1992, 11(9): 1074 - 1085.

[33] DING C Q, HE X, ZHA H, et al. A min-max cut algorithm for graph partitioning and data clustering[C]. Data Mining, 2001. ICDM 2001, Proceedings IEEE International Conference on. IEEE, 2001: 107 - 114.

[34] HAMMERSLEY J M, CLIFFORD P. Markov Fields on Finite Graphs and Lattices [EB/OL]. 2012.

[35] BOYKOV Y, VEKSLER O, ZABIH R. Fast approximate energy minimization via graphcuts[J]. Pattern Analysis and Machine Intelligence, IEEE Transactions on, 2001, 23(11): 1222 - 1239.

[36] DAS P, VEKSLER O, ZAVADSKY V, et al. Semiautomatic segmentation with compact shape prior[J]. Image and Vision Computing, 2009, 27(1 - 2): 206 - 219.

[37] LEMPITSKY V, KOHLI P, ROTHER C, et al. Image segmentation with a bounding box prior[C]. Computer Vision, 2009 IEEE 12th International Conference on. IEEE, 2009: 277 - 284.

[38] DIJKSTRA E W. A note on two problems inconnection with graphs[J]. Numerical mathematic, 1959, 1(1): 269 - 271.

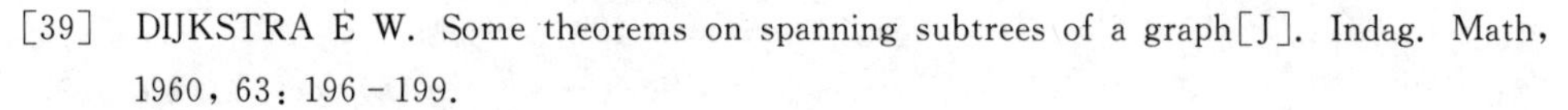

[39] DIJKSTRA E W. Some theorems on spanning subtrees of a graph[J]. Indag. Math, 1960, 63: 196-199.

[40] FALCÃO A X, UDUPA J K, SAMARASEKERA S, et al. User-steered image segmentation paradigms: Live wire and livelane[J]. Graphical models and image processing, 1998, 60(4): 233-260.

[41] FALCAO A X, UDUPA J K, SAMARASEKERA S, et al. User-steered image boundary segmentation[C]. Medical Imaging 1996. International Society for Optics and Photonics, 1996: 278-288.

[42] MORTENSEN E N, BARRETT W A. Intelligent scissors for image composition[C]. Proceedings of the 22nd annual conference on Computer graphics and interactive techniques. ACM, 1995: 191-198.

[43] BAI X, SAPIRO G. A geodesic framework for fast interactive image and video segmentation and matting[C]. Computer Vision, 2007. ICCV 2007. IEEE 11th International Conference on. IEEE, 2007: 1-8.

[44] GRADY L. Random walks for image segmentation[J]. IEEE Transactions on Pattern Analysis and Machine Intelligence, 2006, 28(11): 1768-1783.

[45] DOYLE P G, SNELL J L. Random walks and electric networks[J]. AMC, 1984, 10: 12.

[46] KAKUTANI S. Markov processes and the Dirichlet problem[J]. Proceedings of the Japan Academy, 1945 (21): 227-233.

[47] CHIEN B C, CHENG M C. A color image segmentation approach based on fuzzy similarity measure[C]. Fuzzy Systems, 2002. FUZZ-IEEE'02. Proceedings of the 2002 IEEE International Conference on. IEEE, 2002, 1: 449-454.

[48] PAVAN M, PELILLO M. A new graph-theoretic approach to clustering and segmentation[C]. Computer Vision and Pattern Recognition, 2003. Proceedings. 2003 IEEE Computer Society Conference on. IEEE, 2003, 1: 145-152.

[49] PAVAN M, PELILLO M. Efficiently segmenting images with dominant sets[M]. Image Analysis and Recognition. Springer Berlin Heidelberg, 2004: 17-24.

[50] ZHOU Y, REN H. Segmentation Method for Rock Particles Image Based on Improved Watershed Algorithm[C]. Computer Science & Service System (CSSS), 2012 International Conference on. IEEE, 2012.

[51] LIU Z W, ZHAO X M, WANG J J, et al. A segmentation approach for vehicle target under weak contrast based on visual attention mechanism[J]. China Journal of Highway and Transport, 2016, 29(8): 124-133.

[52] COUR T, BENEZIT F, SHI J. Spectral segmentation with multiscale graph decomposition [C]. IEEE Computer Society Conference on Computer Vision & Pattern Recognition. IEEE, 2005, 2: 1124-1131.

[53] MEILĂ M. Comparing clusterings: an axiomatic view[C]. Proceedings of the 22nd international conference on Machine learning. ACM, 2005: 577-584.

[54] KASS M, WITKIN A, TERZOPOULOS D. Snakes: Active Contour Models[J]. International Journal of Computer Vision, 1988, 1(4): 321-331.

[55] CHAN T, VESE L. Active contours without edges [J]. IEEE Trans. Image Process, 2001, 10 (2), 266-277.

[56] CHUNMING L, CHIU, YEN K, GORE J C, ZHAOHUA DING. Implicit active contours driven by local binary fitting energy [J]. Computer Vision and Pattern Recognition, 2007, 16: 1-7.

[57] NAN Y. Research on key technology of vehicle segmentation and tracking in front of weak contrast fraffic environment[D]. Chang'an University, 2018.

[58] PARK S C, PARK M K, KANG M G. Super-resolution image reconstruction: a technical overview[J]. IEEE Signal Processing Magazine, 2003, 20(3): 21-36.

[59] DO M N, VETTERLI M. The Contourlet Transform: An Efficient Directional Multiresolution Image Representation[J]. IEEE Transactions on Image Processing, 2006, 14(12): 2091-2106.

[60] LI F, JIA X, FRASER D. Universal HMT based super resolution for remote sensing images[C]. IEEE International Conference on Image Processing. IEEE, 2008.

[61] WEI L, WEIHONG W, FENG L. Research on remote sensing image retrieval based on geographical and semantic features[C]. Image Analysis and Signal Processing, 2009. IASP 2009. International Conference on. IEEE, 2009.

[62] HINTON G E. Reducing the Dimensionality of Data with Neural Networks[J]. Science, 2006, 313(5786): 504-507.

[63] LONG J, SHELHAMER E, DARRELL T. Fully convolutional networks for semantic segmentation[C]. Computer Vision and Pattern Recognition. IEEE, 2015: 3431-3440.

[64] GAO X B, ZHANG J P. Machine learning and application[M]. Bei Jing: Tsinghua University Press,2015.

[65] BADRINARAYANAN V, HANDA A, CIPOLLA R. Segnet: A deep convolutional encoder-decoder architecture for robust semantic pixel-wise labelling[J]. arXiv p-reprint arXiv: 1505.07293, 2015.

[66] CHEN L C, PAPANDREOU G, KOKKINOS I, et al. DeepLab: Semantic Image Segmentation with Deep Convolutional Nets, Atrous Convolution, and Fully Connected CRFs[J]. IEEE transactions on pattern analysis and machine intelligence, 2018, 40(4): 834-848.

[67] KINGMA D P, BA J L. ADAM: A Method for Stochastic Optimization[C]. the 3rd International Conference on Learning Representations, 2015:1-15.

[68] SRIVASTAVA N, HINTON G, KRIZHEVSKY A, et al. Dropout: A Simple Way to Prevent Neural Networks from Overfitting[J]. Journal of Machine Learning Research, 2014, 15(1): 1929-1958.

第三章

目标检测技术

目标检测(也称为目标提取)技术是视觉感知技术中的一个重要研究方向。目标检测通常和目标识别紧密结合，统称为目标检测技术，用以解决视觉图像目标中的“是什么”和“在哪里”的问题。从表面上看，与目标分割不同的是，目标检测在提取目标位置的时候，往往采用包络区域来限定目标位置，而目标分割在提取目标位置时，通常能够具体到目标的整个边缘位置；从具体实现上看，目标检测针对目标区域进行检测，而目标分割则是从像素级对目标进行检测。随着计算机技术的发展和计算机视觉原理的广泛应用，利用目标检测技术对感兴趣目标进行检测的研究与应用越来越热门，尤其是在智能网联交通系统、智能监控系统、军事目标检测及医学导航手术等方面具有广泛的应用价值。

目标检测技术历经多年的算法演变，从最初的基于灰度阈值的目标检测方法到如今的基于卷积神经网络的目标检测方法，逐步形成了基于视觉特征的目标检测、基于分类器的目标检测、基于显著性的目标检测及基于深度学习的目标检测四个方向。本书作者围绕交通领域内的视觉图像目标，结合具体项目应用，做了许多基于目标检测技术的相关研究工作，也取得了很多理论与应用成果，如基于纹理特征的车牌定位与识别方法、基于 MR_AdaBoost 的道路交通标线检测算法、基于层次显著性的道路交通标线检测方法及基于共享卷积神经网络的交通标志检测与识别算法等。本章将详细论述我们在目标检测方面所提出的一些方法改进及应用。

3.1 基于视觉特征的目标检测

视觉特征是图像或视频所对应物体的表面特征，将图像视觉特征转化为计算机易于识别和处理的定量形式的过程，是基于视觉特征进行目标检测的关键技术，也是目标检测领域中非常活跃的研究课题之一。通常，一种高质量图像视觉特征应具备提取简单、区分能力强、时间和空间复杂度低等特点，对于相似图像间的视觉特征表达应比较接近，反之对差异大的图像特征描述应产生一定差别，同时要有较强的抗干扰能力、强鲁棒性，以及对方向和平移等保持不变性。图像视觉特征根据特征的提取复杂程度分为底层视觉特征、中层视觉特征和高层语义特征。

底层视觉特征是最直观的图像视觉特征，它能够反映图像的最基本信息，表达图像最直接的意义。因此，研究图像底层视觉特征是实现目标检测的基础。通常根据具体应用的差异性，选用的底层特征也各有不同，主要分为颜色特征和纹理特征。图像颜色是人类视觉观察图像的主要特征之一，颜色特征虽然不像其他信息那样揭示物体本质特性，但是作为图像特征有其独特的重要性，在某些场合下利用颜色进行图像检测有着较高的效率和准确性。自然世界的颜色代表着不同物种的类别信息，人类世界中的颜色也常用来作为警示等标志的主体颜色。颜色特征作为物体最基本的属性之一，具有数据量小、鲁棒性强等特点。颜色特征与图像位移、尺寸和图像中对象的位置无关，具有平移、旋转和尺寸不变性，受物体完整性的影响较小。纹理特征是图像的另一个底层视觉特征，它通常被看作图像的某种局部特征，不仅反映图像的灰度统计信息，而且反映图像的空间分布信息和结构信息。针对图像纹理至今尚无一致的严格定义，但是图像纹理广泛存在于人类生活中，是人类视觉的重要组成部分，反映物体深度和表面的信息，表达了物体表面颜色和灰度的某种变化。而且此变化与物体本身固有属性有关，是图像的固有视觉特征之一。数字图像中的纹理是指相邻像素的灰度或颜色的空间相关性，或是图像灰度和颜色随空间位置变化的视觉表现。

中层视觉特征由于具有丰富的结构信息，对比起高层语义特征和底层视觉特征，它具有更加出色的灵活性和适应性，因此受到了研究者的密切关注。中层视觉特征主要包括图像轮廓边缘特征和图像局部特征。基于轮廓边缘的目标检测方法提取图像中不连续部分的特征，根据闭合的边缘确定区域；基于局部区域的目标检测方法将图像分割成特征不同的区域，利用图像上的局部特殊性对图像进行检测、匹配等任务。轮廓边缘特征即图像的边缘特征，是图像最重要的特征之一。由于物体边缘存在于物体与背景、不同区域以及不同基元之间，因此人类视觉能够通过一条粗略的轮廓线识别目标形状[1-2]。图像中的边缘点定义为图像局部亮度变化最显著的点，即灰度级上发生急剧变化的点。因此，图像边缘就是二维图像中奇异点的集合。物体的几何形状或是光照的变化会引起图像灰度发生急剧变化或产生不连续的区域。几何形状的变化包括深度的不连续性、表面去向、颜色和纹理的不同；光照变化包括表面反射、非目标物体产生的阴影以及内部倒影等。这些几何和光学变化同时出现在图像上，会为边缘检测带来困难，而且在实际场合中，图像数据在拍摄和传输过程中会被噪声干扰。因此，边缘检测方法要求既能检测到边缘的精确位置，又可以抑制无关细节和噪声。图像局部区域特征在三维重建、模式识别、图像恢复等计算机视觉领域得到了广泛而成功的应用。好的局部图像特征应具有特征检测重复率高、速度快，特征描述对光照、旋转、视点变化等图像变换具有鲁棒性，特征描述符维度低，易于实现快速匹配等特点，如 SIFT、SURF、Daisy 等典型的局部图像特征。

在传统的目标检测研究中，主要抽取图像的底层视觉特征如颜色、纹理等来代表图像内容，这些特征可以独立、客观地从图像中获得。然而，随着大量图像信息资源的使用，人们在检测与识别图像的相似性时发现，检测结果不仅建立在图像的视觉特征的相似性上，而且还与人们操作时对图像的想象、描述、情感的表达和心情等因素有关。通常人们习惯用语义方式来评估检测的结果，但高层语义与底层特征之间有一定的差异，因此，如何有效地建立起两者之间的关联是极为重要的工作。在图像识别相关的文章中，图像语义一词所表示的意义，大多数是指如何利用图像的信息，特别是高级信息，为研究提供了一种描述图像方式的名词。因此，图像语义是从图像的属性中提取信息，形成低级信息到高层语义的传递、映射和融合过程的一个概念，用以来描述或表达原图像。图像语义是图像描述的新名词，它是人们采用描述和表达的方式来实现图像信息的映射，从低级属性空间变换到另外的高层语义空间，再在映射后的空间内来对图像进行的操作。在该空间领域内的语义操作，会比对原图像的操作要简便、特征更明显，更适合于人性化要求，能够表达图像操作者的意图，但又不失去对原图像本质特征的利用，使图像检测与识别的应用更符合发展的要求。

本书作者面向智能网联交通系统的应用，重点研究了视觉特征在复杂交通场景下的多种应用技术，并获得了一些创新成果，包括基于纹理特征的车牌定位与识别算法、基于直方图统计与多帧平均背景去除法的公交乘客计数算法、基于 NUBS 曲线模型的车道线检测算法及基于 SIFT 特征点的车辆目标检测算法等。

3.1.1　基于纹理特征的车牌定位与识别算法

车牌识别是智能网联交通系统中不可或缺的部分，通过车牌识别技术，能够准确地获取车辆的身份信息，便于对车辆进行跟踪。本书作者利用车牌区域水平灰度投影具有显著的纹理特征的特点，提出了一种基于纹理特征的车牌定位与识别方法[3]。该方法的流程图如图 3－1 所示。算法首先利用车牌区域水平灰度投影的纹理特征寻找车牌可能存在的区域，并作为车牌候选区；然后根据候选区域中的灰度分布特征确定最终的车牌位置，针对汉字与字母数字结构上的差异，分别采用两种模板对汉字和数字字母进行识别。

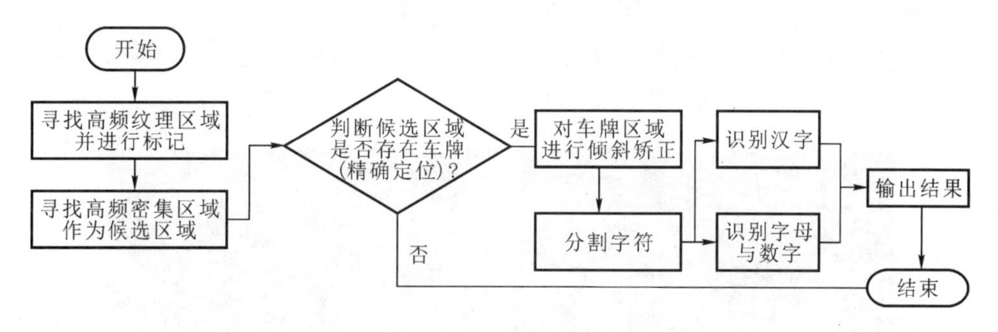

图 3－1　实现流程图

低照度环境下的车牌存在多个字符，基本呈水平排列，车牌内字符之间的间隔比较均匀，字符和牌照底色在灰度值上存在跳变。利用这一特性，算法通过对图像的每行进行扫描并标示灰度跳变密集的区域，将该区域作为车牌区域的候选区域。具体地，以线段 L 作为扫描模板，设起始端点为(i, j)，末端点为$(i, j+n)$，则候选区域可以表示为 $L_i(i, j+n)$（i 表示图像的行，j 表示图像的列，n 根据经验取值为 150）。在得到候选区域之后，我们采用两种像素统计特征作为识别车辆目标的最终特征：① 灰度跳变频率 $f(L_i)$；② $\mathrm{SAD}(L_i)$。区域灰度跳变频率 $f(L_i)$ 表示其像素灰度值在该区域内所有像素的灰度平均值 $M(L_i)$ 上下波动的次数（如式(3.1)、式(3.2)所示，式中 $g_i(k)$ 表示 i 行 k 点像素的灰度值）；$\mathrm{SAD}(L_i)$ 表示区域内所有像素的灰度值与 $M(L_i)$ 差的绝对值之和，如式(3.3)所示。

$$f(L_i)=\sum_{k=j}^{j+n}\mathrm{step}(k) \tag{3.1}$$

$$\text{step}(k)=\begin{cases}1 & (g_i(k-1)>M(L_i),\ g_i(k)\geqslant M(L_i),\ g_i(k+1)<M(L_i))\\ 1 & (g_i(k-1)<M(L_i),\ g_i(k)\leqslant M(L_i),\ g_i(k+1)>M(L_i))\\ 0 & (\text{其他})\end{cases} \tag{3.2}$$

$$\text{SAD}(L_i)=\sum_{x=j}^{j+n}\left|g_i(k)-M(L_i)\right| \tag{3.3}$$

在扫描过程中，标记满足 $\text{SAD}(L_i)>500$ 且 $f(L_i)>15$ 条件的最大的 $f(L_i)$ 为 $F(L_i)$，当扫描结束后，若 $F(L_i)$ 不为零，则认为 $F(L_i)$ 对应的区域为疑似车牌区域，并将其标记为白色。按照上述方法，图像中的高频区域将被标示出来，即图像中车牌区域为标示线的密集区域，如图 3-2(b)所示。紧接着，将密集区域提取出来作为候选区域，然后再对候选区域进行筛选，进而确定车牌区域，定位结果如图 3-2 所示。

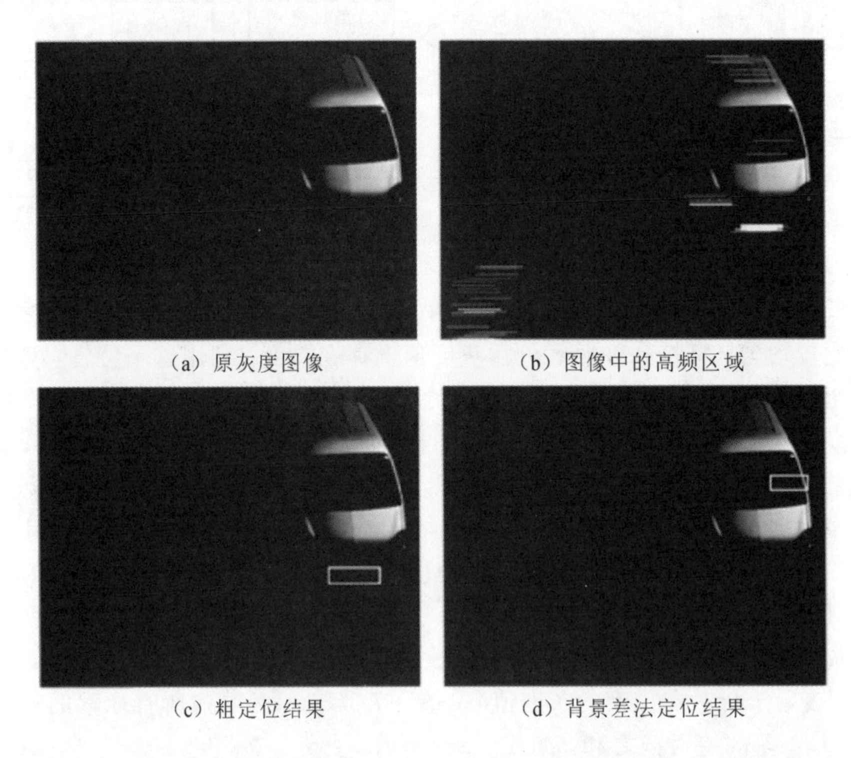

(a) 原灰度图像　(b) 图像中的高频区域

(c) 粗定位结果　(d) 背景差法定位结果

图 3-2　基于纹理的低照度车牌定位算法与背景差法定位结果的对比

由于低照度条件下图像较暗，形态学处理以后噪声影响增大，有些字符出现了断裂的情况，为了加强字符区域，算法采用了连通域的加强处理，即提取出图像中连通域及连通区域外接矩形。然后，由于字符区域具有规则的排列顺序，通过将图像进行水平与竖直方向上的投影，去除连通域面积较小的区域，确定字符的区域，进一步缩小并确定车牌区域，处理过程及效果如图 3-3 所示。为了克服实际应用中图像的倾斜变形，我们使用了一种基于 Radon 变换的车牌倾斜校正[4]方法。

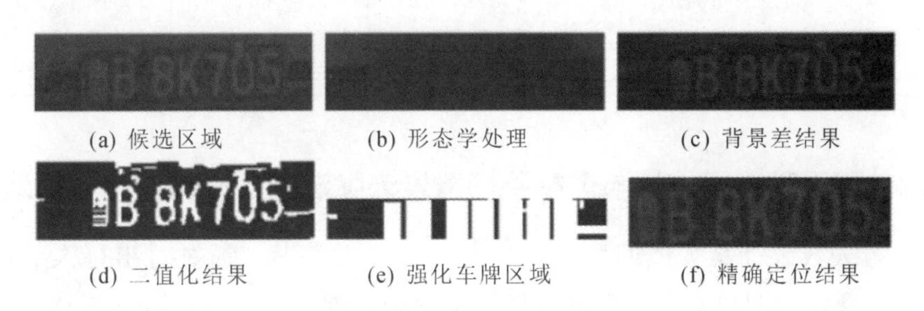

(a) 候选区域　(b) 形态学处理　(c) 背景差结果

(d) 二值化结果　(e) 强化车牌区域　(f) 精确定位结果

图 3-3　精确定位过程中间图

在得到车牌目标的精确定位后，结合图像的垂直投影与车牌的先验信息对车牌图像进行字符分割，结果如图 3-4 所示。

图 3-4　字符分割图像

在完成上述车牌精确定位后，需要进行车牌字符的识别。本节主要采用模板匹配的方法进行识别，即将预先设计好的标准字符模板存储在计算机中，然后用待识别字符与标准模板进行逻辑“异或”运算。但由于汉字的结构复杂，单纯地使用模板匹配的方法识别结果较差，所以，算法在模板匹配的基础上结合使用连通域特征对该方法进行了改进。汉字部分是基于字符连通域特征的汉字识别，主要利用字符图像的连通域特征进行识别。而数字和字母主要利用模板匹配的方法进行识别[5]。

我们随机采用了157张道路车辆图片对算法进行测试。经过测试发现，算法定位的准确性为97.46%。测试中大部分的图像都得到了准确的定位结果。因此，算法具有较高的准确度(定位成功率见表3-1)，在智能网联的应用中具有一定的可行性。

表3-1 车牌定位结果数据

测试图像/张	正确定位/张	错误定位/张	正确率(%)	错误率(%)
157	153	4	97.46	2.54

3.1.2 基于直方图统计与多帧平均背景去除法的公交乘客计数算法

出行人数统计是智能网联应用中的一项重要指标，通过对出行人数的统计，能够获取人群出行习惯，进一步规范基础设施设置，为营运车辆路线规划提供参考。公交车载客量大，对于公交车上的乘客统计是一项比较繁琐的工作，但是通过视觉图像处理方法对其进行统计，能够既准确又高效地完成工作。

本节我们采用直方图统计与多帧平均的方法提取视频背景，结合背景边缘去除算法有效地检测出乘客目标边缘轮廓信息[6]。

算法根据乘客头部轮廓的类圆特性，利用基于梯度信息的Hough变换圆形检测算法完成乘客头部轮廓的识别，通过基于Kalman(卡尔曼)滤波预测的CamShift目标跟踪算法实现乘客的检测与计数。首先将采集的视频图像经过图像预处理，得到乘客目标信息以便进行后期处理。然后在研究经典边缘检测以及背景提取算法的基础上，选取Canny算子[7]对视频帧进行边缘检测，并采用一种基于直方图统计与多帧平均的背景提取算法[8-9]提取视频背景。最后对背景进行边缘提取后，利用背景边缘去除算法得到乘客目标边缘轮廓信息，再进行图像预处理后得到目标信息，即乘客轮廓信息。处理结果如图3-5所示。

根据乘客头部类圆特性，我们采用一种改进的Hough变换圆形检测算法对乘客头部轮廓进行识别。算法首先采用Canny边缘检测得到的梯度方向值以及背景边缘去除算法得到的乘客目标轮廓信息，对边缘图像中的每一个像素值不为0的像素点，沿着其梯度方向作一条长为r的梯度方向线段，如公式(3.4)所示：

$$r=r_{\max}-r_{\min}+1 \tag{3.4}$$

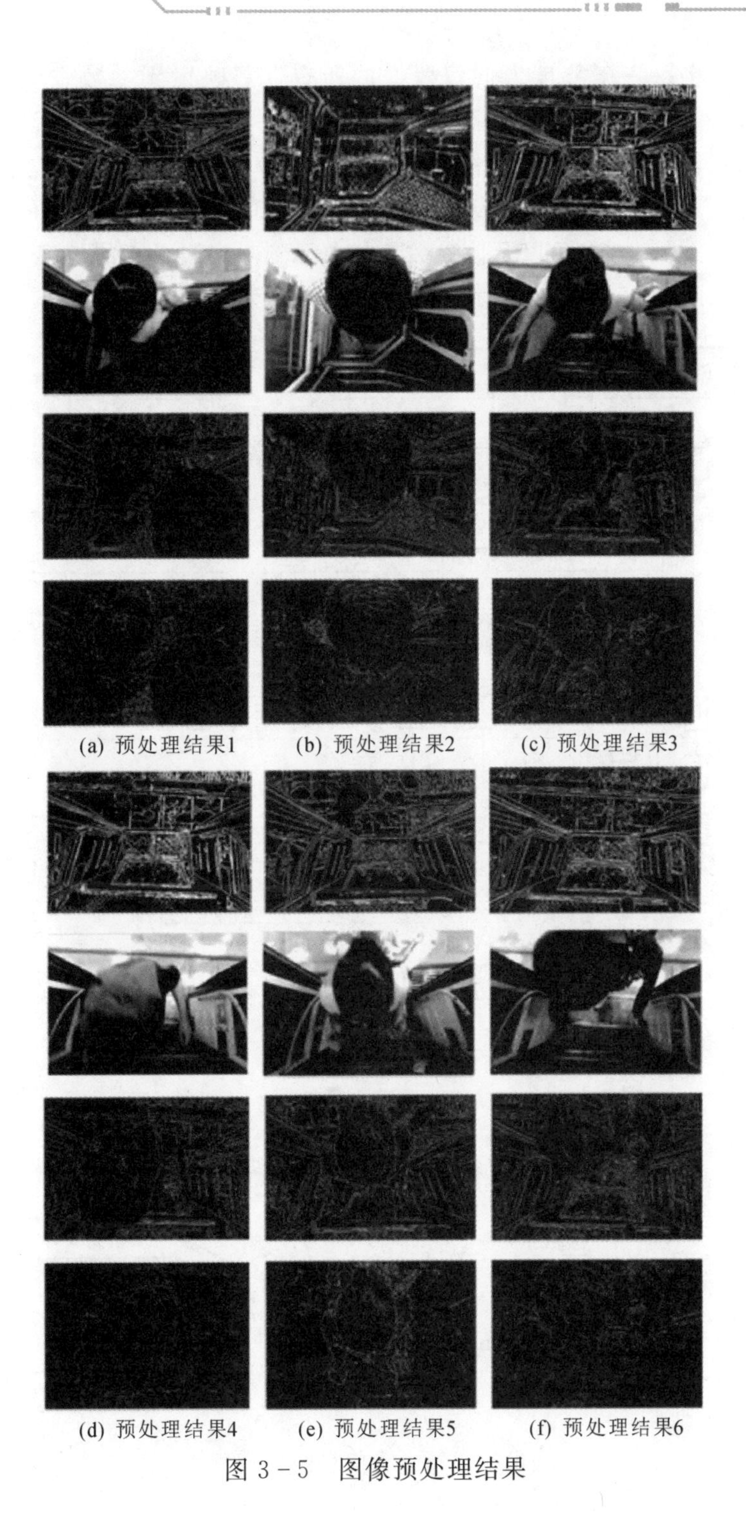

(a) 预处理结果1　(b) 预处理结果2　(c) 预处理结果3

(d) 预处理结果4　(e) 预处理结果5　(f) 预处理结果6

图 3－5　图像预处理结果

其次，将每一条梯度方向线段上的所有点都映射到参数空间中并对应进行操作。为了简化后续运算的复杂度，算法将参数累加阵列设置成一个由 $W \times H$ 个链表构成的动态链表累加阵列，每一个链表节点的数据结构如图 3-6 所示，其主要作用是记录所有对该参数累加单元进行 1 操作的边缘点信息，如坐标、梯度方向角以及该参数累加单元到对应边缘点的长度。动态链表累加阵列如图 3-7 所示，映射过程如图 3-8 所示。

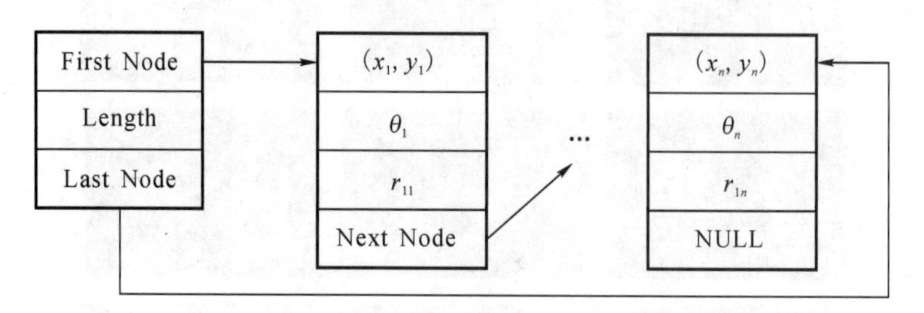

图 3-6　链表节点数据结构

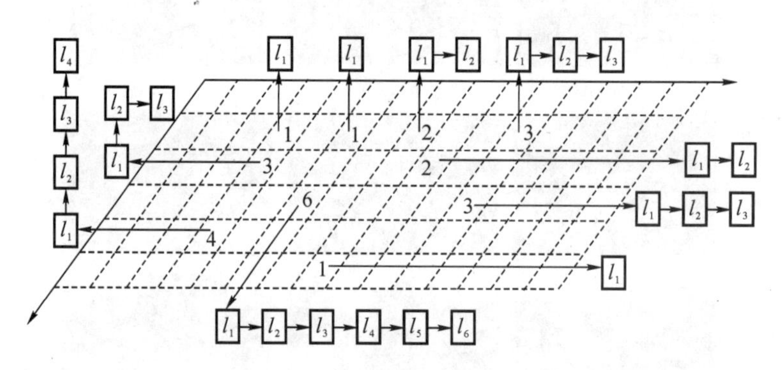

图 3-7　动态链表累加阵列

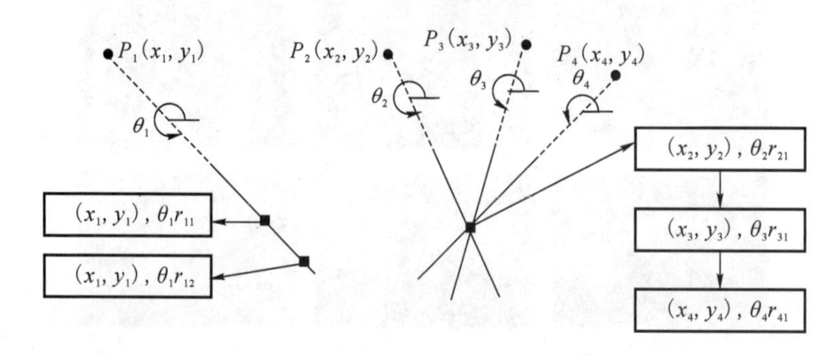

图 3-8　边缘信息映射过程

接着，当所有梯度方向线段上的点都统计完成后，在参数累加阵列中找出所有能使公式(3.5)成立的点，并将其坐标加入到候选圆心链表中。对候选圆心链表中的每一个圆心做半径直方图统计。其中，为了减少计算量，r 的取值范围为 $[r_{\min}, r_{\max}]$，则候选圆心点横坐标 x_i 的取值范围为 $[x_i - r_{\max}, x_i + r_{\max}]$，纵坐标 y_i 的取值范围为 $[y_i - r_{\max}, y_i + r_{\max}]$。在计算候选圆心点与边缘点之间的距离时，一般采用式(3.6)计算，但是该运算方法会涉及平方和开方运算，耗时较大，为减少运算时间，提高系统实时性，最终采用距离映射表来简化运算，该距离映射表是一个对称矩阵，如表 3-2 所示。

$$\text{Accumulate}(i, j) > \varepsilon \tag{3.5}$$

$$d(\Delta x, \Delta y) = \sqrt{(\Delta x)^2 + (\Delta y)^2} \tag{3.6}$$

此时，边缘点 $A(x_A, y_A)$ 和候选圆心 $C(x_C, y_C)$ 的距离计算公式为

$$\begin{aligned} d_{AC} &= \sqrt{(\Delta x)^2 + (\Delta y)^2} = \sqrt{(x_C - x_A)^2 + (y_C - y_A)^2} \\ &= \begin{cases} D(|x_C - x_A|, |y_C - y_A|), & |x_C - x_A| \leqslant |y_C - y_A| \\ D(|y_C - y_A|, |x_C - x_A|), & |x_C - x_A| > |y_C - y_A| \end{cases} \end{aligned} \tag{3.7}$$

表 3-2　距离映射表(部分)

Δx	Δy						
	3	4	5	6	7	8	9
3	4.2426	—	—	—	—	—	—
4	5.0000	5.6569	—	—	—	—	—
5	5.8310	6.4031	7.0711	—	—	—	—
6	6.7082	7.2111	7.8102	8.4853	—	—	—
7	7.6580	8.0623	8.6023	9.2195	9.8995	—	—
8	8.5440	8.9443	9.4340	10.0000	10.6301	11.3137	—
9	9.4868	9.8489	10.2956	10.8167	11.4018	12.0416	2.7279

对每一个半径直方图用滤波器进行滤波。从滤波之后的半径直方图中寻找极值，当 r 大于设定的阈值时，将该半径极值与对应圆心坐标一起加入到候选圆心半径链表中，否则将该极值视为虚假极值[10]。若在半径直方图中没有发现符合的半径，则该圆心为虚假圆心。

根据改进 Hough 变换圆形检测算法的实现步骤，得到该算法的实验结果，如图 3-9 所示。

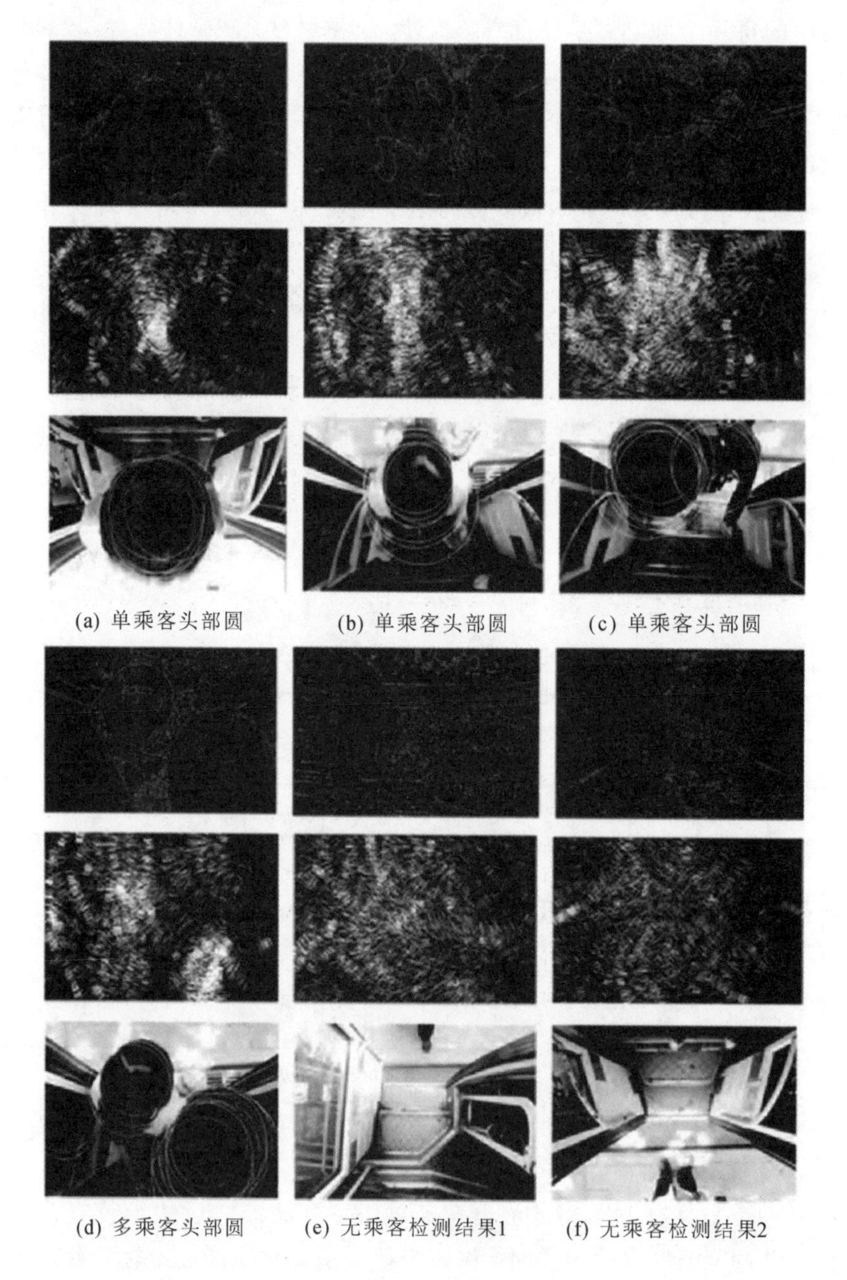

(a) 单乘客头部圆　(b) 单乘客头部圆　(c) 单乘客头部圆

(d) 多乘客头部圆　(e) 无乘客检测结果1　(f) 无乘客检测结果2

图 3-9　改进的 Hough 变换圆形检测算法实验结果

从实验结果可以看出，该算法能够较准确地识别视频帧中乘客头部轮廓圆心，并通过对半径直方图的分析，从中提取出最适合的乘客头部轮廓半径，从而精准地定位乘客目标，且从时间复杂度和空间复杂度上看，该算法也符合实时性的要求。

由于乘客头部轮廓与其他干扰信息混杂在一起，单纯采用强制的划分方法容易造成误识别。为此，算法最后采用了一种结合弧长置信度、分布置信度和匹配误差置信度的置信度判决方法，通过将属于同一个真实头部轮廓的候选圆心和半径合并成一个最优的头部轮廓，得到乘客头部轮廓分组与合并结果，如图 3 - 10 所示。

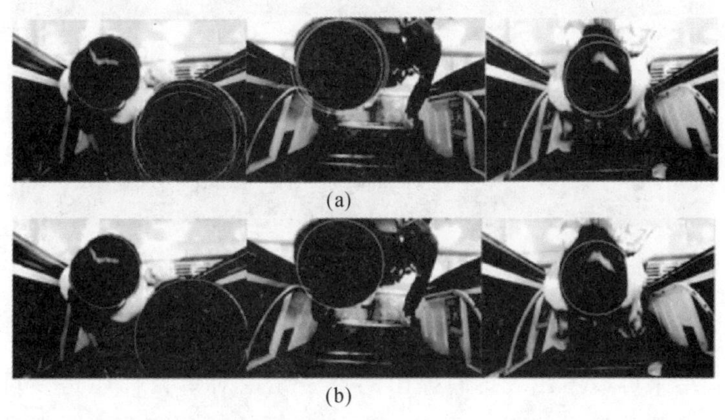
(a)

(b)

图 3 - 10 乘客头部轮廓分组与合并结果

在获得乘客的头部轮廓后，利用基于 Kalman 滤波的 CamShift 目标跟踪算法进行乘客目标的跟踪与计数。图 3 - 11 为基于 Kalman 滤波的 CamShift 乘客跟踪算法的实验结果，该图从左至右为 3 段视频的跟踪结果。

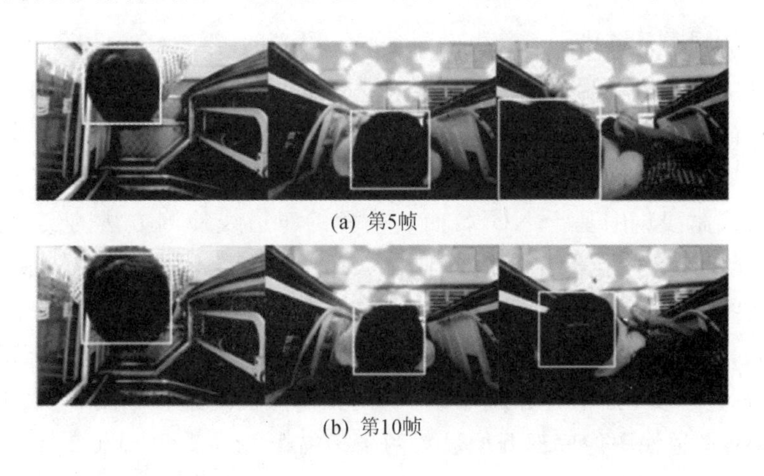
(a) 第5帧

(b) 第10帧

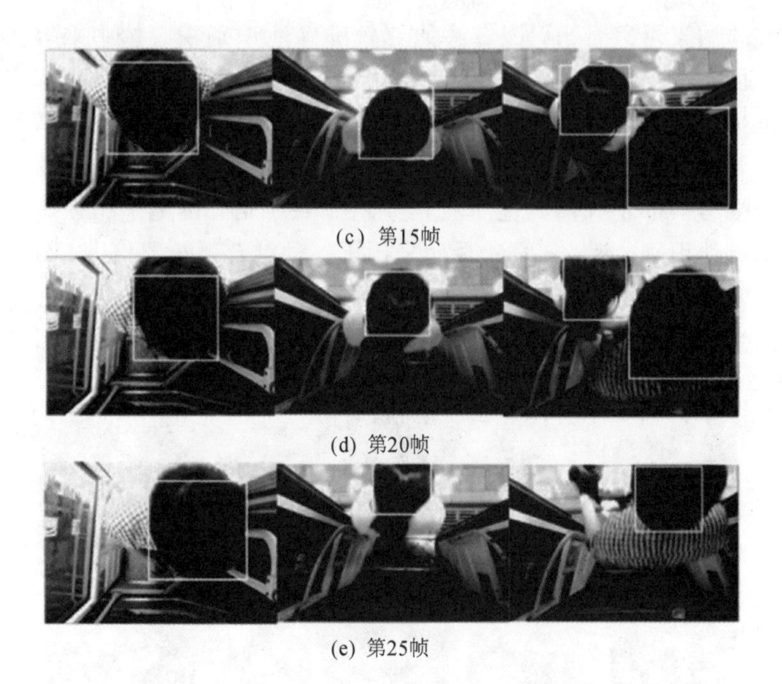

(c) 第15帧

(d) 第20帧

(e) 第25帧

图 3-11　乘客目标跟踪算法实验结果

从实验结果可以看出，我们提出的算法无论对单目标还是多目标都能保持较好的检测跟踪效果，且由于引入 Kalman 预测，很大程度上避免了乘客运动过快导致 CamShift 算法跟丢情况的发生。因此，算法能够有效地应用于公交车乘客计数中，为智能网联系统提供基础数据。

3.1.3　基于 NUBS 曲线模型的车道线检测算法

在智能网联系统中，车道线检测是必不可少的。实际交通场景下的车道线边缘图像中除了包含车道线边缘以外，还包含部分道路边缘，而由于道路边缘的边缘特征与车道线类似，因此单纯依靠形态学方法很难将其与车道线边缘区分。本课题组根据文献[11]，提出一种基于 NUBS 曲线模型的车道线检测方法[12]。文献[11]中基于 NUBS 曲线模型的车道线检测方法的实现流程为：首先，确定 NUBS 曲线的控制点；其次，重构并检测车道线边缘；最后，估计车道线曲线并制定相应的跟踪方法。

首先，在基于 NUBS 曲线插值法重构车道线之前，需要确定合适的控制点用以进行 NUBS 插值计算。文献[11]的控制点确定过程如图 3-12 所示。初始化时，从车道线图像底部开始设置两条扫描线 Line 1 和 Line 2，在与左右车道线的交点处得到两组控制点和中心。以每条扫描线的中点位置作为控制点扫描的起始位置。根据式(3.8)、式(3.9)构建左车道线向量和右车道线向量，并估计车道线曲线。

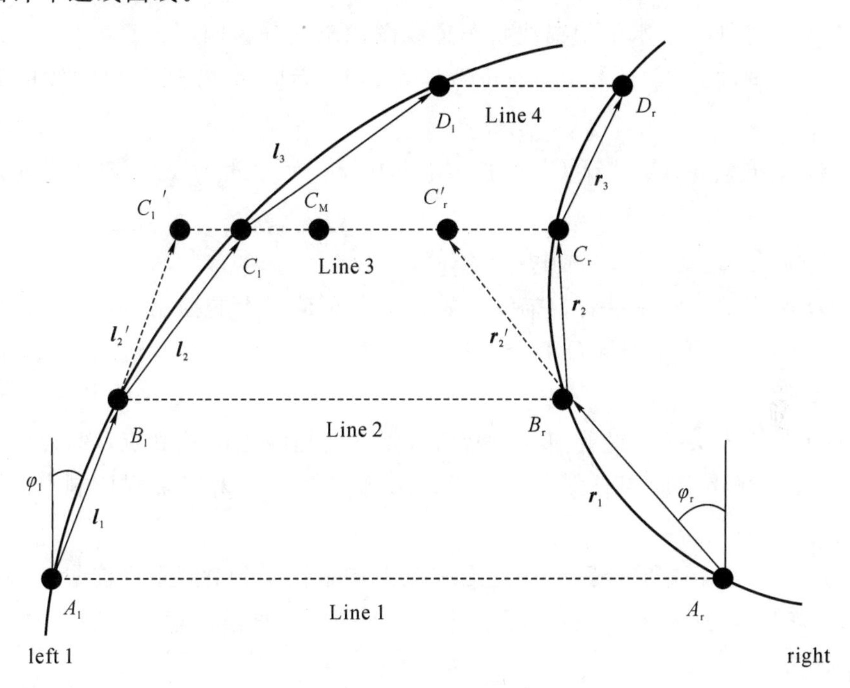

图 3-12 向量车道线概念示意图

· 对左车道线而言：

$$\varphi_l = \arctan\left\{\frac{x_{A_l} - x_{B_l}}{z_{A_l} - z_{B_l}}\right\} \tag{3.8}$$

式中，x_{A_l}、x_{B_l} 分别表示控制点 A_l、B_l 位置横坐标；Z_{A_l}、Z_{B_l} 分别表示控制点 A_l、B_l 位置纵坐标。

· 对右车道线而言：

$$\varphi_r = \arctan\left\{\frac{x_{A_r} - x_{B_r}}{z_{A_r} - z_{B_r}}\right\} \tag{3.9}$$

式中，x_{A_r}、x_{B_r} 分别表示控制点 A_r、B_r 位置横坐标；Z_{A_r}、Z_{B_r} 分别表示控制点 A_r、B_r 位置纵坐标。

基于 NUBS 曲线插值的控制点确定方法在文献[11]中有详细的描述。然

而，其中的左右车道线控制点搜索策略是针对实车道线检测的情况而制定的，并不适用于包含虚车道线检测的情况。因此，考虑了虚车道线检测的特殊性，对文献[11]中控制点搜索策略进行改进，具体步骤如下：

(1) 用另外3条水平扫描线将车道线图像总共分为四部分。

(2) 根据向量 $\boldsymbol{l}'_2$ 计算 C'_1 的位置，其中 $\boldsymbol{l}'_2$ 为向量 $\boldsymbol{l}_1$ 到上扫描线的延伸向量。

(3) 根据向量 $\boldsymbol{r}'_2$ 计算 C'_r 的位置，其中 $\boldsymbol{r}'_2$ 为向量 $\boldsymbol{r}_1$ 到上扫描线的延伸向量。

(4) 确定 C'_1 和 C'_r 之间中点 C_M 的位置。

(5) 从点 C_M 向左沿着扫描线开始搜索左车道线上的控制点，得到控制点 C_1。若由于噪声等原因导致部分车道线边缘点丢失而未搜索到控制点，则用 C'_1 代替 C_1。

(6) 从点 C_M 向右沿着扫描线开始搜索右车道线上的控制点，得到控制点 C_r。若由于噪声等原因导致部分车道线边缘点丢失而未搜索到控制点，则用 C'_r 代替 C_r。

(7) 若步骤(5)和步骤(6)中左右控制点均未搜索到，则重设向量 $\boldsymbol{l}'_2$ 和 $\boldsymbol{r}'_2$ 的模值为 $\boldsymbol{l}'_2+\Delta \boldsymbol{l}$ 和 $\boldsymbol{r}'_2+\Delta \boldsymbol{l}$，重复步骤(2)～(7)，直至搜索到控制点或图像，搜索完毕。

其次，需对车道线分类。控制点确定后分别得到左、右车道线的控制点集合 $P_1=\{C_{1_1}, C_{1_2}, \cdots, C_{1_m}\}$ 和 $P_r=\{C_{r_1}, C_{r_2}, \cdots, C_{r_n}\}$，其中 m 和 n 的值为3或4。经过分析发现：对于实车道线而言，左、右车道线控制点集合中相邻两个控制点之间通常存在连续车道线边缘线段；对于虚车道线而言，车道线检测结果通常为一系列闭合四边形。据此，我们提出了一种车道线分类方法，以左车道线为例，具体步骤如下：

(1) 初始化 $i=0(i=1, 2, \cdots, m)$。

(2) 设定初始搜索位置为控制点 C_{1_i}。

(3) 根据搜索优先级，在 C_{1_i} 8邻域内搜索边缘像素点，搜索到像素点后则继续搜索下一个像素点。若搜索到该边缘线段最后一个像素点之前能够搜索至最后一个控制点 C_{1_m}，则判断左车道线为实车道线，搜索结束。否则，转至步骤(4)。

(4) 若从 C_{1_i} 开始搜索，又搜索到 C_{1_i} 位置，则判断当前车道线为虚车道线，搜索结束，转至步骤(5)。

(5) 若从 C_{1_i} 开始的搜索过程在到达最后一个控制点 C_{1_m} 或回到 C_{1_i} 之前，因未搜索到边缘像素点而中止，则认为该车道线存在障碍物体、车辆或阴影遮挡，转至步骤(6)。

(6) 令 $i=i+1$，重新开始执行步骤(2)～(5)，判断车道线类型，$i=m$ 时搜索结束。

右车道线的类型判断同上述过程。可以看出，通过以上步骤，不仅能够实现正常无遮挡情况下的车道线分类，也考虑了车道线因存在阴影或干扰而导致车道线边缘不连续的情况。

在得到具体的控制点信息后，采用 NUBS 插值方法进一步对车道线边缘曲线重构：若能够确定 4 对控制点，则可采用三阶多项式函数进行 NUBS 插值，从而重构车道线曲线；若只确定 3 对控制点，则可采用二阶多项式函数进行 NUBS 插值，从而重构车道线曲线。这里需要说明的是，由于相机采集到的车道线图像中左右车道往往长度不相等，因此根据较长的一方确定扫描线位置对图像进行划分。图 3-13 所示为对车道线边缘图像进行曲线重构的结果。由于右车道线比左车道线长，我们根据右车道线确定了 3 条扫描线，将车道线分为两部分，得到左车道线控制点 3 个，右车道线控制点 3 个。根据 NUBS 插值算法，采用二阶多项式函数进行 NUBS 插值。

(a) 控制点确定

(b) 车道线曲线重构

图 3-13 车道线检测结果

在检测到车道线边缘之后，算法对左右车道线曲线进行估计。具体步骤如下：

(1) 如图 3-14 所示，计算由 4 条扫描线与左车道线控制点确定的 3 个倾角 α_{l_1}，α_{l_2}，α_{l_3} 以及由 4 条扫描线与右车道曲线控制点确定的 3 个倾角 α_{r_1}，α_{r_2}，α_{r_3}。

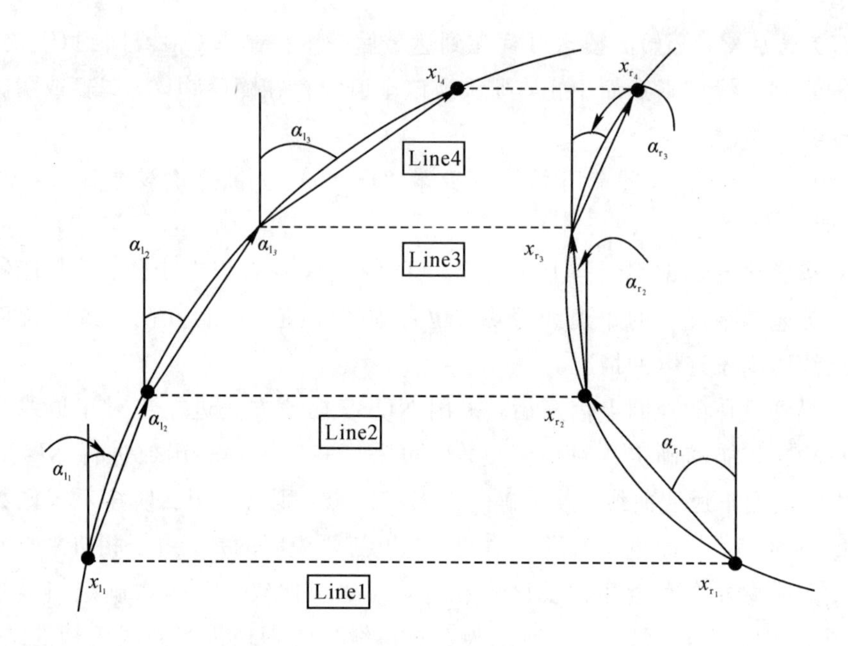

图 3-14　车道线曲线估计模型

对于左车道线：

$$\alpha_{l_i}=\arctan\left(\frac{x_{l_{i+1}}-x_{l_i}}{z_{l_{i+1}}-z_{l_i}}\right),\ i=1,\ 2,\ 3 \tag{3.10}$$

对于右车道线：

$$\alpha_{r_i}=\arctan\left(\frac{x_{r_{i+1}}-x_{r_i}}{z_{r_{i+1}}-z_{r_i}}\right),\ i=1,\ 2,\ 3 \tag{3.11}$$

(2) 计算各角度之间的差值。

对于左车道线：

$$\Delta\alpha_{l_1}=\alpha_{l_2}-\alpha_{l_1},\quad \Delta\alpha_{l_2}=\alpha_{l_3}-\alpha_{l_2} \tag{3.12}$$

对于右车道线：

$$\Delta\alpha_{r_1}=\alpha_{r_2}-\alpha_{r_1},\quad \Delta\alpha_{r_2}=\alpha_{r_3}-\alpha_{r_2} \tag{3.13}$$

(3) 计算 3 个倾角的平均值。

对于左车道线：

$$\alpha_l=a_l\Delta\alpha_{l_2}+b_l\Delta\alpha_{l_1}+c_l\Delta\alpha_{l_1} \tag{3.14}$$

对于右车道线：

$$\alpha_r = a_r \Delta\alpha_{r_2} + b_r \Delta\alpha_{r_1} + c_r \Delta\alpha_{r_1} \tag{3.15}$$

根据公式(3.16)确定系数 a_l、b_l、c_l 的符号。

$$\begin{cases} a_l \geqslant 0, & \Delta\alpha_{l_2} \geqslant 0 \\ a_l < 0, & \Delta\alpha_{l_2} < 0 \end{cases}, \begin{cases} b_l \geqslant 0, & \Delta\alpha_{l_1} \geqslant 0 \\ b_l < 0, & \Delta\alpha_{l_1} < 0 \end{cases}, \begin{cases} c_l \geqslant 0, & \Delta\alpha_{l_1} \geqslant 0 \\ c_l < 0, & \Delta\alpha_{l_1} < 0 \end{cases} \tag{3.16}$$

根据公式(3.17)确定系数 a_r、b_r、c_r 的符号。

$$\begin{cases} a_r \geqslant 0, & \Delta\alpha_{r_2} \geqslant 0 \\ a_r < 0, & \Delta\alpha_{r_2} < 0 \end{cases}, \begin{cases} b_r \geqslant 0, & \Delta\alpha_{r_1} \geqslant 0 \\ b_r < 0, & \Delta\alpha_{r_1} < 0 \end{cases}, \begin{cases} c_r \geqslant 0, & \Delta\alpha_{r_1} \geqslant 0 \\ c_r < 0, & \Delta\alpha_{r_1} < 0 \end{cases} \tag{3.17}$$

其中，六个系数的绝对值通过实验确定，文献[12]通过实验设定 $|a_l| = |a_r| = 3$，$|b_l| = |b_r| = 2$，$|c_l| = |c_r| = 1$。

在车道线跟踪阶段，对于实车道线，算法利用前一帧图像中最后一个步骤得到的左、右车道线曲线相关数值，构造当前帧车道线曲线的第一个车道线向量，然后进行边缘特征检测、控制点确定以及车道线曲线重构等。对于虚车道线，同样利用前一帧图像中最后一个步骤中得到的左、右车道线曲线相关数值，构造当前帧的车道线曲线的车道线向量，直到获得一个新的控制点，然后构造新的车道线向量并重新计算左右车道线的相关参数。假设前一帧左车道线的相关参数统一为 $\alpha_{\text{Left-Old}}$，当前帧的相关参数统一为 $\alpha_{\text{Left-New}}$，则对左车道线曲线参数进行更新：

$$\alpha_{\text{Left-Update}} = \frac{\alpha_{\text{Left-Old}} + \alpha_{\text{Left-New}}}{2} \tag{3.18}$$

同理，对右车道线曲线参数进行更新：

$$\alpha_{\text{Right-Update}} = \frac{\alpha_{\text{Right-Old}} + \alpha_{\text{Right-New}}}{2} \tag{3.19}$$

在西安市绕城高速公路上采集一段真实道路场景视频，车载相机传感器采用 X－SEN 运动相机，视频图像分辨率为 848×480，每秒 30 帧，采用 H.264 压缩格式。此外，为了更为全面地验证方法的实用性和有效性，实验中还采用了 200 幅 256×240 车道线检测标准图像序列。对测试视频中的 535 帧图像及 200 帧标准测试图像进行处理，限于篇幅，下面仅给出支持方法有效性验证的典型识别场景的处理结果。

识别场景一：道路基本呈直线形，左右车道线均为实线且无阴影或车辆遮

挡，车道线识别结果如图 3－15 所示。

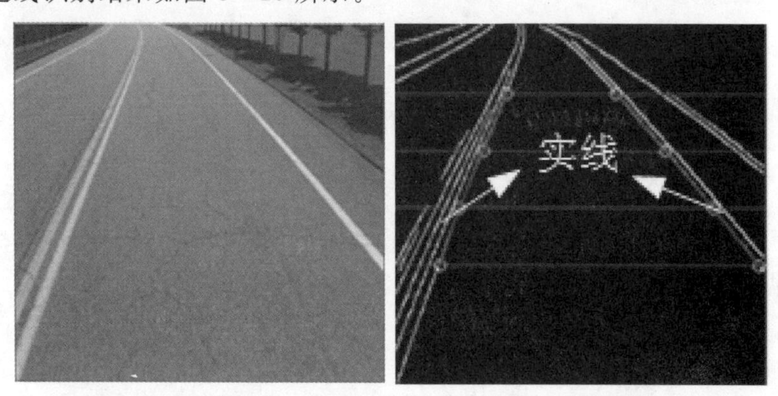

图 3－15　识别场景一：实车道线识别结果（直线形）

识别场景二：道路基本呈直线形，左右车道线均为虚线且无阴影或车辆遮挡。从图 3－16 所示的检测结果可以看出，左右车道线均能准确识别。

图 3－16　识别场景二：虚车道线识别结果（直线形）

识别场景三：道路呈曲线形，左右车道线均为实线且无阴影或车辆遮挡，车道线识别结果如图 3－17 所示。

图 3-17　识别场景三：实车道线识别结果(曲线形)

识别场景四：道路呈直线形，左车道线为虚线且左车道受车辆遮挡，右车道线为实线，车道线识别结果如图 3-18 所示。

图 3-18　识别场景四：受遮挡情况下车道线识别结果

从以上场景中的车道线检测结果可以看出，本节所提出的基于 NUBS 曲线模型的车道线检测、分类与跟踪方法效果良好，而且对部分阴影或车辆遮挡具有较高的鲁棒性。然而，当车道线受强烈阴影或车辆遮挡干扰时，算法识别性能较低。

3.1.4　基于 SIFT 特征点的车辆目标检测算法

在智能网联系统中，少不了各种终端的信息采集。路侧摄像头是智能网联交通系统中不可或缺的一部分，通过路侧摄像头能够采集并检测交通道路上的车辆、行人等重要物体，为智能网联系统提供最基本的信息来源。本课题组结合智能网联系统的实际需求，提出了一种基于 SIFT 特征点的车辆目标检测算法[13]，该算法鲁棒性强、稳定性高，能够满足智能网联系统实际应用。算法流程如图 3-19 所示。

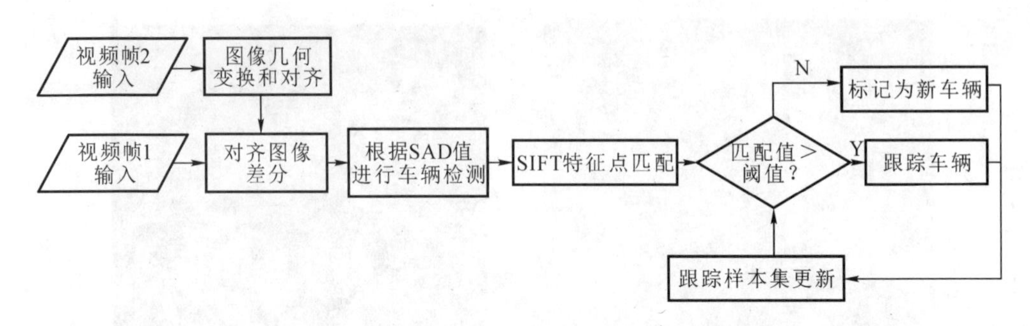

图 3-19　基于 SIFT 特征点匹配的车辆检测与跟踪算法流程图

算法在车辆检测时，通过采用 SIFT 特征点匹配，实现从相邻两帧视频图像的差分图像中检测运动车辆区域。与背景差分法以及帧差法不同的是，该检测算法不需要初始化背景图像，且差分图像不是由两帧视频图像直接差分得到，而是经过几何对齐后再进行差分得到的。该算法通过对相邻两帧视频图像进行 SIFT 特征点检测及匹配，确定两帧图像之间的几何变换矩阵，而后对前一帧图像进行几何变换，实现与后一帧图像的几何对齐。对齐后的两幅图像差分得到一幅差分图像，然后在其中进行 SAD(Sum of Absolute Differences，绝对误差和)极大值区域搜索，将 SAD 值满足阈值条件的区域确定为运动车辆区域。

车辆检测算法流程如图 3-20 所示。对于相邻两帧待检测视频图像，首先进行 SIFT 特征点检测，然后通过 k-d 树最近邻搜索算法对两幅图像进行特征点匹配，采用改进的 RANSAC 算法消除可能存在的误匹配特征点对，并计算两幅图像之间的几何变换单应性矩阵，通过对后一帧图像进行几何变换实现两幅图像的几何对齐，同时尽量消除由于光照变化以及相机抖动等造成的干扰。最后，将对齐后的两帧图像进行差分，通过搜索 SAD 较高的区域确定运动车辆。

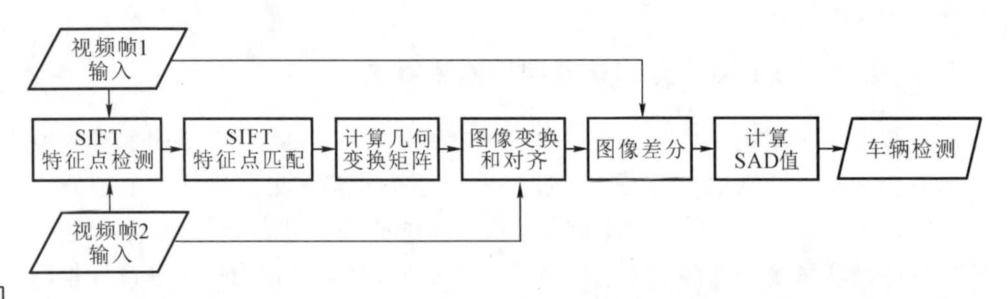

图 3-20　基于 SIFT 特征点匹配的车辆检测算法流程图

经过 k-d 树最近邻搜索以及改进的 RANSAC 算法，可以得到相邻两帧图像的精确 SIFT 特征点匹配点对，如图 3-21 所示。

(a) k时刻视频帧图像

(b) k+5时刻视频帧图像

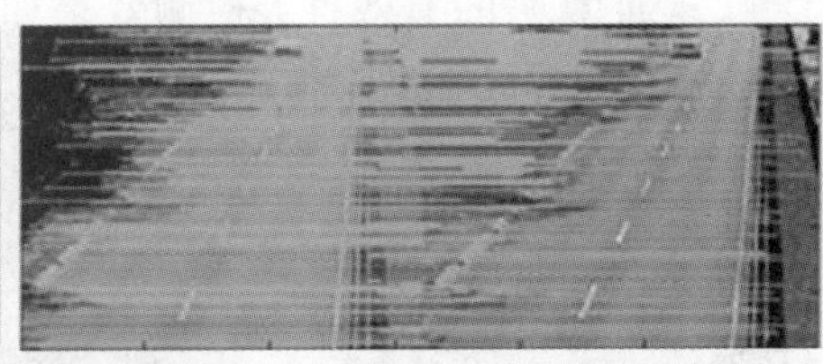
(c) 两帧图像的SIFT特征点匹配结果

图 3-21　SIFT 特征匹配

在得到 SIFT 特征点匹配点对后，可以确定几何变换单应性矩阵中的参数，从而得到几何变换单应性矩阵，然后将两幅对齐后的视频帧图像进行差分，可以得到包含运动车辆的差分图像，如图 3-22 所示。

(a) k时刻视频帧1

(b) k+5时刻视频帧

(c)差分图像

图 3-22　图像对齐及差分

最后，计算差分图像各区域的 SAD 值，通过设定阈值将 SAD 较大值对应的区域视为运动车辆区域，从而实现车辆检测，如图 3-23 所示，其中图(a)为 SAD 值高于阈值 T_{SAD} 的对应区域，图(b)为高亮区域对应的运动车辆区域。

(a) SAD值高于阈值T_{SAD}的对应区域

(b) 高亮区域对应运动车辆区域

图 3-23　车辆检测结果

课题组采用路侧固定相机采集得到的交通视频帧序列，对车辆目标进行检测，验证算法的有效性，检测效果如图 3-24 所示。该算法能够对相机固定情况下的视频序列进行准确的车辆检测，同时对光照变化、阴影干扰及相机抖动鲁棒性较高，满足智能网联系统中实际复杂交通场景下车辆目标的检测需求。

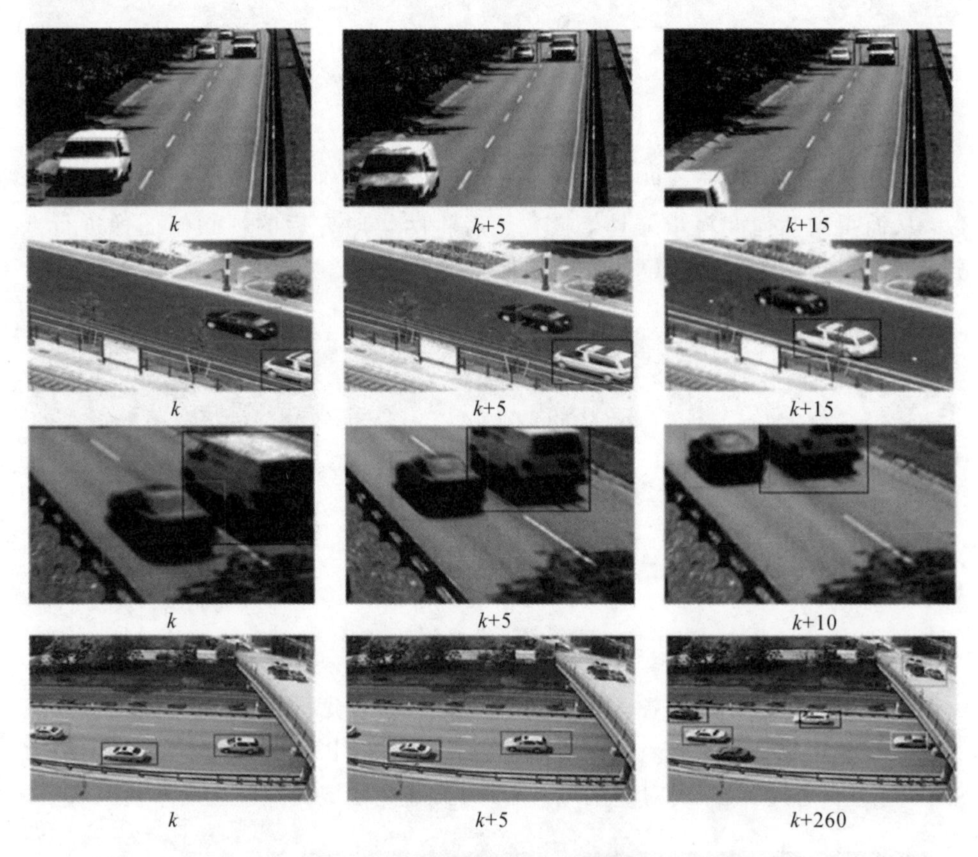

图 3-24　视频序列中的车辆目标检测结果

3.2　基于分类器的目标检测

基于视觉特征的目标检测方法主要针对目标固有属性，如颜色、纹理、轮廓边缘和区域等进行分析。但是这类方法的总体泛化能力相对较弱，当被检测目标固定且对计算时间要求不高时，可以采用此类方法。考虑到有些应用场景无法提供对应的模板，或者需要应对更大程度或更多样的形变，此类方法检测效果就会比较差。因此，一些专家学者提出了基于分类器的目标检测算法，这类算法把目标检测问题看作图像中背景和待检测目标的分类问题。所以，该类算法也称为基于统计理论的方法，它把目标检测这一图像处理问题转变成统计理论的问题。这类算法的一般过程为：先获取大量用于训练分类器的正样本（待检测的目标）和负样本（图像背景），并分别计算其特征；然后利用分类算法对正、负样本的特征进行训练得到分类器；最终根据训练得到的分类器来判断图像中的检测窗口是否包含待检测的目标。目前，最常用的基于分类器的目标检测算法包括 BP 神经网络[14]、AdaBoost 算法[15]、支持向量机（SVM）学习算法[16]等。

BP 人工神经网络是应用最为广泛的神经网络算法之一。BP 人工神经网络就是对生物的大脑活动进行的一种抽象模拟，用来解决计算机问题。人的大脑系统以神经细胞为基本组成单位，人的感觉器官把感觉到的信息传递到大脑神经细胞，神经细胞对感觉器官发送的信息进行接收并分析，把对感觉的信息生成反应信息，把反应信息传递给运动器官，最后由运动器官作出相应的反应动作。人工神经网络就是以这种模式对输入信息进行处理，并把结果输出到输出节点，完成对生物界人类大脑神经元活动的抽象和模拟的。BP 人工神经网络处理流程如图 3－25 所示。

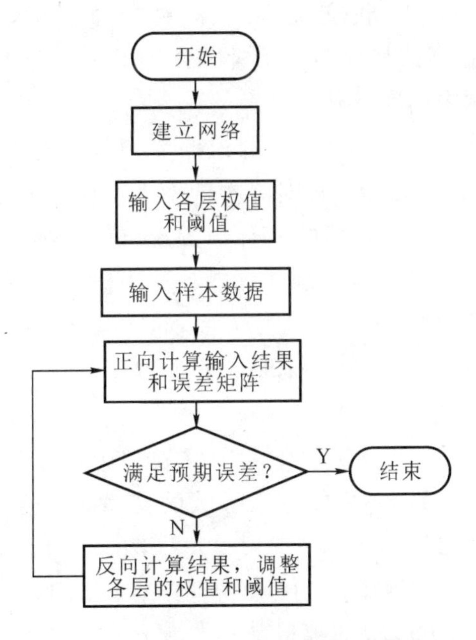

图 3－25　BP 人工神经网络处理流程

AdaBoost 是一种迭代算法，其核心思想是针对同一个训练集训练不同的弱分类器，然后把这些弱分类器按一定的权重组合起来，构建一个最终的强分类器。该算法根据每次训练集中每个样本的分类是否正确以及上次的总体分类的准确率来确定每个样本的权重，增加错误分类的样本权重，减少正确分类的样本权重，以便下次分类时更加关注那些被错误分类的样本，这样使得最终分类结果更为准确。算法将修改过权值的新数据集送给下层分类器进行训练，最后将每次训练得到的分类器融合起来，作为最后的决策分类器。

支持向量机算法是由模式识别中广义肖像算法发展而来的，它将分类问题分为线性可分和非线性可分两类。对于线性可分问题，就是构造一个最优分类超平面，使可分的两类数据到该平面的距离最大；对于非线性可分问题，首先将模式空间通过相应的映射函数转换到更高维度的特征空间，然后再在该高维度特征空间里寻找最优超平面。最优超平面在保证将两类数据分类无误的情况下，使分开的两类的距离达到最大；在保证经验风险最小的情况下，使得推广界限中的置信范围最小，从而能够使真实风险最小。该算法有效地避免了特征学习过程中过学习、维数灾难、局部极小等问题，在小样本训练下仍具有很好的泛化能力。

本书编者面向智能网联交通系统下的多种应用，提出了基于 MR_AdaBoost 的道路交通标线检测算法，探讨分析了基于分类器的目标检测算法在道路交通标志检测中的实际作用。

我们提出的基于 MR_AdaBoost 的道路交通标线检测算法[17]，主要在多分类 Real AdaBoost 的基础上，针对样本的不平衡权重分布以及训练集的异常值问题，设计了一种异常值鲁棒的 MR_AdaBoost 算法，解决了智能车辆视觉感知中的交通道路标线多分类识别的问题。算法框架如图 3-26 所示：首先，提取显著交通标线区域的方向梯度直方图(Histogram of Oriented Gradient, HOG)特征；其次，利用 HOG 特征训练分类器；最后，通过分类器完成道路交通标线的识别。

HOG 特征是一种在计算机视觉和图像处理中用来进行物体检测的特征描述子。它通过计算和统计图像局部区域的梯度方向直方图来构建目标特征。Navneet Dalal 和 Bill Triggs 首先在 2005 年的 CVPR 中提出 HOG[18]，用于静态图像或视频的行人检测。HOG 特征结合 AdaBoost 分类器已经被广泛应用于图像识别中。HOG 特征提取的核心思想是所检测的局部物体外形能够被光强梯度或边缘方向的分布所描述。将整幅图像分割成小的连接区域

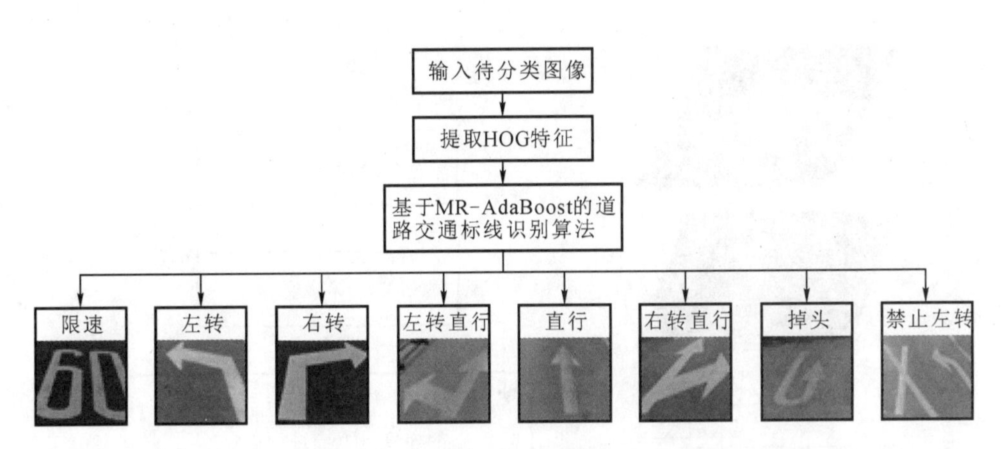

图 3-26 基于 MR_AdaBoost 的道路交通标线检测算法框架

(称为细胞单元)，每个细胞单元生成一个方向梯度直方图或者细胞单元中像素的边缘方向，这些直方图的组合可表示所检测目标的描述子。为改善准确率，局部直方图可以通过计算图像中一个较大区域(称为块)的光强作为衡量方法被对比标准化，然后用这个值归一化块中的所有细胞单元。这个归一化过程更好地完成了照射/阴影不变性。因此，HOG 得到的描述子保持了几何和光学转化不变性(除非物体方向改变)。具体方法流程如图 3-27 所示。

在提出的算法中，我们把各个细胞单元组合成大的、空间上连通的区间块。这样，一个块内所有细胞单元的特征向量串联起来便得到该块的 HOG 特征。这些区间是互有重叠的，这就意味着：每一个细胞单元的特征会以不同的结果多次出现在最后的特征向量中。归一化之后的块描述符(向量)称为 HOG 描述符。HOG 特征提取的最后一步就是将检测窗口中所有重叠的块进行 HOG 特征收集，并将它们结合成最终的特征向量供分类使用。对于 100×80 像素的图像而言，算法以 8 个像素为步长，那么水平方向有 11 个扫描窗口，垂直方向有 9 个扫描窗口。也就是说，100×80 像素的图片，总共有 36×11×9=3564 个特征。与其他的特征描述方法相比，HOG 特征对图像几何和光学的形变都有很好的保持性，这两种形变只会出现在更大的空间领域上。其次，在粗的空域抽样、精细的方向抽样以及较强的局部光学归一化等条件下，细微的形变和磨损可以被忽略而不影响检测效果，前提是道路交通标线大体保持基本形状。因此 HOG 特征比较适合图像中的道路交通标线的识别。

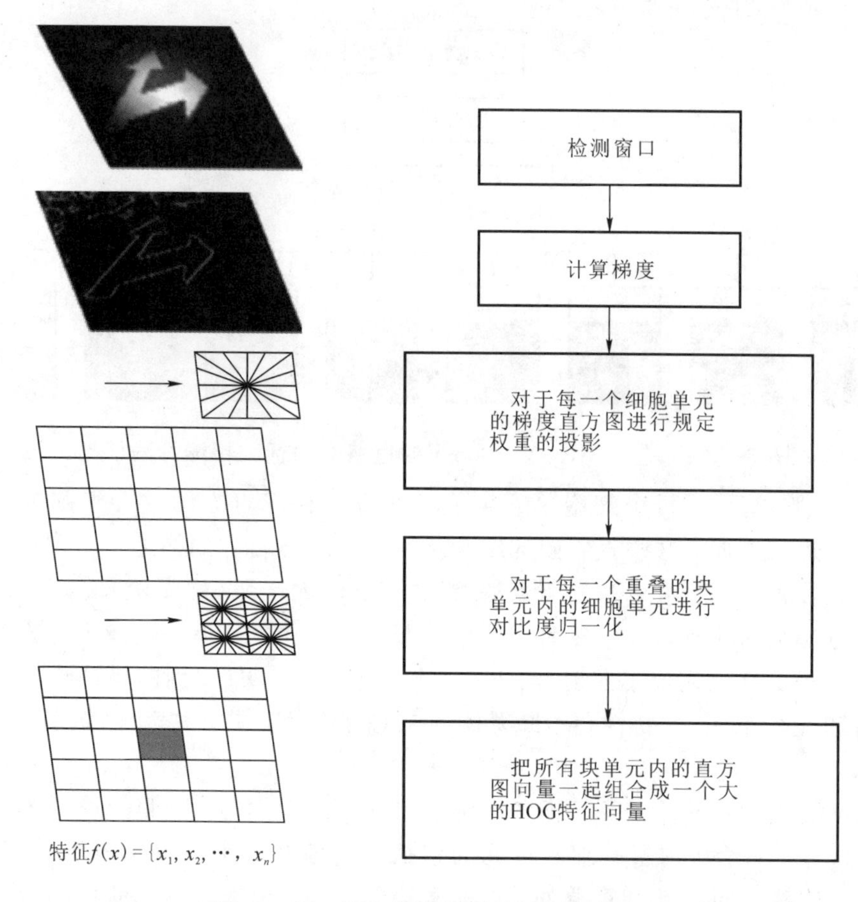

图 3-27　HOG 特征提取方法流程图

另外，在分析多分类 Real AdaBoost 的基础上，我们发现现有方法存在的共同问题是：在学习 Boosting 分类器之前，所有训练样本以同样的初始权重进行训练；直接采用最小化来选择弱学习者，而不考虑样本的不平衡权重分布问题。因此，我们采用了一种多分类异常值稳健的 AdaBoost 算法，简称为 MR_AdaBoost(Multi-classifiable and outlier_Robust AdaBoost)算法来解决以上两种问题。算法流程如 3-28 所示。

算法在训练分类器之前，使用统计数据来优化训练数据，而不是对所有的样本做出统一初始权重的假设，这就使得在 Boosting 算法初期阶段，最具代表性的样本将被优先分类；同时，难分类样本的权重增加率(可离群值)将是缓慢的，因为这些样本是从较低的初始权重开始的。为此，我们对训练数据执行内核判别分析[19]，并且分析样本的投影距离以确定初始权重。从本质上讲，考

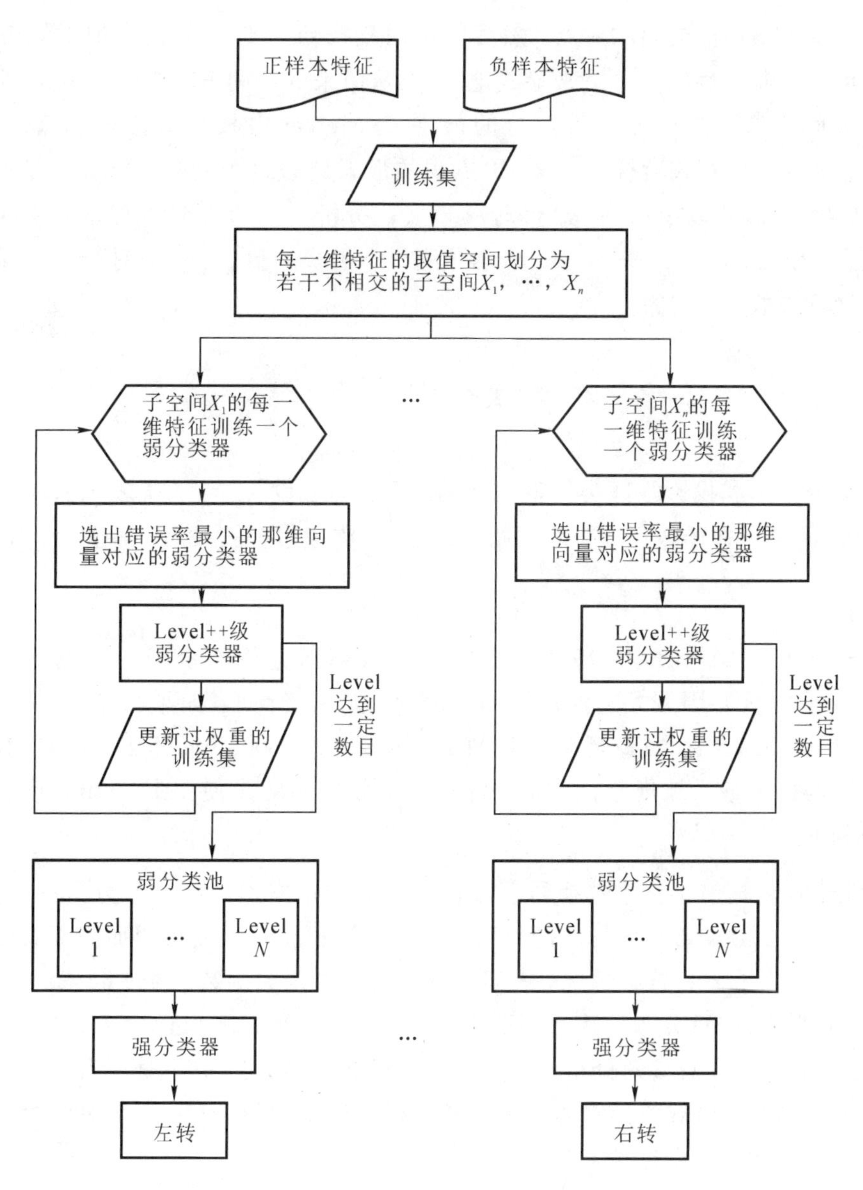

图 3-28 MR_AdaBoost 算法流程图

虑到标记过的训练数据集$\{(x_i, y_i)\}_{i=1}^{M}$，我们首先确定使公式(3.20)最大化的投影方向$\boldsymbol{\alpha}$：

$$J(\boldsymbol{\alpha})=\frac{\boldsymbol{\alpha}^{\mathrm{T}}\boldsymbol{S}_{\mathrm{B}}\boldsymbol{\alpha}}{\boldsymbol{\alpha}^{\mathrm{T}}\boldsymbol{S}_{\mathrm{W}}\boldsymbol{\alpha}} \tag{3.20}$$

其中，$\boldsymbol{S}_{\mathrm{B}}$ 和 $\boldsymbol{S}_{\mathrm{W}}$ 是类间散射点。然后使用内核技巧[20]计算的类内散射矩阵取代使用一个非线性映射 ϕ ，来显式地把 $\boldsymbol{x}_i$ 从原来的空间 $\mathbf{R}^N$ 映射到一个高维特征空间 F（考虑 $\boldsymbol{x}_i$ 是线性可分的），使用 Mercer 内核形式 $k(\boldsymbol{x}_i, \boldsymbol{x}_j)=\phi(\boldsymbol{x}_i)$执行一个隐式转换。$\phi(\boldsymbol{x}_j)$以点积的形式调整这个问题。Fisher 方向用 $\boldsymbol{\alpha}$ 来反射 $\boldsymbol{x}_i$ 以获取 $z_i(z_i=\boldsymbol{\alpha}^{\mathrm{T}}\boldsymbol{x}_i)$。接着我们分析 z_i 以获得训练样本权重的先验信息。令 μ_{y_i}，$y_i\in\{-1, 1\}$ 表示预测样本的类均值。最后，对于每个样本 z_i ，计算参数：

$$\varepsilon_i=\frac{|z_i-\mu_{y_i}|}{\sum\limits_{\forall k: y_k=y_i}|z_k-\mu_{y_k}|} \tag{3.21}$$

这是一个样本和投影空间类均值之间的距离函数。设 $\omega_i=1/M$ 表示所有训练样本 $\boldsymbol{x}_i$ 的统一初始权值，新的初始权重（$\tilde{\omega}_i$）将通过公式(3.22)获得：

$$\tilde{\omega}_i=\omega_i\exp(-\delta\varepsilon_i) \tag{3.22}$$

从式(3.22)可知，δ 是对训练样本内核判别分析的全局分类精度，是控制权重的重要因素，它评估着权重的可靠性。例如，如果分类精度很低(即 $\delta\approx 0$)，那么 $\tilde{\omega}_i$ 减少至 $\tilde{\omega}_i=1/M$ ，这跟标准的 Boosting 算法的设置相同。这组新的权重最后被规范化形成一个分布，分类功能是使用 Boosting 算法训练得到的。

错误 ε_t^* 被最小化来选择弱学习者 $\hat{h}_t$ ，它的基本形式是一个分类率函数。然而，如前所述，离群值的问题导致某些样本的权重情况变得明显高于其他样本。因此，为了避免这种情况，人们一直努力修改损失函数。通过定义 ε_t^* 为第 t 个迭代器 D_t 权重分布的相对熵，以统一的初始分布 D_1 为起始。然而问题是，D_1 并不需要最好的参考分布，因为与当前权重 D_t 相比，并不是所有的样本都有相同的特点。离群值异常的原因是样本权重的不均匀分布。所以算法令以下损失函数在每第 t 个迭代器处最小化：

$$g_t=\frac{M-\sum\limits_{i=1}^{M}D_t(i)y_i\hat{h}_t^{x_i}}{M}+\lambda_{\mathrm{R}}f_{\mathrm{P}}(D_{t+1}) \tag{3.23}$$

式中第一项表示测算分类错误，第二项中 $f_{\mathrm{P}}(\cdot)$表示弱学习者产生的稀疏分布 D_{t+1}，λ_{R} 是一个正则化参数。从离群值的问题研究中，我们推断出 $f_{\mathrm{P}}(\cdot)$ 不稀疏。换句话说，权重不应只集中在某些训练样本中。因此，定义：

$$f_{\mathrm{P}}(D_{t+1})=\frac{\sum_{i=1}^{M} I(D_{t+1}(i)<\lambda_{\mathrm{cost}})}{M} \tag{3.24}$$

其中，$I(\cdot)$是一个指标函数，λ_{cost} 是一个阈值。通过对阈值 λ_{cost} 的设定，可以得到异常值稳健的 Boosting 算法。设训练样本集 $S=\{(x_1, y_1), (x_2, y_2), \cdots, (x_m, y_m)\}$，$y_i\in\{1, 2, \cdots, K\}$。$h_t(x, l)$ 表示 $h_t(x)$ 输出标签 l 的置信度，$l=1, 2, \cdots, K$。在学习之前训练样本权重的信息和更新损失函数 ε_t^* 后，得到基于 MR_AdaBoost 的道路交通标线识别算法如下：

(1) 用公式(3.22)习得权重初始化训练样本 D_1 的权重分配，即

$$D_1(i)=\frac{1}{M}\exp(-\delta\varepsilon_i), \quad \forall i=1, 2, \cdots, M \tag{3.25}$$

(2) 对于 $t=1, 2, \cdots, T_1$ 进行迭代：

① 对 S 进行划分，$S=S_1\cup S_2\cup\cdots\cup S_n$，$i\neq j$ 时，$S_i\cup S_j=\varnothing$。

② 统计 S_j 中标签为 k 的累积样本权为

$$W_k^{jt}=\sum_{i:(y_i=k)\wedge(x_i\in S_j)} D_t(i), k=1, 2, \cdots, t=1, 2, \cdots, m, j=1, 2, \cdots, n$$

③ 定义 $h_t(x, l)$：$\forall x\in S_j$，令 $h_i(x, l)=\ln(W_l^{jt})$，$l=1, 2, \cdots, K$，$j=1, 2, \cdots, n$。

(3) 最小化损失。

① $\forall h_t\in\mathbf{N}$，计算分类错误：

$$E_{h_t}=\frac{M-\sum_{i=1}^{M} D_t(i)y_ih_t^{x_i}}{M} \tag{3.26}$$

② 计算中间权重分布 $\widetilde{D}_{t+1}^{h_t}$，对于 $h_t\in\mathbf{N}$，将产生弱分类器：

$$\widetilde{D}_{t+1}^{h_t}(i)=\frac{D_t(i)\exp(-\alpha_t y_i h_t^{x_i})}{Z_t} \tag{3.27}$$

$$Z_t=\frac{K}{\sum_{j=1}^{n}\sqrt[k]{\prod_k W_k^{jt}}} \tag{3.28}$$

其中，$\alpha_t\in\mathbf{R}$，Z_t 是一个产生 $\widetilde{D}_{t+1}^{h_t}$ 分布的标准公式。

③ 选择具有最低损失 g_t 的弱学习者 $h_t(x)$，有

$$\tilde{\varepsilon}_t^* = \min_{h_t \in \mathbf{N}} E_{h_t} + \lambda_R f_P(\overset{\sim h_t}{D}_{t+1}) \tag{3.29}$$

$$h_t(x) = \arg\min_{h_t \in \mathbf{N}} E_{h_t} + \lambda_R f_P(\overset{\sim h_t}{D}_{t+1}) \tag{3.30}$$

④ 计算新的权重分布：

$$D_{t+1}(i) = \frac{D_t(i)\exp(-\alpha_t y_i h_t^{x_i})}{Z_t} \tag{3.31}$$

(4) 输出最终的分类器：

$$g^*(x) = \mathrm{sign}\left(\sum_{t=1}^{T_1} \alpha_t h_t^x\right) \tag{3.32}$$

我们选用 200 张 KITTI 数据集图片＋300 张街景图片，共 500 张图片验证算法性能。选取原始数据集粗定位的显著标线区域 200 幅图片作为正样本集，800 幅背景图片作为负样本集，共 1000 张图片作为新的数据集。算法主要关注智能车辆视觉导航中智能车对交通道路标线的感知，因此按照智能车的环境感知需求，将道路交通标线分为直行、左转直行、右转直行、左转、限速、掉头、右转、禁止左转等 8 种道路交通标线进行检测和识别。具体分类和特征见表 3－3。

表 3－3　道路交通标线分类描述及数据集

分类	外观描述	训练集	测试集
直行	白色、直行箭头	267	58
左转直行	白色、左转加直行箭头	353	79
右转直行	白色、右转加直行箭头	346	72
左转	白色、左转箭头	254	56
限速	白色、黄色、数字	306	65
掉头	白色、掉头箭头	237	43
右转	白色、右转箭头	163	34
禁止左转	黄色、禁止加左转箭头	144	28

道路交通标线的测试样本一部分来源于测试集，一部分来源于手动采集的腾讯街景图片。首先，提取显著交通标线区域的 HOG 特征向量；其次，测试样本被投入分类器；最后，经过训练模型的分类和识别，分类器输出最终识别结果。三种道路交通标线识别结果如图 3－29 所示。

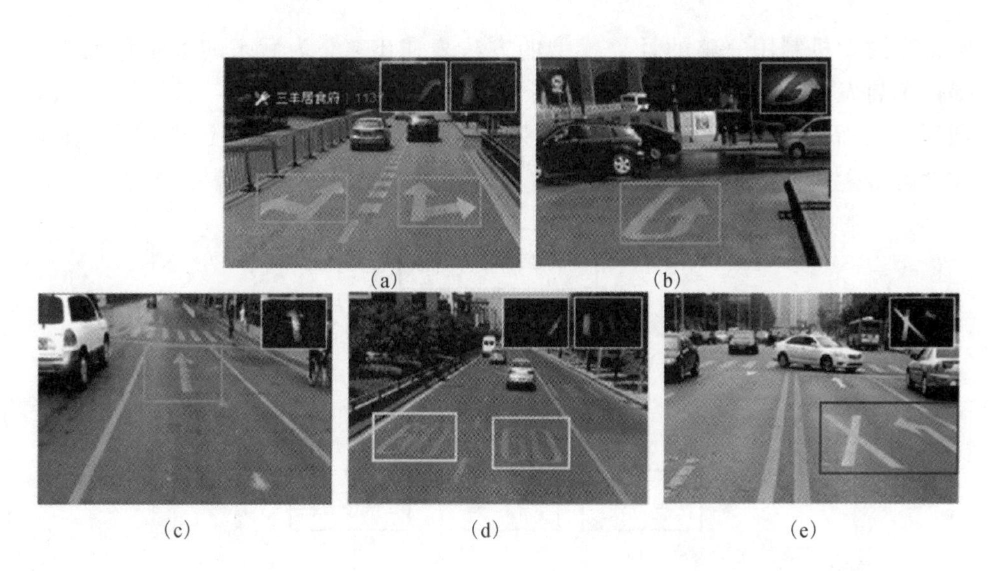

图 3-29 三种道路交通标线识别结果

图 3-29 中：图(a)表示指示标线中左转直行和右转直行标线识别结果；图(b)表示指示标线中掉头标线识别结果；图(c)表示直行标线识别结果；图(d)表示警告标线中最高限速 60 km/h 标线识别结果；图(e)表示禁止标线中禁止左转标线识别结果。

实验结果表明，基于 MR_AdaBoost 的道路交通标线识别算法在多种分类结果中达到了 90%以上的检测精度，并且具有较高的真阳性率和较低的假阳性率。

3.3 基于显著性的目标检测

显著性又称视觉显著性，是人类视觉注意机制研究的一个重要方面。基于显著性的目标检测指利用数学建模的方法模拟人的视觉注意机制，对视场中信息的重要程度进行计算。Treisman 等的特征集成理论为视觉显著性计算提供了理论基础。该理论将视觉加工过程分为特征登记与特征整合阶段，在特征登记阶段并行地、独立地检测特征并编码，在特征整合阶段通过集中性注意对物体进行特征整合与定位。受特征集成理论的启发，Kock 和 Ullman 最早提出了有关视觉注意机制的计算模型，该模型通过滤波的方式得到特征，最后通过特征图加权得到显著图。1998 年，Itti 和 Kock 提出了金字塔计算模型，该模型是视觉显著性研究中一个经典的计算模型，它首次将人眼视觉系统内在的视觉注意机制用完整的计算模型的方法表述出来，为后来的大量研究工作提供了启发。该模型首先通过高斯降采样生成不同特征上的多尺度图像，然后利用中央-周边差异机制计算图像在强度、色彩和方向上的特征图，最后通过线性融合生成最终的显著图。该模型框架如图 3-30 所示。

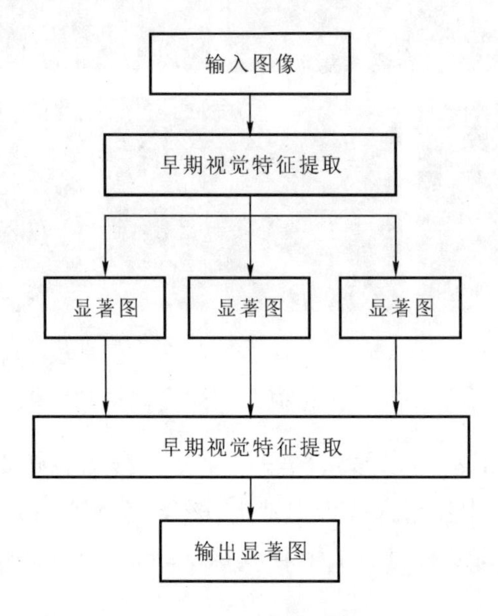

图 3-30　Itti 显著性检测模型框架

总的来说，视觉显著性计算模型大致可以分为两个阶段：特征提取与特征融合。在特征融合阶段，可以分为自底向上的底层特征驱动的融合方式和自顶向下的基于先验信息与任务的融合方式，如图 3-31 所示。

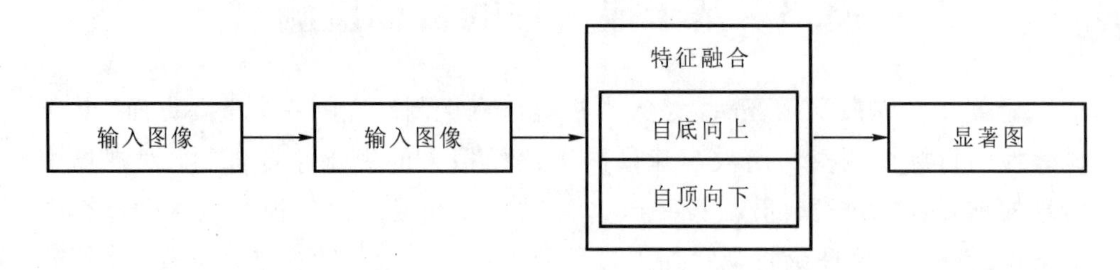

图 3-31　通用显著性计算模型框架

显著性检测算法经过多年发展，涌现出了很多的理论和模型，较为经典的有 AC 模型[21]、FT 模型[22]、HC 模型[23]、RC 模型、CAS 模型[24]、PCA 模型[25]、DRFI 模型[26]及 wCtr 模型[27]等。

本节通过对基于显著性的目标检测方法及技术的研究，提出了一种基于层次显著性的道路交通标线检测方法[17]，并将该方法应用于智能网联中的车辆目标及道路标志标线检测。

道路交通标线和交通标志一样，具有引导、指示车辆正确行驶的作用。不同的是，道路交通标线是一种画在路面上的标志，与路面平行。受到 Jiang 等人提出的 AMC 方法[28]的启发，本课题组提出一种基于层次显著性的道路交通标线检测算法，算法的流程如图 3-32 所示。算法首先采用超像素方法 SLIC(简单线性迭代聚类)将图像分割成不同的区域，并将每个超像素块视为图中的一个节点；其次，使用颜色特征向量和轮廓特征向量建立空间上下文显著特征，利用基于图论的方法构建先验信息的显著度图；再次，采用吸收马尔可夫链来检测显著性，建立基于上下文的道路交通标线层次显著性检测模型；最后，采用余弦相似性度量的方法融合多层显著性特征，得到最终的显著图。模型包含四个部分：第一部分是基于先验信息的显著性检测，第二部分是基于显著目标的显著性检测，第三部分是基于图像边界的显著性检测，第四部分是基于余弦相似性度量的多层显著性融合算法。

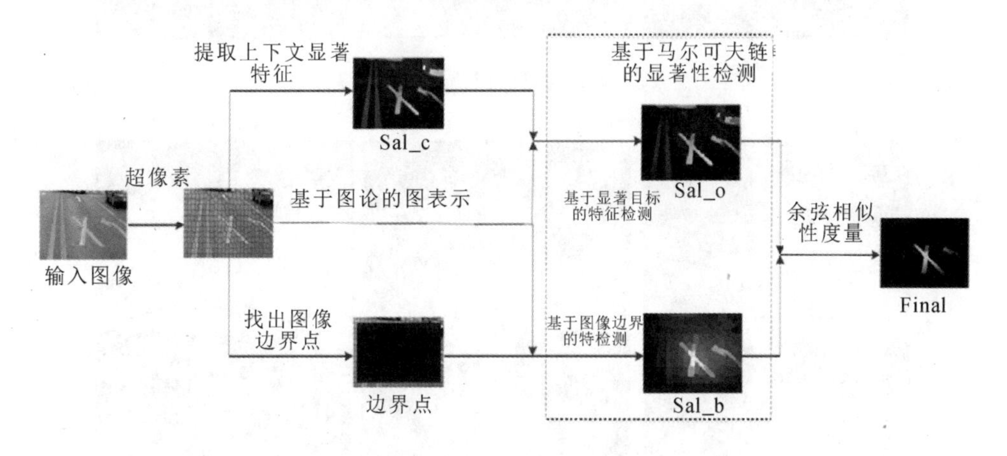

图 3-32 基于层次显著性的道路交通标线检测方法流程图

图 3-32 中：Sal_c 为提取上下文显著特征的方法；Sal_o 是基于显著目标的方法；Sal_b 是基于图像边界的方法；Final 为最终的结果。

算法测试时，主要针对禁止标线、警告标线和指示标线进行算法测试及实验结果验证。测试所用的数据集为 200 张 KITTI 数据集图片+300 张街景图片，共 500 张图片。测试主要关注智能网联对交通道路标线的感知需求，将道路交通标线分为直行、左转直行、右转直行、左转、限速、掉头、右转、禁止左转等8种道路交通标线。图3-33为KITTI原始数据集图片样例，图3-34为街景原始数据集(西安市)。其中，每幅图片至少包含一种分类场景。数据集图片大小为640×480像素。

图3-33　KITTI原始数据集

图3-34　街景原始数据集(西安市)

算法利用超像素方法对图像进行预处理，然后进行区域显著性的检测。在超像素算法阶段，可以通过设置不同 K 值，得到不同的检测效果。我们通过设置不同的超像素数 K，比较得出适当的 K 值，进而得出定量结果。图 3－35 显示基于本节数据集的 PR 曲线。如图 3－35(a)所示，当 K 从 200 变化到 1400 时，Sal_c 的 PR 曲线得到改善。Sal_c 的 PR 曲线在 $K=200$ 和 $K=1400$ 之间表现相似。同时，当 K 等于 1000 或 1400 时，Final 的 PR 曲线有更好的表现，如图 3－35(b)所示。该方法的平均运行时间在表 3－4 中给出。由表可以发现，该方法对于较大的 K 值具有较长的平均运行时间。因此，考虑到计算复杂度和 PR 曲线的性能，实验选择 $K=1000$。

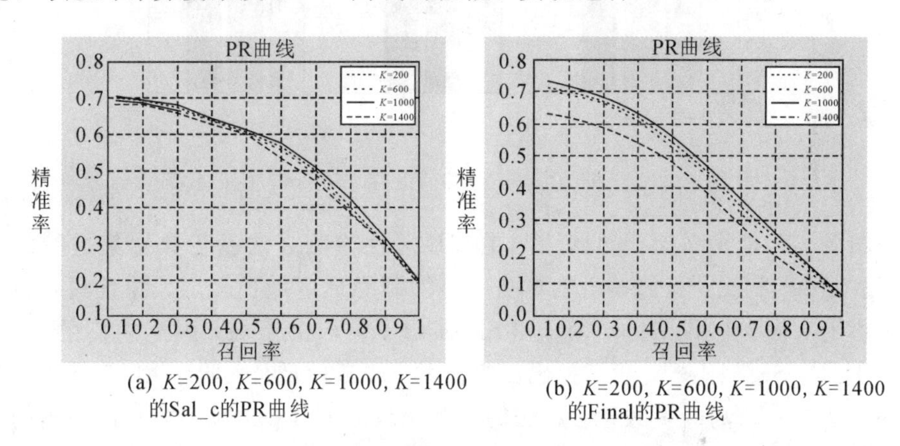

(a) K=200, K=600, K=1000, K=1400 的Sal_c的PR曲线

(b) K=200, K=600, K=1000, K=1400 的Final的PR曲线

图 3－35　超像素数 K 的变化对检测结果的影响

表 3－4　本书数据集中不同超像素数 K 对应的算法平均运行时间

超像素个数 K	200	600	1000	1400
时间/s	0.41	0.53	1.09	3.30

图 3－36 是 Sal_o、Sal_b 及 Final 的平均精准度、召回率和 F 比较。与 Sal_b (基于图像边界的显著性检测方法)相比，Sal_o(基于显著目标的显著性检测方法)在召回率方面具有更好的性能，但在一些情况下 Sal_o 加强了非显著区域的检测，因此导致其精准度和 F 较低。另外，相对于 Sal_o、Sal_b 可以抑制背景，并具有较高的精准度和 F，我们提出的方法(Final)融合 Sal_o 和 Sal_b，虽然其精准度比 Sal_b 低 1.5%，但其召回率和 F 有更好的表现。

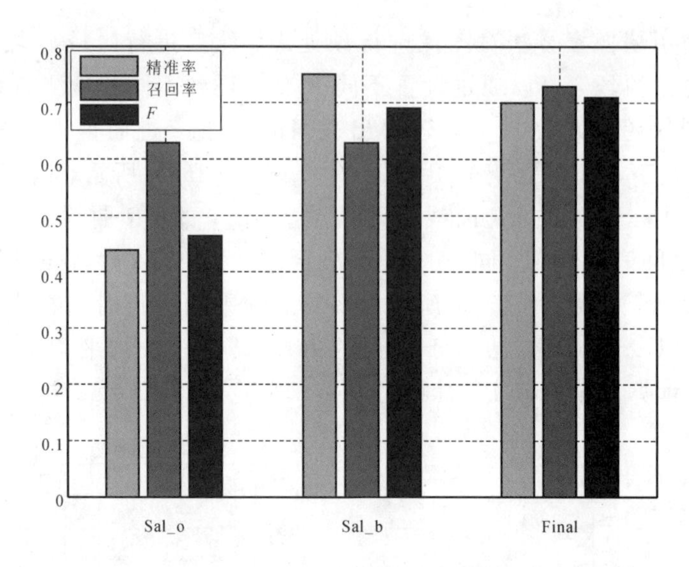

图 3-36　三种方法的平均精准度、召回率和 F 比较

图 3-37 是我们提出的算法与主流显著性检测算法基于数据集进行的对比。相比 AC 算法，我们提出的算法对于抑制隐形区域比较弱，并且具有更小的平均绝对误差(MAE)。AMC 和 SR 强调了突出的区域，因此它们的 MAE 比较小。与 SR 相比较，我们提出的算法的 MAE 较低，表明在 MAE 方面，我们的算法具有较高的一致性。算法的直观比较如图 3-38 所示，我们提出的算法对于路面交通标线的提取具有一定的效果，且较其他算法在抗干扰能力上有一定的优势，能够一定程度地抑制周边物体的检出。

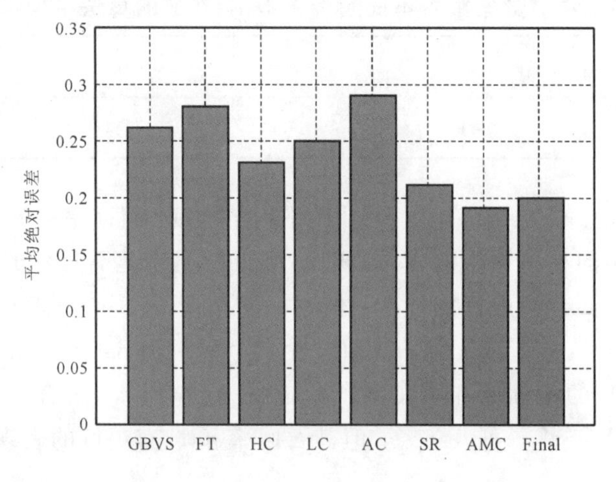

图 3-37　本节算法与主流显著性检测方法的 MAE 比较

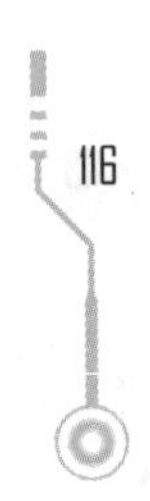

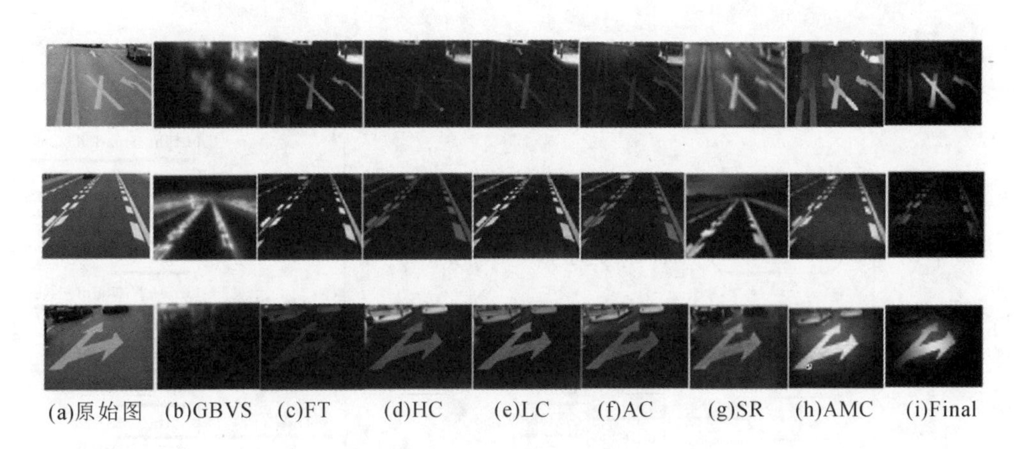

图 3-38 基于数据集不同方法的显著图

3.4 基于深度学习的目标检测

自从 Hinton 等人提出了深度学习的概念后，各个领域都在寻求与深度学习相结合的契机。国内外的一些科技巨头(如百度、阿里、腾讯、Google、IBM、Facebook 等)也都纷纷投入到深度学习领域的研究中，抢占这项技术领域的制高点。目前，深度学习已在图像处理、计算机视觉等领域取得了令人惊讶的成就，更是在工程应用方面表现出极大潜力。可见，深度学习不光是目前的研究热点，更是未来发展的方向。

在深度学习技术发展初期，各类算法主要围绕分类问题进行研究，这是因为神经网络特有的结构输出将概率统计和分类问题结合，能够使得分类问题更加直观。国内外研究人员虽然也在致力于将目标检测领域和深度学习相结合，但在一段时期内都没有取得成效，直到 R-CNN[29] 算法的出现，才将基于深度学习的目标检测算法推向高潮。

目前，在图像的目标检测领域，基于深度学习的方法主要分为两类(如图 3-39 所示)：基于候选区域的目标检测算法和基于端到端的目标检测算法。R-CNN 算法就是一种基于候选区域的深度学习检测算法，这类算法会生成一系列作为样本的候选框，再通过卷积神经网络进行样本分类。主流的基于候选区域的目标检测算法除 R-CNN 外，还有 SPP-Net[30]、Fast R-CNN[31]、Faster R-CNN[32]、MR-CNN[33]、R-FCN[34]、MS-CNN[35]、FPN[36] 和 Mask R-CNN[37] 等一系列优秀的目标检测算法。

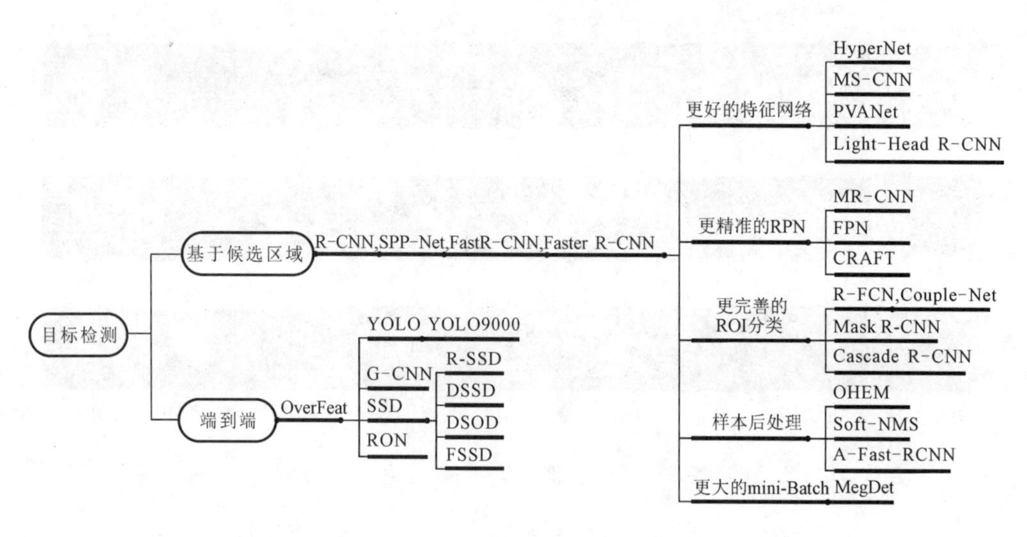

图 3-39　基于深度学习的目标检测算法脉络

以 R-CNN 算法为代表的基于候选区域的检测方法由于 RPN 结构的存在，虽然检测精度越来越高，但是其速度却遇到了瓶颈，比较难于满足部分场景实时性的需求。因此，出现了基于回归方法的端到端的目标检测算法。不同于基于候选区域的方法的分步训练共享检测结果，端到端的方法能实现完整单次训练共享特征，且在保证一定准确率的前提下，速度得到极大提升。目前，经典的基于深度学习端到端的目标检测算法主要有 OverFeat[38]、YOLO[39]、YOLOv2 & YOLO9000[40]、G-CNN[41]、SSD[42]、DSSD[43]等。

卷积神经网络[44]作为深度学习在图像领域的一个应用，其局部权值共享的特殊结构在图像处理方面有着独特的优越性，而且布局更加接近于实际的生物神经网络[45]。因此，许多专家学者通过将 CNN 结构分层组合，建立起一个视觉显著性计算模型，模拟人类视觉注意处理过程中的视觉和识别系统，从而形成了一类将深度学习与视觉显著性相结合的算法——深度显著性检测算法。现阶段，已有许多优秀的深度显著性检测算法，如 MDF[46]、MCDL[47]、LEGS[48]、DHSNet[49]和 RACDNN[50]等。

近年来，我们在深入研究深度学习理论知识后，基于现有的无人驾驶平台，结合面向网联的视觉感知需求，积极投入基于深度学习的视觉目标检测技术中，经过一段时间的积累，也获得了不少的理论与实践成果。

3.4.1　基于多视域图卷积网络的行人检测

行人检测是智能网联交通系统中的重要组成部分。对行人的准确检测可用于告知驾驶员道路上行人的确切位置，以实现更安全的驾驶。随着深度学习方法的兴起，以及大规模数据集、高性能图形处理器(Graphics Processing Unit，GPU)的出现，图像检测与分类任务不断取得重大进展，通过堆叠卷积层和池化层，深层的卷积神经网络可以提取更多抽象和语义层次的特征，而且极大提高了目标检测方面的性能。尽管如此，这些技术在应用于行人检测任务时仍然存在行人的尺度变化大、行人易被车辆或其他行人遮挡的问题(如图3-40所示)，这使得实时准确地对行人进行检测变得困难。由于行人检测在自动驾驶、监控等应用中具有巨大的潜力，因此已存在一些研究成果，并且已经提出了许多方法来应对尺度变化和遮挡问题。针对行人尺度变化的问题，Li等人[51]提出用多个子网络对不相连区域的多尺度行人进行检测，Zhang等人[52]采用了尺度感知的定位策略对行人进行检测。针对行人遮挡问题，目前已经存在众多方法用于处理遮挡问题，最常用的方法是通过学习一组特殊的模式检测器来检测遮挡的部分，最终通过这些集合输出检测结果。尽管这些方法解决了行人检测中面临的主要困难，提高了检测性能，但是它们也增加了计算复杂度，不适合实时系统。对于实时应用，设计低延迟检测框架以处理行人检测中的尺度变化、遮挡等问题，至关重要。

图3-40 多尺度行人(左)和被遮挡的行人(右)

鉴于上述问题，本课题组提出了一种基于多视域图卷积网络的行人检测方法[53]。该方法是一种基于多视域池化金字塔模块的单阶段检测器。在该检测模型中，通过具有最大池化层的特征金字塔模块提取多分辨率和多视域特征，用以检测多尺度变化的行人；接着，在金字塔模型的多尺度特征信息图像上分别建立人体部位图模型，并使用图卷积网络(Graph Convolutional Network，GCN)挖掘主体部分的关系，将特征传递到图节点，从而处理遮挡问题。此外，整个检测网络是单阶段的，并且可以用端到端的方式进行训练，

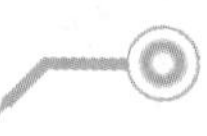

这不仅提高了行人的检测性能，而且提高了检测效率。

在本节提出的行人检测算法中(如图 3-41 所示)，采用 VGG16 网络模型作为主干卷积网络，对图像进行特征提取。由于深度卷积神经网络层的特征图具有较高的语义级别，但具有较低的空间分辨率，因此对于检测多尺度对象具有一定的作用，但是并不适用于小尺度目标；而相对较浅的卷积神经网络层的特征图具有较高的空间分辨率，对于小尺度物体检测而言效果更好。根据深度卷积神经网络与相对较浅的卷积神经网络对不同尺度对象检测效果的特点，我们提出了一种多视域池化金字塔模块，用于提取多分辨率特征图以应对行人尺度变化问题。与传统的基于 SSD 的检出方法相比，本节提出的模型使用最大池化来构建多分辨率特征金字塔，从而减少模型参数的数量，并节省时间；此外，本节提出的模型使用不同扩张率的卷积层学习多视域特征。通过此模型，可以使用不同上下文信息的特征来检测行人。

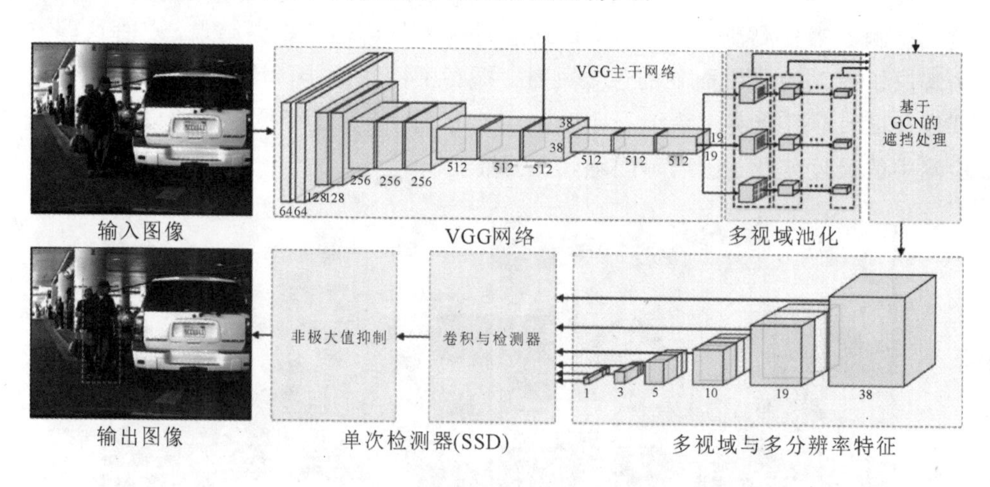

图 3-41　多视域图卷积网络的行人检测方法整体图

具体地，算法首先采用 Inception 模块[54]结构(如图 3-42 所示)对 VGG16 生成的特征图(F_{conv5_3})进行卷积，其分别采用核大小为 1×1 的 $Conv_1$、3×3 的 $Conv_3$ 和 5×5 的 $Conv_5$ 获取最终分辨率为 19×19 的特征图 F_1、F_2 和 F_3，如公式(3.33)所示：

$$\begin{cases} F_1 = \mathrm{Conv}_1(F_{\mathrm{conv5\_3}}) \\ F_2 = \mathrm{Conv}_3(F_{\mathrm{conv5\_3}}) \\ F_3 = \mathrm{Conv}_5(F_{\mathrm{conv5\_3}}) \end{cases} \tag{3.33}$$

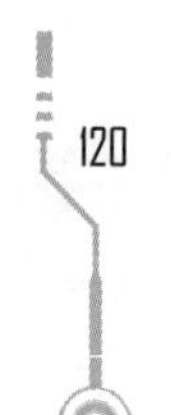

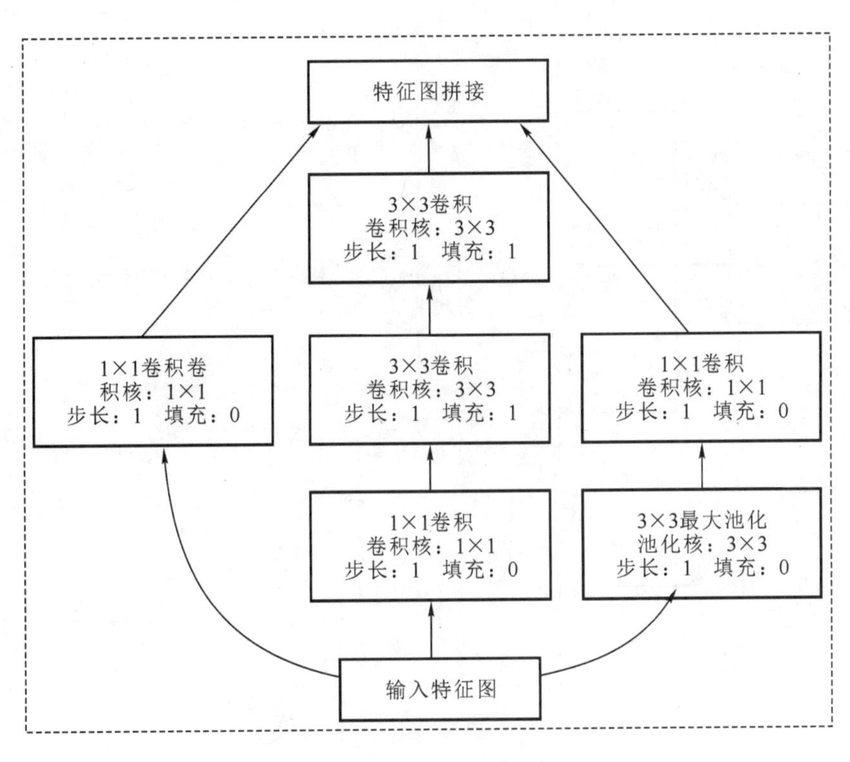

图 3－42 Inception 模块示意图

通过 Inception 模块能够提取具有多个局部上下文信息的特征图。为了进一步提取多视域特征，算法采用膨胀率为 1、3 和 5 的空洞卷积(记为 DilatedConv_1，DilatedConv_3 和 DilatedConv_5)分别对特征图 F_1、F_2 和 F_3 进行多视域特征提取，如公式(3.34)所示：

$$\begin{cases} F_{\text{mrc1}} = \text{DilatedConv}_1(F_1) \\ F_{\text{mrc2}} = \text{DilatedConv}_3(F_2) \\ F_{\text{mrc3}} = \text{DilatedConv}_5(F_3) \end{cases} \tag{3.34}$$

尽管多视域特征可用于改善行人检测性能，但这些特征仍然不能很好地检测具有不同尺度的目标。因此，本课题组提出了一种具有多个最大池化层的多视域和多上下文特征金字塔。具体地，算法对于每个特征图 F_{mrc1}、F_{mrc2} 和 F_{mrc3}，采用 5 个步幅为 2 的最大池化层分别进行降采样，以生成 5 个不同空间大小的特征图，如图 3－43 所示。

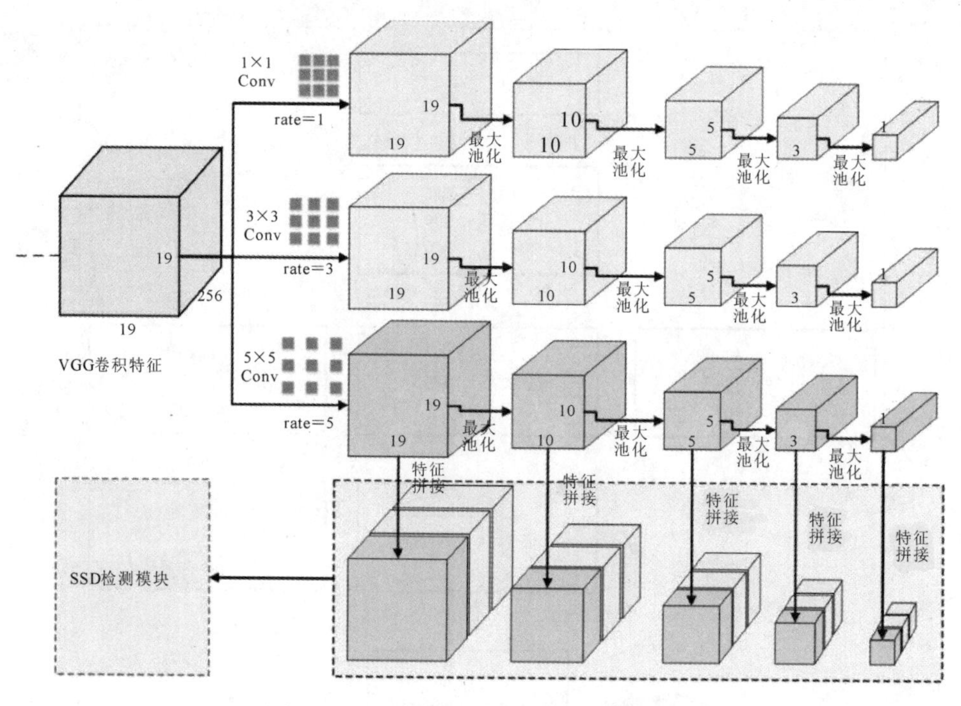

图 3-43　多视域池化金字塔模块图

算法将空洞卷积得到的多视域和多上下文特征图 F_{mrc1}、F_{mrc2} 和 F_{mrc3} 作为输入，进行最大池化运算，获得若干下采样特征图，将空间大小相同但视域和上下文不同的特征图连接在一起，即形成最终的特征图。以最终特征 F_{mrpp_1} 的运算过程为例，将最大池化操作记为 max_pooling，算法首先将特征图 $F_{\mathrm{mrc}i}$ $(i=1, 2, 3)$作为输入，获得的三个向下采样特征图为

$$\begin{cases} F_{\mathrm{mrc1}_j}=\mathrm{max\_pooling}(F_{\mathrm{mrc1}}) \\ F_{\mathrm{mrc2}_j}=\mathrm{max\_pooling}(F_{\mathrm{mrc2}}) \\ F_{\mathrm{mrc3}_j}=\mathrm{max\_pooling}(F_{\mathrm{mrc3}}) \end{cases} \tag{3.35}$$

其中，F_{mrc1_j}，F_{mrc2_j} 和 F_{mrc3_j} 分别表示特征图 $F_{\mathrm{mrc}i}$ 经第 j 次采样得到的第 j 级池化特征图；之后，算法将同一级池化特征图进行拼接，得到最终特征图。特征图拼接记为 concat，最终特征图如公式(3.36)所示：

$$F_{\mathrm{mrpp}_1}=\mathrm{concat}(F_{\mathrm{mrc1}_1}, F_{\mathrm{mrc2}_1}, F_{\mathrm{mrc3}_1}) \tag{3.36}$$

其中，F_{mrpp_1} 表示第一个最终特征，其他的特征 F_{mrpp_3} $(i=2, 3, \cdots, 5)$都通过上述方法进行计算。

遮挡是限制行人检测性能的另一个关键问题，在本节提出的行人检测算法中，为了能够提升检测算法在行人遮挡情况下的检测性能，本课题组在获取的特征图(F_{mrpp_i}($i=1, \cdots, 5$)和 Fconv_{4_3})之后采用了一种基于图卷积网络的遮挡处理方法。虽然堆叠的卷积神经网络能够有效地对结构化数据进行特征学习与提取，但它并不适合对非欧几里得数据进行特征学习。然而，图卷积网络(Graph Convolutional Network, GCN)作为谱滤波器的一阶近似，以图傅里叶变换为基础[55]，可以编码复杂的几何结构。因此，本节算法采用图卷积网络学习人体几何结构，提升算法对遮挡行人的检测能力。

对于图 $G=(V, E)$(其中 V 是 n 个节点的集合，E 是边的集合)，图的邻接矩阵为 $\boldsymbol{A}\in\mathbf{R}^{n\times n}$，对角度矩阵为 $\boldsymbol{D}\in\mathbf{R}^{(n\times n)}$，通过 $\boldsymbol{L}=\boldsymbol{D}-\boldsymbol{A}$ 计算拉普拉斯矩阵，其归一化形式为

$$\boldsymbol{L}=\boldsymbol{I}_n-\boldsymbol{D}^{-1/2}\boldsymbol{W}\boldsymbol{D}^{-1/2} \tag{3.37}$$

其中，归一化的 $\boldsymbol{L}$ 是一个对称的正半定矩阵，其正交分解可以表示为

$$\boldsymbol{L}=\boldsymbol{U}\boldsymbol{\Lambda}\boldsymbol{U}^{\mathrm{T}} \tag{3.38}$$

其中，$\boldsymbol{\Lambda}$ 是对角特征值矩阵，$\boldsymbol{U}$ 是特征向量矩阵。那么，傅里叶域中的谱图卷积可定义为

$$y=\boldsymbol{U}g_\theta\boldsymbol{U}^{\mathrm{T}}x \tag{3.39}$$

其中，g_θ 是归一化拉普拉斯矩阵 $\boldsymbol{L}$ 的特征值的函数。但这种形式的图卷积需要很高的计算成本，难以在大型的图应用中进行扩展，于是，通过截断的 K 阶切比雪夫多项式 $T_k(x)$ 来近似 g_θ：

$$g_\theta\approx\sum_{k=0}^{K}\theta_k T_k(\widetilde{\boldsymbol{\Lambda}}) \tag{3.40}$$

其中，$\widetilde{\boldsymbol{\Lambda}}=\dfrac{2}{\lambda_{\max}(\boldsymbol{\Lambda}-\boldsymbol{I}_n)}$，切比雪夫多项式定义为

$$\begin{gathered}T_k(x)=2xT_{k-1}(x)-T_{k-2}(x)\\ T_0=1,\ T_1(x)=x\end{gathered} \tag{3.41}$$

当 $(\boldsymbol{U}\boldsymbol{\Lambda}\boldsymbol{U}^{\mathrm{T}})^k=\boldsymbol{U}\boldsymbol{\Lambda}^k\boldsymbol{U}^k$ 时，输入信号 $x\in\mathbf{R}^n$ 的图卷积可表示为

$$y=\sum_{k=0}^{K}\theta_k T_k(\widetilde{\boldsymbol{L}})x \tag{3.42}$$

通过近似 $\lambda_{\max}\approx 2$ 和 $K=1$，图卷积可以表示为

$$y=\widetilde{\boldsymbol{D}}^{-1/2}\widetilde{\boldsymbol{A}}\widetilde{\boldsymbol{D}}^{-1/2}\boldsymbol{X}\boldsymbol{\Theta} \tag{3.43}$$

其中，$\boldsymbol{\Theta}$ 是参数矩阵，$\boldsymbol{X}$ 是 $N\times C$ 的 C 维特征向量。通过堆叠多个 GCN 层，算法能够学习几何特征。本节提出的算法通过构建身体部位图，并采用图卷积来应对行人遮挡问题。算法在特征图上分别建立人体部位图模型，如图 3-44 所示，以第一个最终特征图为例，在 F_{mrpp_1} 的每个 3×1 滑动窗口上建立一个图，并假设图的三个特征向量代表一个人的"头""身体"和"腿"。

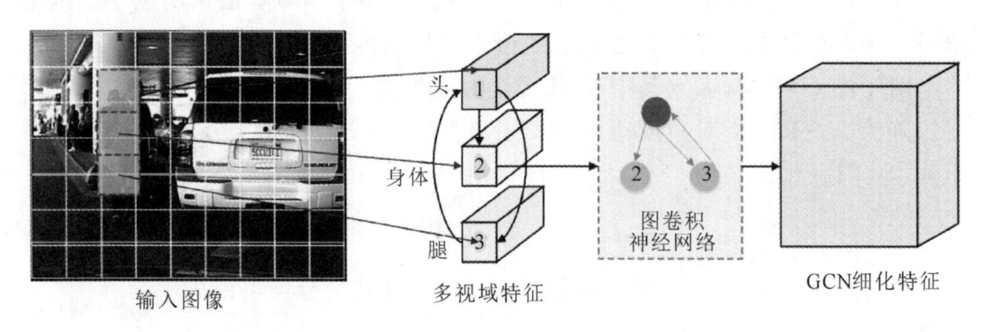

图 3-44　基于图卷积网络的遮挡处理模型图

根据先验知识，"头"和"腿"对于确定一个人是否存在至关重要。因此，算法构建了一个人体部位图，用以将特征从"头"传播到"腿"和"身体"，以及将特征从"腿"传播到"头"。该图的邻接矩阵为

$$\boldsymbol{A}=\begin{bmatrix}1 & 1 & 1\\1 & 1 & 0\\1 & 0 & 1\end{bmatrix} \tag{3.44}$$

此外，图的度矩阵为

$$\boldsymbol{D}=\begin{bmatrix}3 & 0 & 0\\0 & 2 & 0\\0 & 0 & 2\end{bmatrix} \tag{3.45}$$

本节提出的算法在采用 GCN 提取人体结构信息前，先在 F_{mrpp_3} 和 F_{mrpp_4} 上使用 1×1 卷积层进行特征转换，然后使用滑窗法来获取 3×1 特征向量并密集地构建图，最后在每个图上将归一化的邻接矩阵 $\widetilde{\boldsymbol{A}}$ 乘以卷积特征向量。实现过程如公式(3.46)所示：

$$X=\mathrm{conv}_{1\times 1}(X)$$

$$y_i = \widetilde{\boldsymbol{D}}^{-1/2}\widetilde{\boldsymbol{A}}\widetilde{\boldsymbol{D}}^{-1/2}X_{g_i},\ i=1,\ \cdots,\ k \tag{3.46}$$

其中，X_{g_i} 是特征图 X 上的第 i 个图(共 k 个)。

本节提出的算法基于 SSD 检测器，在训练过程中，通过多任务损失函数优化模型参数，该损失函数为

$$L = L_{\text{cls}} + \alpha L_{\text{loc}} \tag{3.47}$$

其中，L_{cls} 为目标类别分类损失，L_{loc} 为目标位置检测损失，α 是用于平衡两种损失的参数。

分类损失为多类别的 softmax 损失，其公式为

$$L_{\text{cls}} = -\frac{1}{N}\sum_{i=1}^{N}\sum_{j=1}^{k} t_{i,j}\log(p_{i,j}) = -\frac{1}{N}\sum_{i=1}^{N} y\log(p_{i,j}) \tag{3.48}$$

其中，$t_{i,j}$ 表示第 j 个类别中的第 i 个预测框与相应类别是否匹配，y 为训练数据的标签类别，$p_{i,j}$ 为预测的 softmax 输出，即

$$p_{i,j} = \frac{\exp(y_j)}{\sum_{k=1}^{K}\exp(y_k)} \tag{3.49}$$

目标位置检测损失采用了平滑 L_1 损失，对预定义边界框和预测边界框之间中心点(x_c，y_c)、宽度(w)、高度(h)的偏移量进行回归，即

$$L_{\text{loc}} = \sum_{i=1}^{N} t_{i,j}\,\text{smooth}_{L_1}(p_{\text{box}},\ g_{\text{box}}) \tag{3.50}$$

其中，p_{box} 为目标位置预测参数，g_{box} 为训练数据标签中的位置参数。

在检测阶段，对所有预测值所对应的预测框，按照预测类别为行人的概率从大到小排列，并从概率最大的预测框开始，计算其余预测框与当前概率最大预测框的重叠度，丢弃重叠度大于设定阈值的预测框并标记。循环上述步骤，直到全部筛选完毕，得到最终的预测框及预测类别概率值，即完成行人目标的检测。

本课题组采用 Pascal VOC 2007 数据集和 Caltech 行人检测数据集对本节提出的算法进行测试。Pascal VOC 2007 是一个通用的目标检测数据集，主要用于对所提出算法的目标检测泛化能力进行评估；Caltech 行人检测数据集由约 25 万张城市场景图像组成，主要用于评估算法在城市场景下对行人目标的检测能力。算法在对这两个数据集测试阶段，将初始学习率设置为 4e－3，并使用随机梯度下降法对模型进行优化。

本节提出的算法在Pascal VOC 2007数据集上的检测结果见表3－5。本课题组将所提出的行人检测算法与三种主流目标检测算法(Fast R-CNN、Faster R-CNN、SSD)进行了比较，其中SSD是本节提出的检测模型框架的基准方法(SSD300表示使用300×300大小的输入图像)。上述所有方法都利用VGG主干网络以进行公平的比较。如图3－45所示，本节提出的算法实现了最佳检测性能，尤其是在“人”类别中。该算法也极大地提高了检测性能，并且高于基准算法SSD，如图3－46所示。同时，从结果中可以看到，算法中采用的多视域池化金字塔模块和图卷积网络模块在基准算法上分别提高了3.6%mAP和1.8%mAP。

表3－5 Pascal VOC 2007数据集的实验结果

方法	mAP	Aero	Bike	Bird	Boat	Bottle	Bus	Car	Cat	Chair	Cow
Fast R-CNN	66.9	74.5	78.3	69.2	53.2	36.6	77.3	78.2	82.0	40.7	72.7
Faster R-CNN	69.9	70.0	80.6	70.1	57.3	49.9	78.2	80.4	82.0	52.2	75.3
SSD300	68.0	73.4	77.5	64.1	59.0	38.9	75.2	80.8	78.5	46.0	67.8
SSD300＋MRPP	71.6	73.1	81.4	69.3	63.6	42.7	80.2	83.1	80.2	50.1	74.7
SSD300＋MRPP＋GCN	73.4	79.8	82.6	68.7	65.7	44.3	83.7	85.3	83.7	52.2	78.9
方法		Table	Dog	Horse	Mbike	Person	Plant	Sheep	Sofa	Train	TV
Fast R-CNN	—	67.9	79.6	79.2	73.0	69.0	30.1	65.4	70.2	75.8	65.8
Faster R-CNN	—	67.2	80.3	79.8	75.0	76.3	39.1	68.3	67.3	81.1	67.6
SSD300	—	69.2	76.6	82.1	77.0	72.5	41.2	64.2	69.1	78.0	68.5
SSD300＋MRPP	—	67.1	79.4	84.2	80.8	73.2	48.6	67.8	74.7	84.1	71.5
SSD300＋MRPP＋GCN	—	70.0	81.7	85.3	80.7	77.8	49.1	68.2	76.0	84.3	73.0

对于Caltech数据集，本课题组首先在其5个多尺度测试子集(Reasonable、All、Near、Middle及Far)上，将所提出的行人检测算法与RPN＋BF、SA－Fast R-CNN、MS－CNN、ADM、F－DNN＋SS、SDS－RCNN和TLL七种行人检测算法进行比较，测试结果如表3－6所示，从结果中可以看出，本课题组所提出的行人检测算法相对于其他算法对不同尺度行人目标的检测效果及检测效率都具有一定的优势。

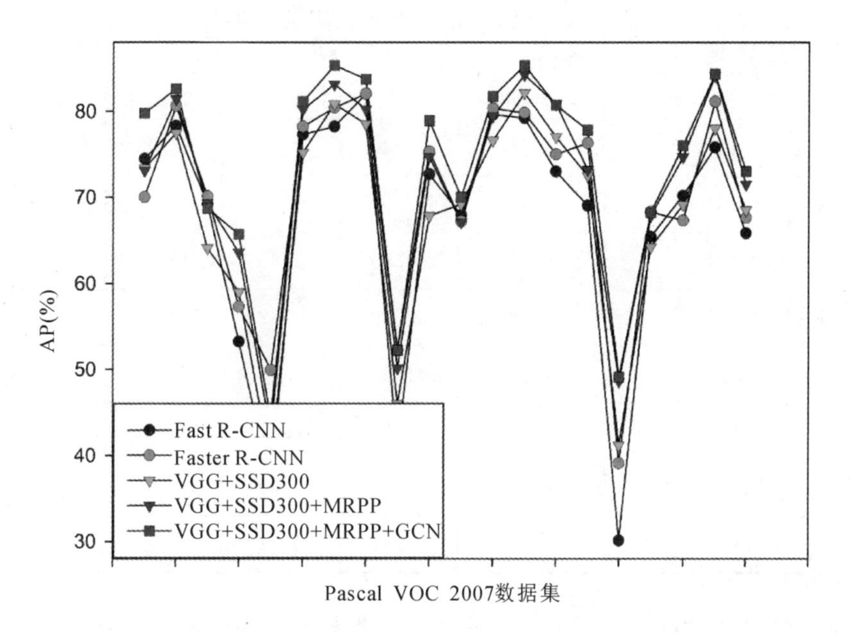

图 3-45　Pascal VOC 2007 数据集的实验结果

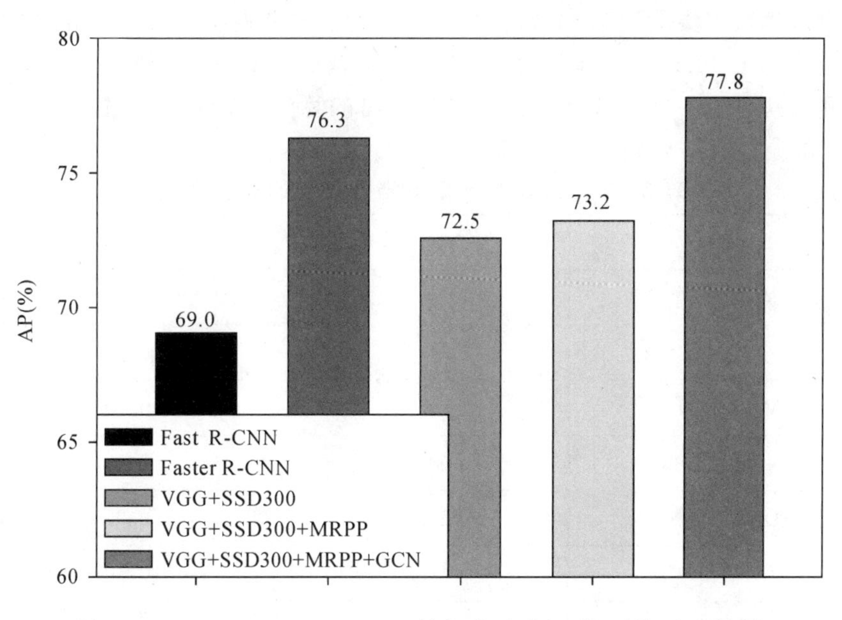

图 3-46　Pascal VOC 2007 数据集中“人”类别的对比结果

表 3－6　Caltech 数据集的实验结果

方法	MR(%)				
	Reasonable	All	Near	Middle	Far
RPN＋BF[52]	9.58	64.66	2.26	53.93	100
SA－Fast R-CNN[51]	9.68	62.59	0.00	51.83	100
MS－CNN[56]	9.95	60.65	2.60	49.13	97.23
F－DNN＋SS[57]	8.18	50.29	2.82	33.15	77.37
SDS－RCNN[58]	7.36	61.50	2.15	50.88	100
ADM[59]	8.64	42.27	0.41	30.82	74.53
TLL[60]	8.45	39.99	0.67	26.25	68.03
本节算法	8.79	45.47	2.13	43.60	75.70

为了检测算法对遮挡行人的检测能力，课题组将提出的算法在 Caltech 数据集的严重遮挡、中度遮挡及正常遮挡三个子集上进行测试，并且评估了算法在严重遮挡数据集上的结果(如表 3－7 所示)。结果表明，本节提出的行人检测算法取得了 49.69%的检测丢失率(丢失率越低，算法性能越好)，相对于其他检测算法具有一定的优势，并且本节提出的算法在计算效率上较其他算法更高，部分检测结果如图 3－47 所示。

表 3－7　Caltech 严重遮挡数据集的实验结果

方法	MR(%)	运行时间/s
RPN＋BF[52]	74.36	0.36
SA－Fast R-CNN[51]	64.35	0.59
MS－CNN[56]	59.94	0.10
F－DNN＋SS[57]	53.76	2.48
SDS－RCNN[58]	58.55	0.26
JL－TopS[61]	49.20	0.60
GDFL[62]	43.18	0.05
本节算法	49.69	0.032

图 3-47　Caltech 数据集检测结果图

3.4.2　基于共享卷积神经网络的交通标志检测与识别算法

传统的交通标志检测与识别技术由两部分构成，分别为交通标志的检测与交通标志的识别。检测阶段通常采用颜色分割、选择性搜索等方法得到交通标志候选区域，识别阶段对得到的候选区域进行特征提取，并利用分类器识别出交通标志的具体类型。针对传统交通标志检测存在大量冗余计算、识别精度低等弊端，本节提出一种基于共享卷积神经网络的交通标志检测与识别算法，其中检测阶段与识别阶段共享卷积神经网络参数。算法通过对包含交通标志的原始图像进行操作，输出交通标志的具体类型及位置参数。算法的整体框架如图 3-48 所示，主要包含改进的 RPN 检测网络和基于 SPPNet 改进的识别网络两大部分。

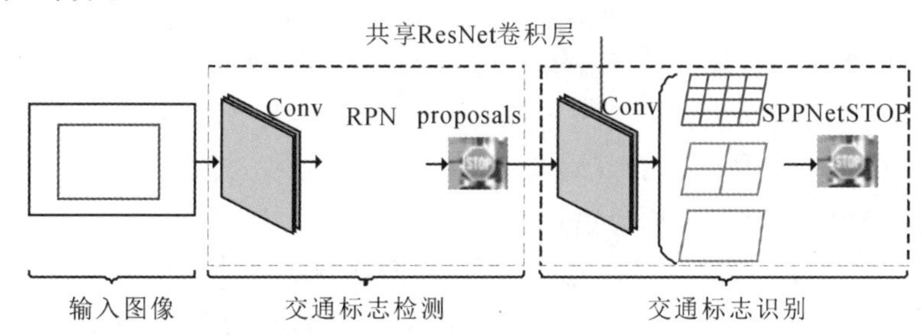

图 3-48　基于共享卷积神经网络的交通标志检测与识别算法框架

1. 改进的 RPN 检测网络

RPN 网络全称为区域建议网络(Region Proposal Network)，网络的输入为经卷积特征网络处理得到的卷积特征图，然后将滑动窗口依次在卷积特征图上滑动，而为了准确检测不同尺度的交通标志，以滑动窗口的中心为锚点(Anchor)设置了基于输入图像的不同尺度的锚点窗口，并对每一锚点窗口对应的卷积特征图进行卷积操作，得到固定维数的特征向量，最后再利用两个全连接层输出锚点窗口的属性(目标候选区域或背景)及位置参数。提出的改进的RPN检测网络结构如图3-49所示。

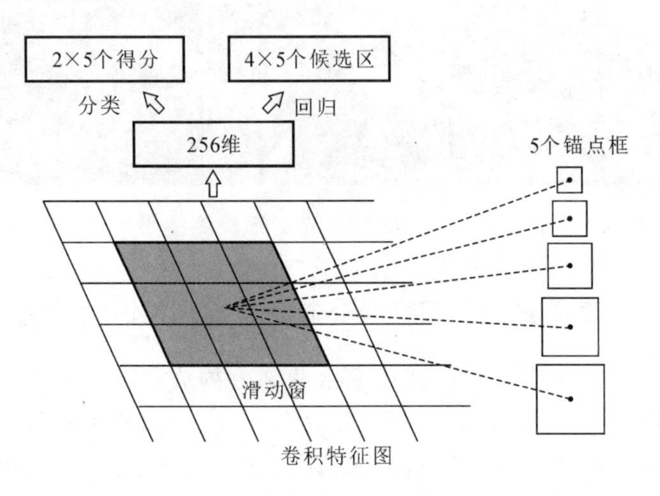

图3-49　改进的RPN检测网络结构

由于交通标志大小的不规则性，以及采集图片的距离不同，可能导致在交通标志检测过程中出现大范围漏检的情况，因此必须采用多种尺度窗口对交通标志进行检测。算法利用锚点对RPN网络进行改进，锚点位于滑动窗口的中心处，图3-49中3×3滑动窗口的中心即是锚点的位置，通过锚点我们可以在一个滑动窗口中同时预测多个交通标志候选区域。通常以锚点为中心，按照倍数和长宽比例在输入图像中得到不同大小的锚点窗口。但是，针对算法所应用的场景为交通标志，我们选取固定比例的正方形窗口来进行交通标志检测，采用了5种可能的窗口大小，即16×16、32×32、64×64、128×128、256×256，这些预测窗口称为锚点窗口。

改进的RPN网络输入是经过卷积神经网络得到的卷积特征图，通过对卷积特征图进行锚点操作，并利用直接相连的全连接层操作输出交通标志候选区域及位置参数，显然输入图像的特征表示能力，即卷积特征图在整个交通标志检测网络中扮演着重要的作用。在传统的RPN网络结构中，通常选用ZF网络或者VGG网络作为卷积特征提取层对输入图片进行特征提取，但是随着深度卷积神经网络模型的快速发展，ResNet残差卷积网络模型在卷积特征提取上更加优秀，对目标的特征表达能力更强，同时在交通标志检测阶段对交通标志候选区域和背景的分类效果更加明显，因此，算法所采用的基于 RPN 改进的交通标志检测网络中，以残差卷积神经网络 ResNet 作为特征提取层，交通标志检测网络结构如图 3－50 所示。

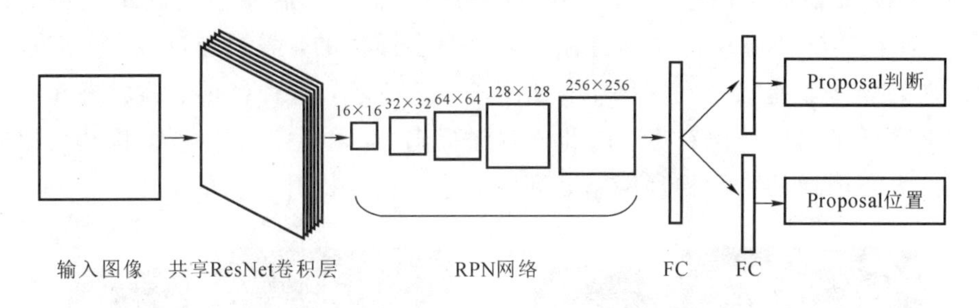

图 3－50　交通标志检测网络结构图

该网络允许任意大小含有交通标志的图像作为输入，最终得到锚点窗口的集合，并且每个锚点窗口都有检测得分，来决定是否为交通标志候选区域或者背景区域。该网络使用全卷积网络对区域建议网络建模。在最后实现时可以选用常用的卷积网络模型作为基础网络结构，但是最终我们选用 ResNet－34 网络来进行卷积特征提取，其结构包括 5 个卷积块，其中每个块包含不同个数的残差单元，如图 3－51 所示。

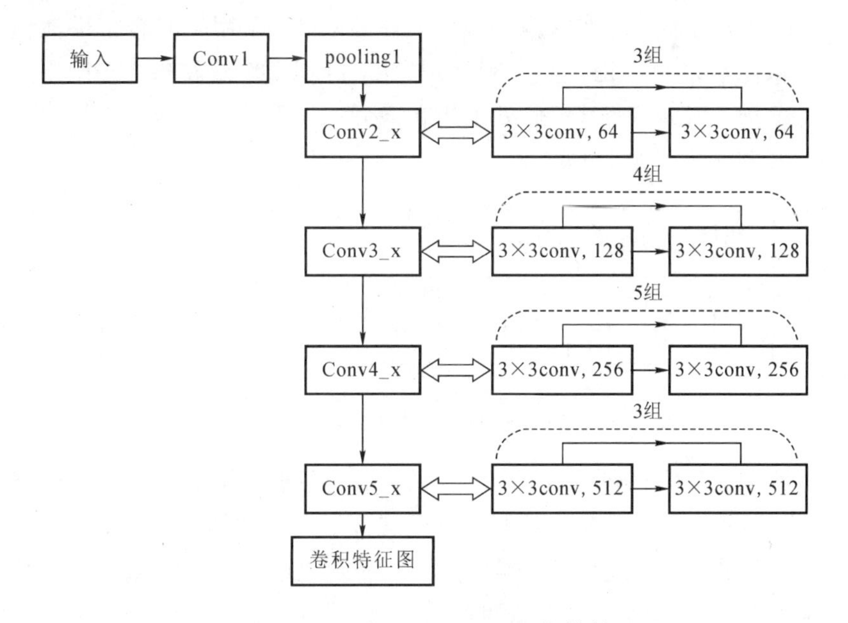

图 3－51　ResNet－34 网络结构

2. 改进的SPPNet识别网络

空间金字塔池化网络即Spatial Pyramid Pooling Net(SPPNet)，是何凯明等人在2014年提出的算法，主要用于提高目标检测的精度。在传统的卷积神经网络中，往往对于网络结构已经固定的模型而言，需要输入固定大小的图像，然而在实际环境中待检测目标的大小是多样化的，需要经过裁剪、缩放等一系列的操作才能输入到网络中，如图3-52所示，这种裁剪、缩放操作很大程度上降低了目标检测精度。因此该算法提出"空间金字塔池化"，构建可以输入任意大小图像的卷积神经网络，将目标检测精度提升到新的高度。

(a)裁剪　　(b)缩放

图3-52　图像裁剪、缩放操作

从原理上看，在卷积神经网络的实现中，并不需要输入固定大小的图像，而且这样会生成任意大小的卷积特征图，但是全连接层对输入的大小有明确的要求。因此，为了对图像的输入不做具体的限制，采用空间金字塔池化来解决全连接层的输入归一化。如图3-53所示，区别于传统卷积神经网络对输入图像进行裁剪、缩放等操作，此处采用在最后一个卷积层与全连接层之间增加SPP层，来生成固定大小的输出。

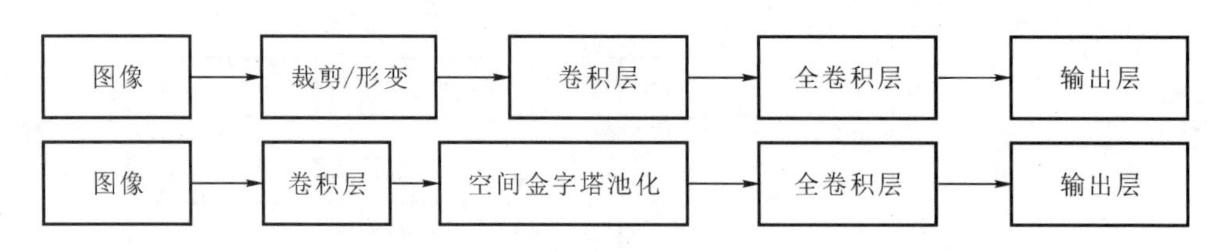

图3-53　增加SPP层的网络结构

通常来讲，我们将包含有SPP层的卷积神经网络称为SPPNet，网络结构如图3-54所示。在最后一个卷积层与全连接层之间增加SPP层，即最后一个卷积层输出不同大小的卷积特征图后，在特征图上以不同大小的块继续提取特征，块的大小包括4×4、2×2和1×1，则按照这三种分割方式对维度为256的特征图进行分割，可以得到16+4+1=21种不同的切割区域，分别在每一

区域内取最大值池化，即可以得到21组256维特征。这种以不同大小的分割区域的组合方式来池化的操作就是空间金字塔池化过程。

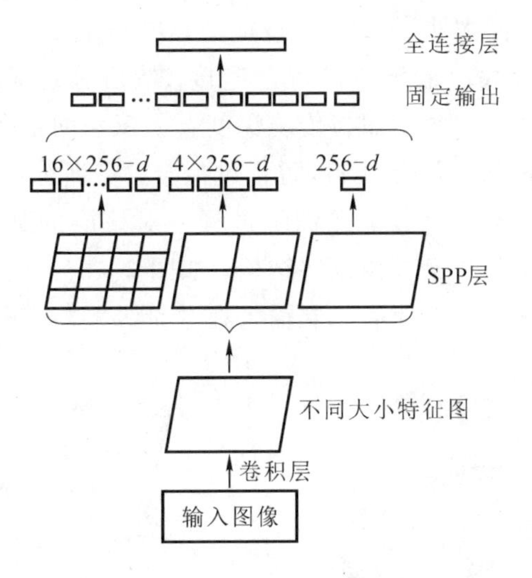

图3-54　SPPNet网络结构

为了准确识别出不同尺度的交通标志，在交通标志识别网络中增加SPP层是比较合适的选择。算法采用基于RPN改进的交通标志检测网络从输入图像中获得形状不一的交通标志候选区域，而识别网络对不同尺度的候选区域进行处理，将每一个交通标志候选区域通过空间金字塔池化固定到相同尺度的输出，再直接与两个全连接层相连，分别输出得到的交通标志候选区域的分类结果以及边框位置参数。基于改进的SPPNet交通标志识别网络结构如图3-55所示。

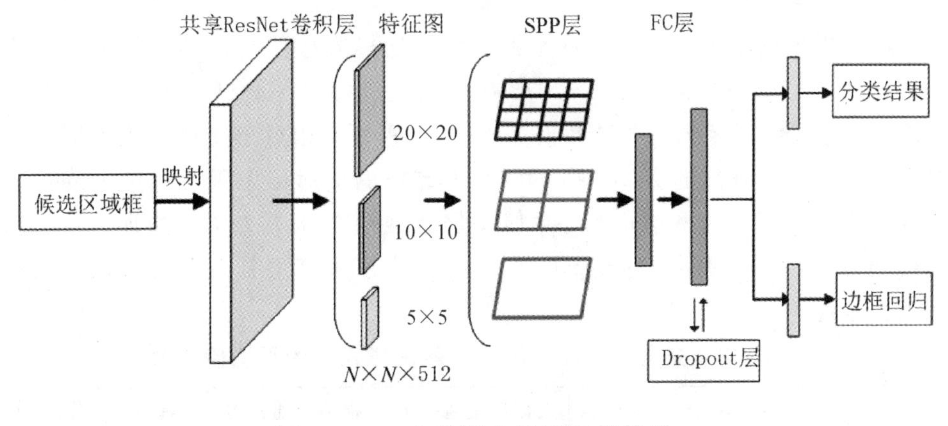

图3-55　交通标志识别网络结构

为了能够将改进 RPN 交通标志检测网络中得到的交通标志候选区域进行统一的分类和边框定位，首先通过共享的 ResNet 卷积神经网络对候选区域进行特征映射，得到不同大小的 512 维特征图；再利用 SPP 层将不同尺度的卷积特征图池化到固定大小输出并进行全连接；然后分别通过两个全连接层进行候选区域分类和边框回归。而与传统深度卷积识别网络所不同的是，我们设计的网络为了增强网络的泛化能力，防止过拟合，在训练识别网络时在第一个全连接后引入一个 Dropout 层，在训练过程中对该层的某些节点进行一定概率的抑制，而在测试环节又去掉该层结构，如图 3-56 所示，但是对上一层的输出要乘以相应的概率，以使后一层输入在数量级上与上一层保持相同。

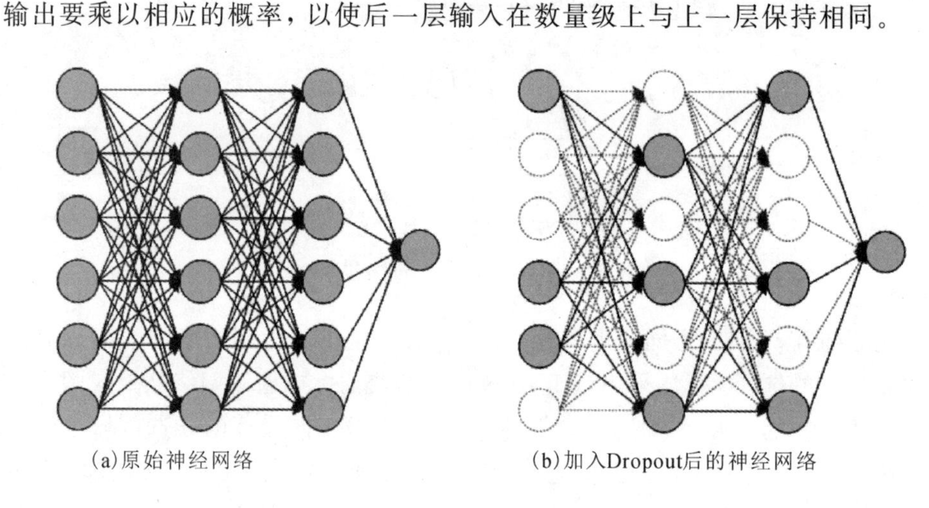

图 3-56　加入 Dropout 后神经网络的变化

3. 算法测试

本节提出的基于共享卷积神经网络的交通标志检测与识别算法整体采用端到端的网络训练方式。在 GTSDB 数据集上进行训练测试，网络基于 Caffe 深度学习框架设计实现。测试数据如表 3-8 所示。相对于交通标志不同尺度对交通标志检测算法的影响，损坏以及被遮挡的交通标志很大程度上降低了交通标志检测算法的平均检测率，但是仍然维持在 85%左右，并且对于小目标交通标志，平均检测率达到 94%以上，证明了该算法具有较高的识别率及识别稳定性。

表 3-8　交通标志在四种不同表现形式下的平均检测率

交通标志类型	小目标交通标志	大目标交通标志	损坏交通标志	遮挡交通标志
平均检测率	94.3%	95.5%	88.6%	84.7%

算法对 43 类不同交通标志的平均识别率维持在 95%左右(如图 3－57 所示),而某些类别的交通标志的识别率较低是由于天气状况或者光照强度导致的图片不清晰而造成的识别难度增加。当测试样本足够大时,这种误差将会大大减小。

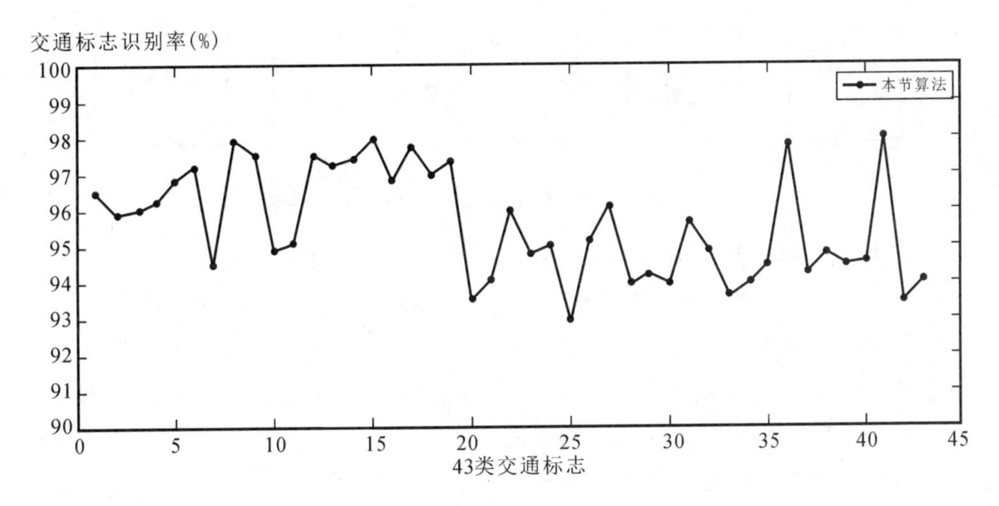

图 3－57　43 类交通标志的识别率

3.4.3　基于改进的 LeNet－5 网络的路面裂缝定位算法

裂缝类病害是公路的主要病害之一,也是路面破损检测的重要内容,在裂缝出现的初期对其进行修补可以有效减小损失。因此,路面裂缝的自动检测具有重要的现实意义。虽然当前关于裂缝检测算法的研究已取得很多成果,但路面环境复杂多变,一种算法往往无法适用于多种路面状况,算法的通用性不高,且常常难以达到预期效果,因此检测算法还需进行进一步的优化和改善。继续深入研究裂缝自动检测技术,使其更加准确、高效、稳定,从而降低养护成本是十分有必要的。

通常情况下,含有裂缝的路面区域占路面总面积的比例较小,因此没有必要对整幅路面图像进行裂缝检测。若是能够在进行裂缝分割前先将无裂缝的区域剔除,仅对存在裂缝的区域进行检测,不但能提高检测效率和检测精度,还可以减少伪裂缝的产生,简化后续处理步骤。

本节提出了一种基于改进的 LeNet－5 网络[63],可实现对裂缝区域的初始定位,如图 3－58 所示。算法首先通过改进的基于亮度高程模型的匀光算法对路面图像进行匀光处理,消除路面图像亮度分布不均匀的现象,以提高训练和识别精度；然后建立基于改进的 LeNet-5 网络，对标记过的子块路面图像进行训练，得到裂缝识别定位模型；最后对路面图像进行分块处理，通过训练好的网络对各子块进行有无裂缝目标的识别，并对裂缝区域进行标记，实现裂缝区域的初定位。

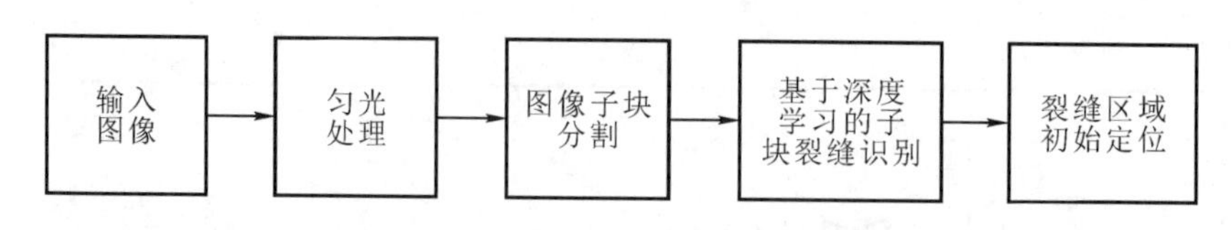

图 3-58　路面裂缝区域初定位流程图

算法的识别模型采用 LeNet-5 网络，该网络结构如图 3-59 所示。该网络中包含两个卷积层、两个池化层和两个全连接层。第一个卷积层由 20 个特征图构成，卷积核大小为 5×5；第二个卷积层由 50 个特征图构成，卷积核大小也是 5×5；池化层核大小均为 2×2；全连接层神经元数分别为 500 和 10，第二个全连接层直接输出结果，数据的分类判断在这一层中完成。由于本节的分类结果为两类，即完好路面图像和含有裂缝的路面图像，因此将第二个全连接层的输出设为 2。我们设计的网络将非线性层的激活函数 Sigmoid 换成了 Relu。激活函数决定神经网络的数据处理方式，并影响神经网络的学习能力。如果没有激活函数，每一层的输出都是上层输入的线性函数，那么无论神经网络有多少层，输出都是输入的线性组合，也就是最原始的感知机。

网络的训练和测试结构如图 3-60 所示。

我们对训练数据集进行了 4000 次训练，每训练 200 次对测试集进行一次测试。网络的训练过程如图 3-61 所示。由图可知，损失值在经过 1500 次迭代后基本不再变化并趋于零，网络已经收敛，对应图 3-61(b)的测试集值也在相应位置之后保持稳定。我们在传统的神经网络训练完成后再自己通过新数据进行网络测试，最终训练的准确率达到 0.9399。

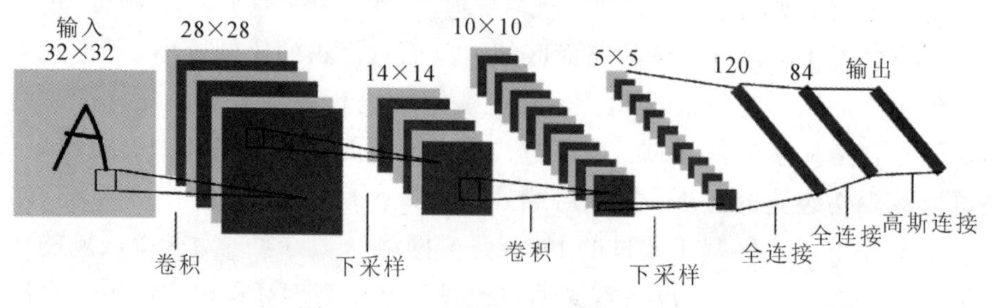

图 3-59　LeNet-5 网络结构

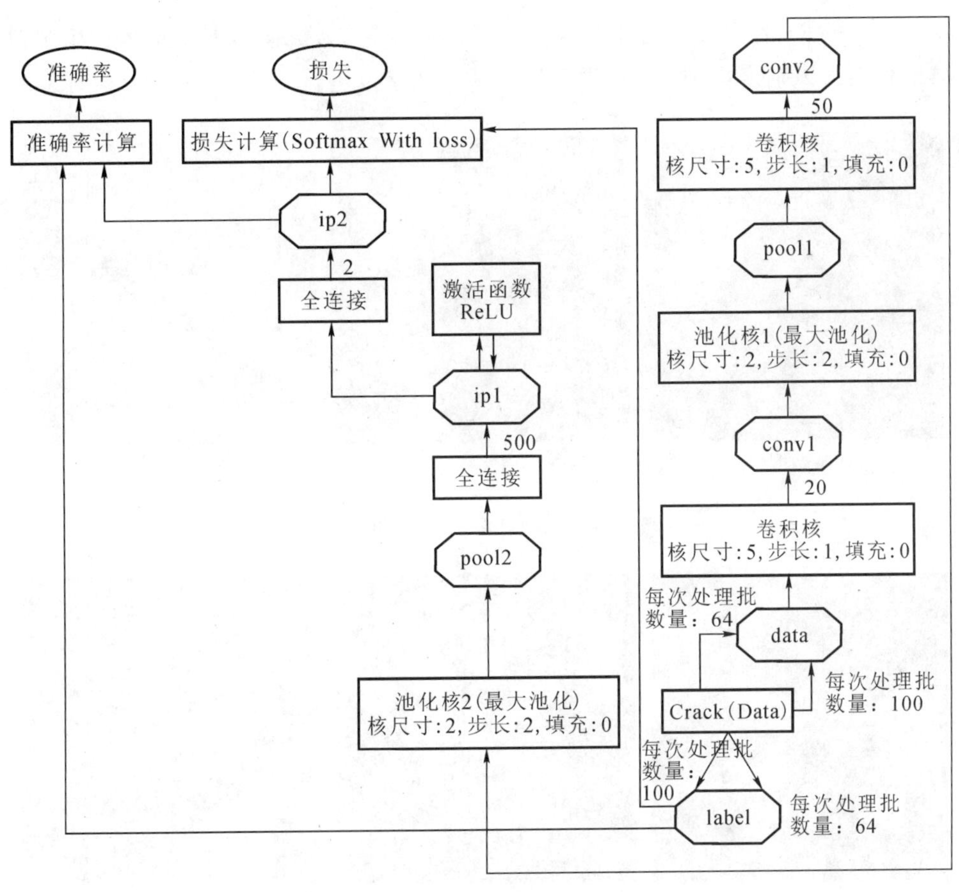

图 3-60　网络的训练和测试结构

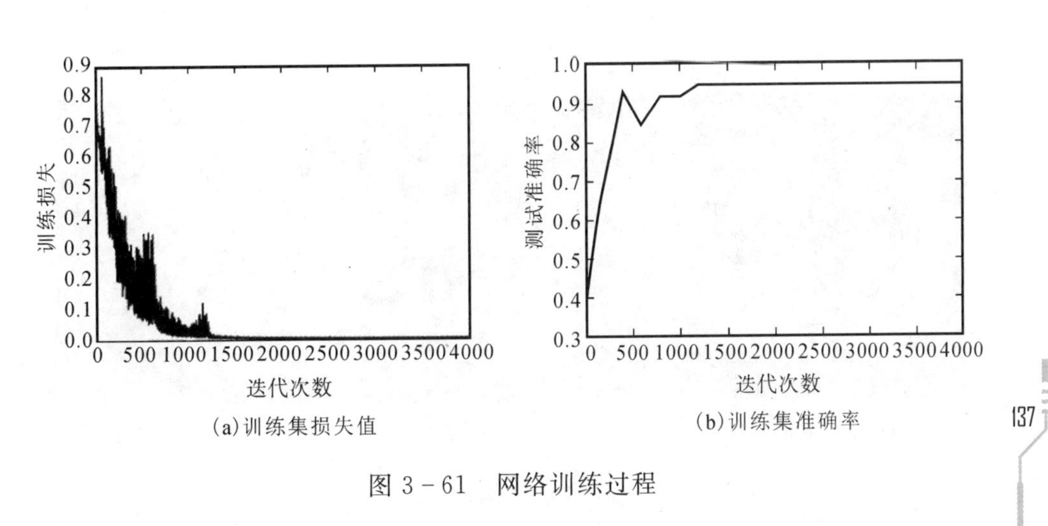

(a)训练集损失值　　(b)训练集准确率

图 3-61　网络训练过程

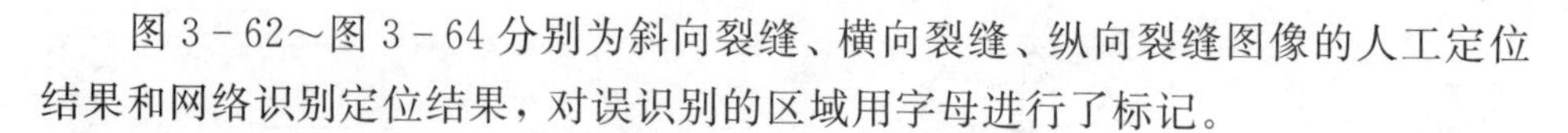

图 3-62～图 3-64 分别为斜向裂缝、横向裂缝、纵向裂缝图像的人工定位结果和网络识别定位结果，对误识别的区域用字母进行了标记。

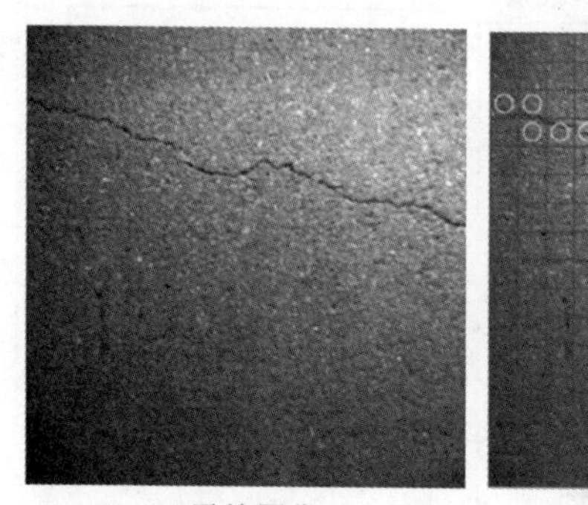

(a) 原始图像

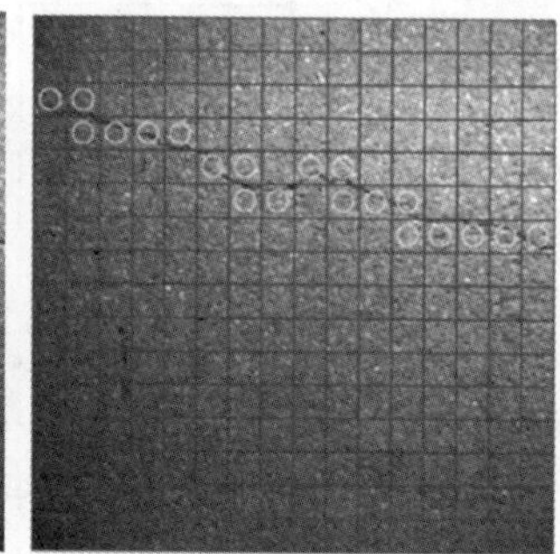

(b) 人工标记图像

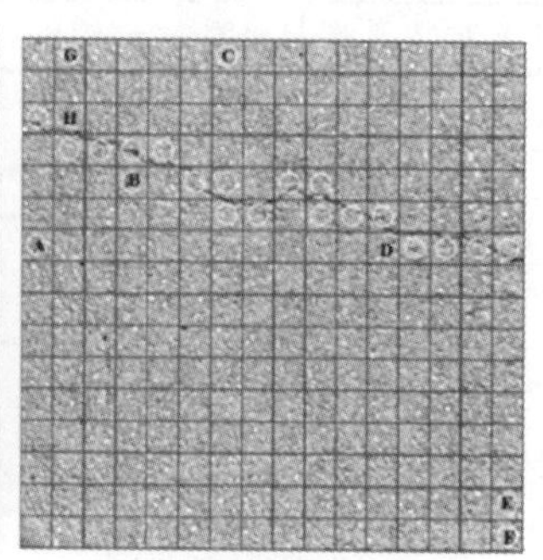

(c) 网络识别效果图

图 3-62　斜向裂缝

(a) 原始图像

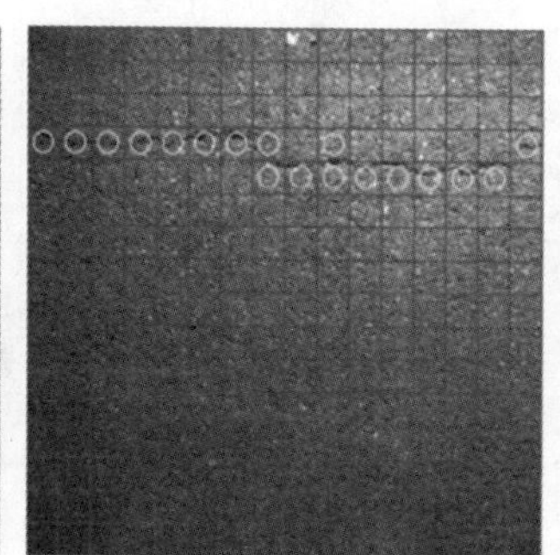

(b) 人工标记图像

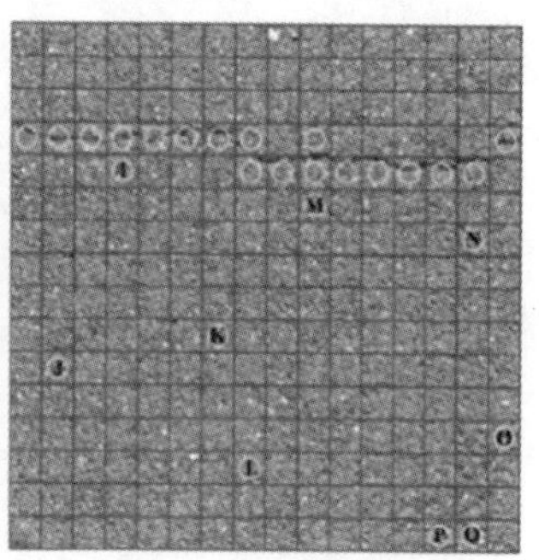

(c) 网络识别效果图

图 3-63　横向裂缝

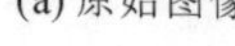

(a) 原始图像

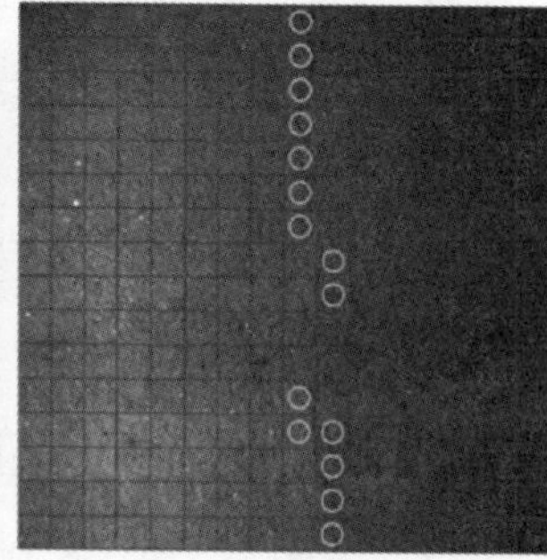

(b) 人工标记图像

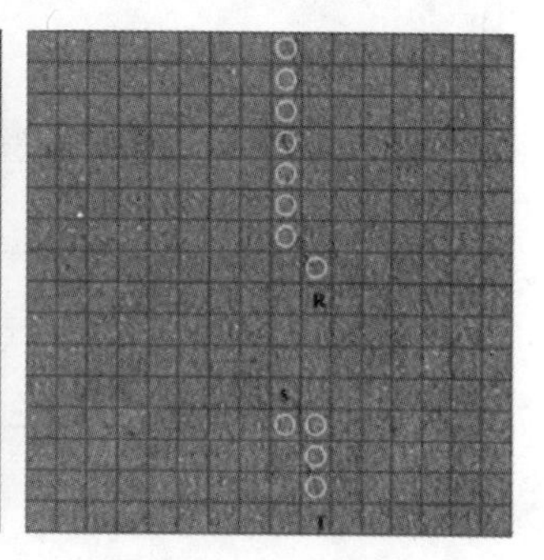

(c) 网络识别效果图

图 3-64　纵向裂缝

为了便于对误识别区域进行分析，我们将错误识别的子块图像提取出来，并分为漏检和错检两类，其中错检子块是被误识别为裂缝的非裂缝区域，漏检子块是未被检出的裂缝区域，分别如图 3－65 和图 3－66 所示。

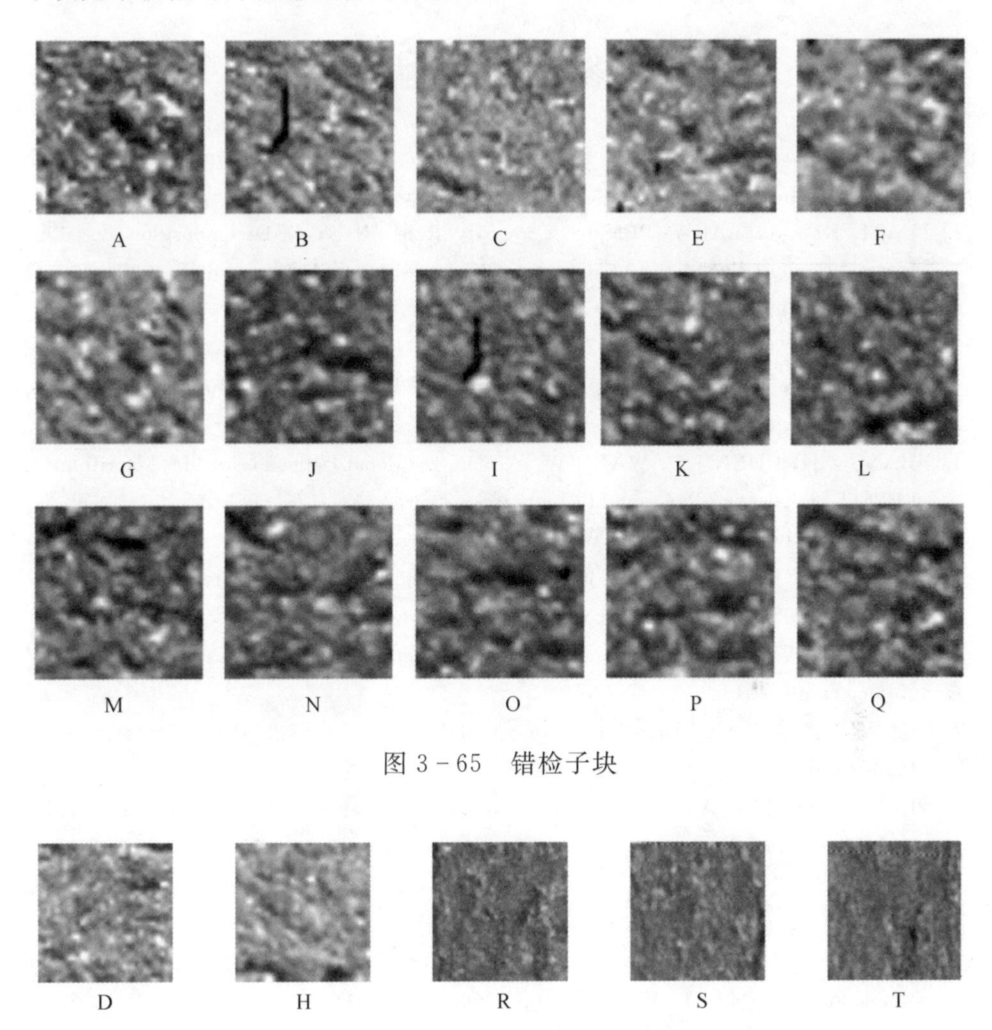

图 3－65　错检子块

图 3－66　漏检子块

通过对这些误识别的子块图像进行分析不难发现，错检子块中都含有类似线状的结构，其中子块 B 和 J 中是由于存在图像采集时造成的黑色线状噪声，其余子块则是因为包含较明显的线状纹理，这些结构在形状和灰度上都与裂缝目标极其相似，因此容易被误识别为裂缝子块。漏检子块 D、H、R、S 在分割后肉眼可以看到边缘处有较不明显的线状结构，但由于图像边缘处在卷积模板进行特征提取时效果较差，因此可能会产生边缘处线状目标的遗漏；T子块通过观察完整路面图像时可根据裂缝的宏观连续性判断为裂缝，单独分析该子块则线状特征并不明显，极易造成漏检。

参考文献

[1] LATECKI L J, LAKÄMPER R. Application of Planar Shape Comparison to Object Retrieval in Image Databases[J]. Pattern Recognition, 2002, 35(1):15-29.

[2] LATECKI L J, LAKÄMPER R. Convexity Rule for Shape Decomposition Based on Discrete Contour Evolution [J]. Computer Vision & Image Understanding, 1999, 73(3): 441-454.

[3] PAN Y, ZHAO J L, XU Z G, ZHAO X M. An Algorithm of License Plate Location and Recognition in Low Illuminance Environment Based on Texture Feature[J]. Journal of Highway and Transportation Research and Development, 2015, 32(7):140-148.

[4] JIANG Z H, CHEN J R, WANG W. A Non-traditional Deflection-rectify Algorithm for LPR[J]. Application Research of Computers, 2006, 23(3):175-177.

[5] GAO X B, LIANG D Q, LI W J. A new recognition method for number and letter characters of license plate[J]. Journal of Liaoning Normal University (Natural Science Edition), 2005, 28(1):56-58.

[6] HOU L W. Video-Based Automatic Passenger Counting Algorithm Research[D]. Chang'an University, 2013.

[7] CANNY J. A Computational Approach to Edge Detection[J]. IEEE Transactions on Pattern Analysis and Machine Intelligence, 1986, 8(6):679-697.

[8] LI X F, MEI Z H. An Algorithm of Background Extraction Based on Statistics of bining with Multi-frame Average[J]. System Simulation Technology, 2008, 4(4):242-246.

[9] LI X, GUO X S, GUO J B. Forward Vehicle Detection Method Based on Multi Feature Fusion[J]. Computer Engineering, 2014, 40(2):203-207.

[10] KIERKEGAARD P. A Method for Detection of Circular Arcs Based on the Hough Transform[J]. Machine Vision & Applications, 1992, 5(4):249-263.

[11] TRUONG Q B, LEE B R, HEO N G, et al. Lane Boundaries Detection Algorithm Using Vector Lane Concept[C]. International Conference on Control, 2009.

[12] MU K. Research on the Driving Environment Perception Method Based on Visual Cooperative Vehicle-Infrastructure System[D]. Chang'an University, 2016.

[13] LU S N. Vehicle Trajectory Extraction and Behavior Analysis in Complicated Traffic Video Scence[D]. Chang'an University, 2016.

[14] RUMELHART D E, HINTON G E, WILLIAMS R J. Learning Representations by Back-PropagatingErrors[J]. Readings in Cognitive Science, 1986, 323(6088):399-421.

[15] VIOLA P, JONES M. Fast and Robust Classification using Asymmetric AdaBoost and a Detector Cascade[J]. Advances in Neural Information Processing Systems, 2001, 14: 1311 - 1318.

[16] JOACHIMS T. Making Large-Scale SVM Learning Practical[C], Technische Universität Dortmund, Sonderforschungsbereich 475: Komplexitätsreduktion in multivariaten Datenstrukturen, 1998:499 - 526.

[17] LIU H Q. A Detection and Identification Method of Road Traffic Markings Combining theVisual Perception and Learning Approach[D]. Chang'an University, 2016.

[18] DALAL N, TRIGGS B. Histograms of Oriented Gradients for Human Detection. Conference on Computer Vision and Pattern Recognition(CVPR), 2005.

[19] BELHUMEUR P, HESPANHA J, KRIEGMAN D. Eigenfaces vs. Fisherfaces: Recognition Using Class Specific Linear Projection. IEEE Trans. Pattern Anal. Mach. Intell., 1997, 19(7):711 - 720.

[20] SAITOH S. Theory of Reproducing Kernels and Its Applications (Pitman Research Notes in Mathematics Series). Harlow, U. K.: Longman Sci. Techn., 1988.

[21] ACHANTA R, ESTRADA F, WILS P, et al. Salient region detection and segmentation [J]. Proc Icvs, 2008, 5008:66 - 75.

[22] ACHANTA R, HEMAMI S, ESTRADA F, et al. Frequency-tuned Salient Region Detection[C]. Computer Vision and Pattern Recognition, 2009. CVPR 2009. IEEE Conference on. IEEE, 2009:1597 - 1604.

[23] CHENG M M, ZHANG G X, MITRA N J, et al. Global Contrast Based Salient Region Detection[C]. Computer Vision and Pattern Recognition. IEEE, 2011:409 - 416.

[24] GOFERMAN S, ZELNIKMANOR L, TAL A. Context-Aware Saliency Detection[J]. IEEE Transactions on Pattern Analysis & Machine Intelligence, 2012, 34(10): 1915 - 1926.

[25] RAN M, TAL A, ZELNIK-MANOR L. What Makes a Patch Distinct? [C]. IEEE Conference on Computer Vision and Pattern Recognition. IEEE Computer Society, 2013: 1139 - 1146.

[26] JIANG H, WANG J, YUAN Z, et al. Salient Object Detection: A Discriminative Regional Feature Integration Approach[C]. IEEE Conference on Computer Vision and Pattern Recognition. IEEE Computer Society, 2013:2083 - 2090.

[27] ZHU W, LIANG S, WEI Y, et al. Saliency Optimization from Robust Background Detection[C]. IEEE Conference on Computer Vision and Pattern Recognition. IEEE Computer Society, 2014:2814 - 2821.

[28] JIANG B, ZHANG L, LU H, YANG C, YANG M H. Saliency Detection via Absorbing Markov Chain. In: IEEE International Conference on Computer Vision, 2013:1665 - 1673

[29] GIRSHICK R, DONAHUE J, DARRELL T, et al. Rich Feature Hierarchies for

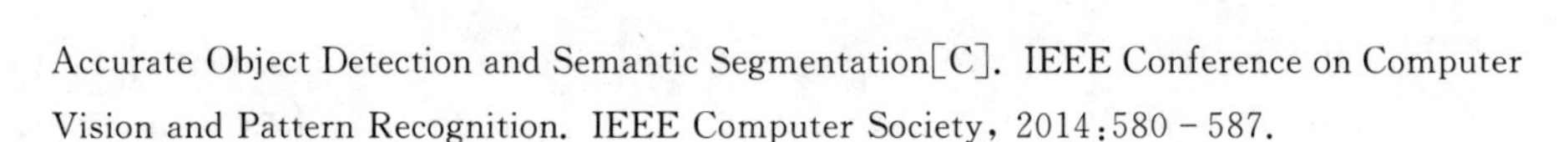

Accurate Object Detection and Semantic Segmentation[C]. IEEE Conference on Computer Vision and Pattern Recognition. IEEE Computer Society, 2014:580-587.

[30] HE K, ZHANG X, REN S, et al. Spatial Pyramid Pooling in Deep Convolutional Networks for Visual Recognition[J]. IEEE Trans Pattern Anal Mach Intell., 2014, 37(9):1904-1916.

[31] GIRSHICK R. Fast R-CNN[J]. Computer Science, 2015.

[32] REN S, HE K, GIRSHICK R, et al. Faster R-CNN: Towards Real-Time Object Detection with Region Proposal Networks[C]. International Conference on Neural Information Processing Systems. MIT Press, 2015:91-99.

[33] GIDARIS, SPYROS, KOMODAKIS, et al. Object Detection via a Multi-Region and Semantic Segmentation-Aware CNN Model[C]. Proceedings of the IEEE International Conference on Computer Vision, 2015: 1134-1142.

[34] DAI J, LI Y, HE K, et al. R-FCN: Object Detection via Region-based Fully Convolutional Networks[C]. Annual Conference on Neural Information Processing Systems, 2016.

[35] BAO S, CHUNG A C S. Multi-Scale Structured CNN with Label Consistency for Brain MR Image Segmentation[J]. Computer Methods in Biomechanics and Biomedical Engineering: Imaging & Visualization, 2018, 6(1):113-117.

[36] TSUNGYI LIN, DOLLAR P, GIRSHICK R, et al. Feature Pyramid Networks for Object Detection[J]. CoRR, 2016:936-944.

[37] HE K, GKIOXARI G, DOLLÁR P, et al. Mask R-CNN[J]. IEEE International Conference on Computer Vision, 2017: 2980-2988.

[38] SERMANET P, EIGEN D, ZHANG X, et al. OverFeat: Integrated Recognition, Localization and Detection Using Convolutional Networks[J]. Eprint Arxiv, 2013.

[39] REDMON J, DIVVALA S, GIRSHICK R, et al. You Only Look Once: Unified, Real-Time Object Detection[C]. Computer Vision and Pattern Recognition. IEEE, 2016: 779-788.

[40] REDMON J, FARHADI A. YOLO9000: Better, Faster, Stronger[J]. 2016:6517-6525.

[41] NAJIBI M, RASTEGARI M, DAVIS L S. G-CNN: An Iterative Grid Based Object Detector[C]. Computer Vision and Pattern Recognition. IEEE, 2016:2369-2377.

[42] LIU W, ANGUELOV D, ERHAN D, et al. SSD: Single Shot MultiBox Detector[J]. 2015:21-37.

[43] FU C Y, LIU W, RANGA A, et al. DSSD. Deconvolutional Single Shot Detector[J]. 2017.

[44] LECUN Y, BOTTOU L, BENGIO Y, et al. Gradient-Based Learning Applied to Document Recognition[J]. Proceedings of the IEEE, 1998, 86(11):2278-2324.

[45] FUKUSHIMA K. NEOCOGNITRON. A Self-Organizing Neural Network Model for A Mechanism Of Pattern Recognition Unaffected by Shift in Position[J]. Biological

Cybernetics, 1980, 36(4):193 - 202.

[46] LI G, YU Y. Visual Saliency Based on Multiscale Deep Features[J]. 2015:5455 - 5463.

[47] ZHAO R, OUYANG W, LI H, et al. Saliency Detection by Multi-Context Deep Learning[C]. Computer Vision and Pattern Recognition. IEEE, 2015:1265 - 1274.

[48] WANG L, LU H, RUAN X, et al. Deep Networks for Saliency Detection via Local Estimation and Global Search[C]. IEEE Conference on Computer Vision and Pattern Recognition. IEEE Computer Society, 2015:3183 - 3192.

[49] LIU N, HAN J. DHSNet: Deep Hierarchical Saliency Network for Salient Object Detection[C]. Computer Vision and Pattern Recognition. IEEE, 2016:678 - 686.

[50] KUEN J, WANG Z, WANG G. Recurrent Attentional Networks for Saliency Detection [J]. 2016:3668 - 3677.

[51] LI J, LIANG X, SHEN S, et al. Scale-Aware Fast R-CNN for Pedestrian Detection[J], IEEE Transactions Multimed, 2018, 20(4): 985 - 996.

[52] ZHANG L, LIN L, LIANG X, et al. Is Faster R-CNN Doing Well For Pedestrian Detection[C]. European Conference on Computer Vision, Munich, Germany, 2016: 443 - 457.

[53] SHEN C, ZHAO X M, LIU Z W, et al. Multi-Receptive Field Graph Convolutional Neural Networks for Pedestrian Detection[J]. IET Intelligent Transport Systems, 2019, 13(9): 1319 - 1328.

[54] SZEGEDY C, VANHOUCKE V, LOFFE S, et al. Rethinking the Inception Architecture for Computer Vision[C]. Proceedings of the IEEE Conference on Computer Vision and Pattern Recognition, Las Vegas, NV, USA, 2016: 2818 - 2826.

[55] DEFFERRARD M, BRESSON X, VANDERGHEYNST P. Convolutional Neural Networks on Graphs with Fast Localized Spectral Filtering[J]. Adv. Neural. Inf. Process. Syst., 2016, 29: 3844 - 3852.

[56] CAI Z, FAN Q, FERIS R S, et al. A Unified Multi-Scale Deep Convolutional Neural Network for Fast Object Detection[C]. European Conf. on Computer Vision, Antibes, France, 2016: 354 - 370.

[57] DU X, EL-KHAMY M, LEE J, et al. Fused DNN: A Deep Neural Network Fusion Approach to Fast and Robust Pedestrian Detection[C]. 2017 IEEE Winter Conf. on Applications of Computer Vision, WACV 2017, Santa Rosa, CA, USA, March 24 - 31 2017: 953 - 961.

[58] BRAZIL G, YIN X, LIU X. Illuminating Pedestrians via Simultaneous Detection and Segmentation[C]. IEEE Int. Conf. on Computer Vision, ICCV 2017, Venice, Italy, October 22 - 29 2017: 4960 - 4969.

[59] ZHANG X, CHENG L, LI B, et al. Too far to see? Not really! -Pedestrian Detection with Scale-Aware Localization Policy[J], CoRR, 2017, abs/1709.00235.

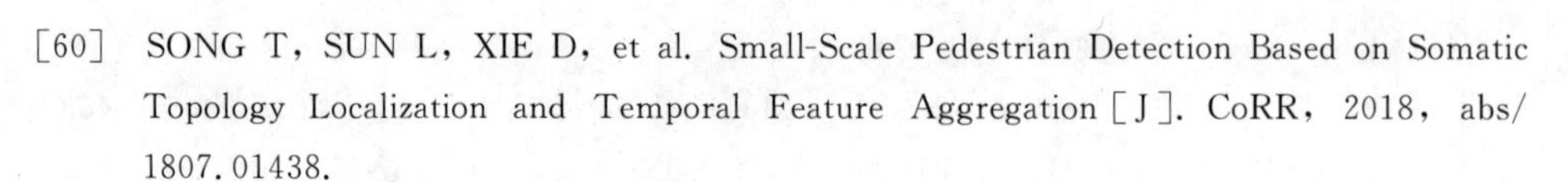

[60] SONG T, SUN L, XIE D, et al. Small-Scale Pedestrian Detection Based on Somatic Topology Localization and Temporal Feature Aggregation [J]. CoRR, 2018, abs/1807.01438.

[61] ZHOU C, YUAN J. Multi-Label Learing of Part Detectors For Heavily Occluded Pedestrian Detection[C]. The IEEE Int. Conf. on Computer Vision (ICCV) Venice Italy, 2017.

[62] LIN C, LU J, WANG G, et al. Graininess-Aware Deep Feature Learning for Pedestrian Detection [C]. The European Conf. on Computer Vision (ECCV), Munich, Germany, 2018.

[63] LI N. Research on Pavement Crack Recognition Based on Deep Learning Framework Caffe [J]. Engineering Technology and Application, 2017(3):20-28.

第四章

目标跟踪技术

基于视觉的目标跟踪技术是智能交通系统中非常关键的技术之一。目标跟踪技术对交通场景中的目标(如车辆、交通标志、红绿灯、行人、机动车等)进行有效跟踪，获得目标的运动参数，如交通信号灯的变化状态、车辆的运行位置、速度及驾驶意图等，从而进行进一步处理与分析，能够实现交通场景中运动目标的行为理解，以完成更高一级的任务(如通行区域的检测与决策、危险驾驶行为的预测、碰撞的避让、对交通场景的理解)[1-2]。

在过去的几十年中，国内外各大高校、科研单位及公司都已对视觉目标跟踪技术展开了广泛而深入的研究，并且已经取得了一系列丰硕的成果，但是将视觉目标跟踪应用到实际交通场景中，仍然存在着许多技术难点，要想设计出一个具有普适性的、鲁棒的视觉目标跟踪器仍然是一个极具挑战性的问题。视觉目标跟踪中存在的技术难点和挑战问题主要表现在以下几个方面。

1. 目标局部或全局遮挡

交通场景中的交通目标在运动过程中，不可避免地会出现目标被部分或者严重遮挡的情况。常见的遮挡主要包括三种情况：背景遮挡、被其他目标遮挡和自遮挡。当遮挡发生时，目标的外观会发生突然的、不可预知的改变，而且场景动态变化、目标形状改变、快速运动等使得目标跟踪问题变得十分复杂，时常导致部分甚至绝大部分有效信息的丢失，影响跟踪算法的稳定性，一旦跟踪失败则难以恢复到正常的跟踪状态。因此，目标模型的鲁棒自适应性是现有跟踪算法需要解决的主要问题之一。

2. 外界环境的影响

基于视觉的目标跟踪算法容易受到外界环境的影响。现实应用中，由于目标自身材质的影响，外界环境中的光照变化，摄像机角度和距离的改变，杂乱背景、相似背景以及动态背景的干扰等给目标跟踪带来了新的挑战，因此，如何有效地减小外界环境因素的影响，提高目标跟踪的准确性已成为目前研究的热点之一。

3. 实时性

具有现实应用价值的视觉目标跟踪系统必须满足实时跟踪的需求，且需要系统准确率高、运行速度快和资源占用率低，只有这样才能在实际应用中发挥作用，使所开发的跟踪系统工程化，更好地服务于生产实践。而目前的跟踪算法往往比较复杂，并且需要处理的数据量很大，在运行的时间和空间复杂度上相当高，这导致算法的运行效率较低，很难满足实时处理的要求。要实现一个既有较高跟踪精度，又有较好实时性的目标跟踪算法，是将跟踪算法推向应用的亟待解决的关键问题。

为了解决视觉目标跟踪中存在的目标外观变化、目标遮挡、外界环境变化与实时性等问题，许多专家与学者针对上述问题提出了一系列的解决方案[3-4]。本章面向智能网联交通系统的应用，围绕主流的性能较好的几类跟踪方法进行了深入研究，针对复杂交通场景动态变化、噪声干扰、运动目标遮挡与形变等问题，提出了一系列基于特征与模型的运动目标跟踪方法，主要的研究成果包括融合特征匹配和光流法的目标跟踪方法、基于核化相关滤波的跟踪算法、基于高斯混合模型的多示例学习跟踪算法、基于多通道特征选择的压缩跟踪算法等，而且上述算法均在公开数据集及实际工程项目应用中得到了较好的验证。

4.1 融合特征匹配和光流法的目标跟踪方法

4.1.1 特征匹配与光流法

在智能网联交通系统中，车辆检测和跟踪技术不仅可以为城市复杂场景下的交通管理提供可靠和科学的数据依据，同时也是交通行为分析和研究的基础，其准确性将直接影响车辆异常行为识别的结果。运动车辆的跟踪实际上是根据一种或多种运动目标的特征(如颜色、形状、位置，纹理等)，建立并确定各帧之间特征的相互关系，以此为线索记录目标的轨迹信息，从而实现目标的跟踪[5-6]。但在实际交通场景中，运动车辆容易受到光照变化、遮挡、车辆拥挤和阴影等因素的影响，使得目标车辆的检测和定位准确性降低，继而影响跟

踪效果。

经过近 20 年的发展，国内外学者提出了大量的有关车辆检测与跟踪技术的算法，Norbert Buch 等[7-8]将主流的车辆目标检测与跟踪系统模型分为两大类：一种是自顶向下(top-down)模型，另一种是自底向上(bottom-up)模型。

自顶向下模型[9-11]是一种基于对象式的方法，该方法以整体运动目标的检测和分类为研究对象。首先，通过运动目标分割算法(如背景差分法[12-13]、帧差法[14-16]、光流法[17-18]等)获得运动目标候选区域(即从视频流中获取疑似车辆目标区域)；然后，建立目标的特征模型，设计分类器识别出运动目标；最后，选择其跟踪特征并对目标的帧间运动进行建模，从而形成目标的运动轨迹。在这个过程中，车辆目标的分类和跟踪都依赖于目标的特征提取[19-20]，研究者们针对整体目标的特征，提出基于区域的目标跟踪算法[20-21]和基于轮廓的目标跟踪算法[22-23]。基于区域的目标跟踪算法主要通过对不同时刻目标所占据的图像区域，进行特征匹配以实现运动目标的跟踪。常用的特征主要有车辆的大小[24]、形状[25]、纹理和颜色[26]等。这类算法主要的缺陷是时间复杂度大，一些研究者通过降低目标模板的数据量，从而达到降低算法运算时间的目的，例如通过直方图[26]和核密度估计[22]等构建目标模板。基于轮廓的目标跟踪算法主要基于目标的边缘轮廓信息来对目标进行跟踪的方法。车辆在运动过程中，当其姿态发生变化时，很难用固定的形状(如椭圆、矩形等)对车辆目标进行精确描述。因此，基于轮廓对目标进行跟踪一定程度上能够解决由于运动产生的形状扭曲等问题。Mukhtar 等人[27]建立每个目标在各种姿态下的边缘模型，然后采用光流矢量表征边缘模型，从而通过平均光流确定目标的位置；Kang 等人[28]采用背景差分法获得每帧图像中运动目标轮廓，根据轮廓之间的相似性度量，确定目标轮廓的对应关系。此外，轮廓跟踪方法还可以利用最小化边缘能量函数[29]或状态空间模型[30]来估算运动目标轮廓。

自底向上模型是以运动目标的局部特征作为跟踪特征。该方法通过检测图像的局部特征，并利用目标的某个或某些局部特征作为前后帧目标对象相关性判断的依据。这种方法优点是即使部分车辆被遮挡，只要部分特征可见，就可以完成跟踪任务。

KLT 是典型的基于光流的特征点跟踪方法，它将图像匹配问题从遍历的搜索匹配策略变为了一个求解偏移量的过程[31]。该方法基于 Bruce D. Lucas 和 Takeo Kanade 于 1981 年首先提出 LK(Lucas-Kanade)算法，它首先找到图像中的 Tomasi 点，然后利用 LK 光流算法对这些角点进行跟踪。KLT 的基本思想是求解在相邻两帧中，待跟踪窗口 W 内的灰度差平方和(Sum of Squared

Difference，SSD)，以此作为目标跟踪的度量标准。KLT算法主要基于三个假设：一是被跟踪的目标像素值在帧间运动时不发生变化；二是目标在相邻帧之间的运动较小，其运动的变化可以看作是像素值对时间的导数；三是目标邻域像素的运动是一致的。

双向可逆性约束是目标跟踪的基本属性，其基本思想是目标在相邻两帧的运动约束方程适用于前向和后向运动估计，即特征点的跟踪在时域上是可逆的，如图4-1所示。利用前一帧的特征点points_prev通过KLT算法估算当前帧中的特征点位置points_tracked，然后反过来利用points_tracked跟踪到前一帧points_back的位置，理论上讲，points_prev与points_back的位置应该重合，但由于光流估计的误差，存在一定的偏移量，分别以$\boldsymbol{d}^b$和$\boldsymbol{d}^f$表示后向跟踪和前向跟踪的偏移矢量。然后，在KLT算法的基础上，融合前向跟踪和后向跟踪的目标函数，构造新的目标函数，从而得到鲁棒性更强的前向跟踪特征点的偏移矢量$\boldsymbol{d}^f$。

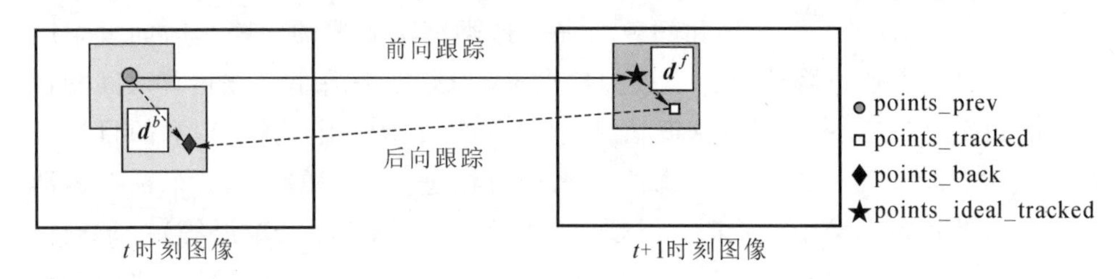

图4-1　双向可逆性模型

4.1.2　融合特征匹配和KLT算法的车辆目标跟踪算法

在基于双向加权可逆性约束的KLT算法中，随着跟踪过程中对不稳定特征点的剔除，有用的特征点数量会逐渐减少。当跟踪过程中目标姿势或光照变化幅度较大时，很容易出现特征点急剧减少甚至消失的现象，导致跟踪系统的不稳定，严重时会引起跟踪目标的丢失。因此，针对这个问题，提出了一种将特征匹配和KLT算法相结合的目标跟踪方法。该算法在KLT的基础上，利用特征匹配算法作为补偿机制对目标特征点集进行更新和校正，一方面解决了KLT算法在跟踪过程中的特征点不足问题，另一方面也提高了跟踪算法的稳定性和鲁棒性。算法原理如图4-2所示，矩形特征点表示采用KLT算法跟踪到的特征点，圆形特征点为SURF算法提取到的特征点。提取初始帧中目标区域的SURF特征点，利用KLT光流算法跟踪下一帧图像中对应的特征点，并在此基础上，采用SURF特征匹配算法作为补偿机制对目标特征点集

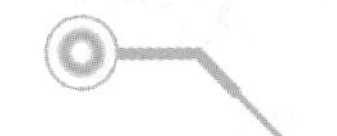

进行更新和校正，以适应目标在运动过程中所产生的尺度变化和旋转变化。这种两个匹配策略相结合的思想，既提高了跟踪算法的稳定性，也很好地解决了目标在被跟踪过程中发生的形变、部分遮挡等问题，对目标的尺度和旋转变化也具有较强的鲁棒性。

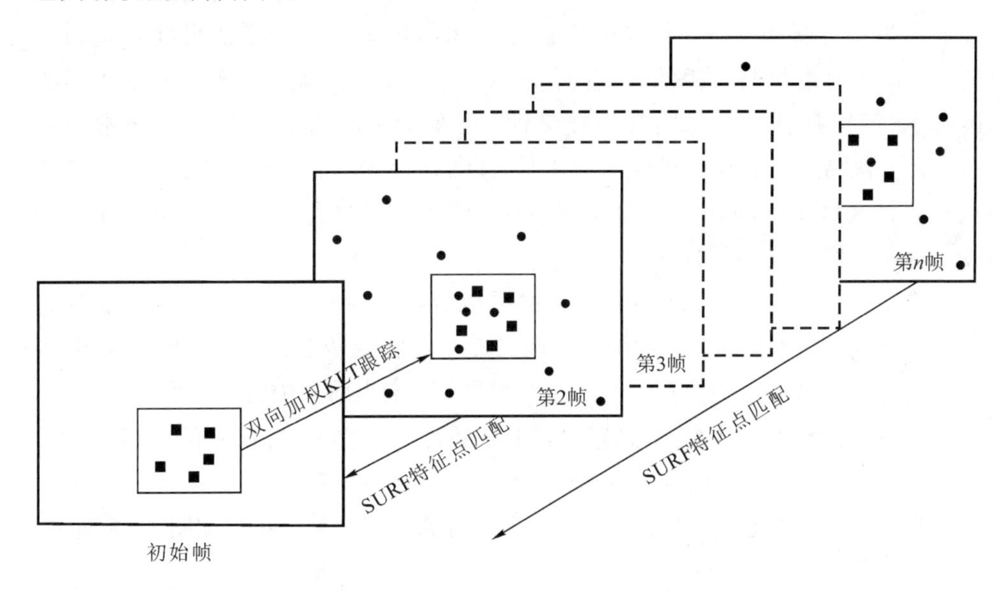

图 4-2　融合 SURF 特征匹配和 KLT 光流法的跟踪算法原理

算法具体步骤如下：

(1) 提取初始帧目标区域的 SURF 特征点，将其表示为点集 $R=\{(p_i, \boldsymbol{f}_i)\}_{i=1,2,\cdots,N^R}$，其中，$p_i$ 表示特征点位置坐标，$\boldsymbol{f}_i$ 表示 SURF 特征描述矢量。

(2) 根据前一帧目标点集 K，采用基于双向加权可逆性约束的 KLT 算法跟踪当前帧图像中对应的 SURF 特征点，表示为点集 $S=\{(q_i, t_i)\}_{i=1,2,\cdots,N^s}$，$q_i$ 为当前帧跟踪到的特征点位置，t_i 表示与 R 中特征点相对应的索引值。

(3) 提取当前帧的所有 SURF 特征点，表示为 $P=\{(q_i, \boldsymbol{f}_i)\}_{i=1,2,\cdots,N^P}$。

(4) 遍历点集 P 和初始帧目标区域的点集 R 中所有 SURF 特征点，采用最近邻搜索算法[32]，在欧氏空间查找两个最近邻特征点，即两个特征点的最小距离与次最小距离的比例小于某一阈值 p，得到当前帧上与点集 R 相对应的点集 $M=\{(q_i, \boldsymbol{f}_i)\}_{i=1,2,\cdots,N^M}$，$M$ 为点集 P 的子集。

(5) 合并点集 S 和 M，删除重复的特征点，得到目标点集 $K=\{(q_i, \boldsymbol{f}_i)\}_{i=1,2,\cdots,N^K}$。

(6) 判断当前帧是否为最后一帧，是则结束，不是则跳转至步骤(2)。

本节提出的融合SURF特征匹配和KLT跟踪算法的目标跟踪算法，一方面避免了单纯采用KLT跟踪算法时其金字塔模型的递归估计所带来的偏移量误差，另一方面也解决了采用双向加权可逆性约束的KLT算法在跟踪过程中的特征点不足的问题。此外，以SURF特征匹配算法作为补偿机制对目标特征点集进行更新和校正，不仅适应目标在运动过程中所产生的尺度变化和旋转变化，同时也提高了跟踪算法的稳定性和鲁棒性。但是，由于SURF特征匹配和KLT跟踪算法本身固有的歧义性，必然会产生非目标区域的异常特征点。我们认为，对于刚性目标而言，不论目标的尺度和角度如何变化，其特征点与目标区域中心的相对距离在缩放比例下是确定的。因此，算法以此为依据，对异常特征点进行排除。

算法在异常特征点的删除阶段，根据初始帧中特征点之间的相对位置和相对角度之间的关系，确定当前帧目标的尺度变化和旋转变化因子，在此基础上，结合初始帧中特征点到目标中心的相对距离，确定当前帧中特征点的位置矢量，然后采用层次聚类的方法，对特征点进行聚类。显然，当特征点的偏移量过大时，其聚类中心将发生偏移，以此实现异常特征点的删除。最后，根据保留下来的特征点位置，确定新的目标中心以及目标跟踪区域，整个过程如图4-3所示。

基于层次聚类方法的异常特征点删除方法的具体步骤如下：

(1) 根据初始帧中SURF特征点集 $R=\{(q_i, \boldsymbol{f}_i)\}_{i=1,2,\cdots,N^R}$，计算任意两个特征点之间的相对距离，计算公式如下：

$$(r_{ij})_{i\neq j}=\| p_i-p_j \| \tag{4.1}$$

对于任一帧，其目标点集为 $K=\{(q_i, \boldsymbol{t}_i)\}_{i=1,2,\cdots,N^K}$，其中 t_i 表示与前一帧中特征点相对应的索引值，计算点集 K 中任意两个特征点之间的相对距离，如公式(4.2)所示。

$$(a_{ij})_{i\neq j}=\| q_i-q_j \| \tag{4.2}$$

为了衡量当前帧与初始帧之间的尺度变化关系，定义尺度因子 s，其表达式为

$$s=\operatorname{med}\left\{\left(\frac{a_{ij}}{r_{ij}}\right)_{i\neq j}\right\} \tag{4.3}$$

式中，r_{ij} 表示与当前帧中的索引值为 i 和 j 的特征点相对应的初始帧中特征点的相对距离，特征点所有相对距离的中值即为尺度因子 s。

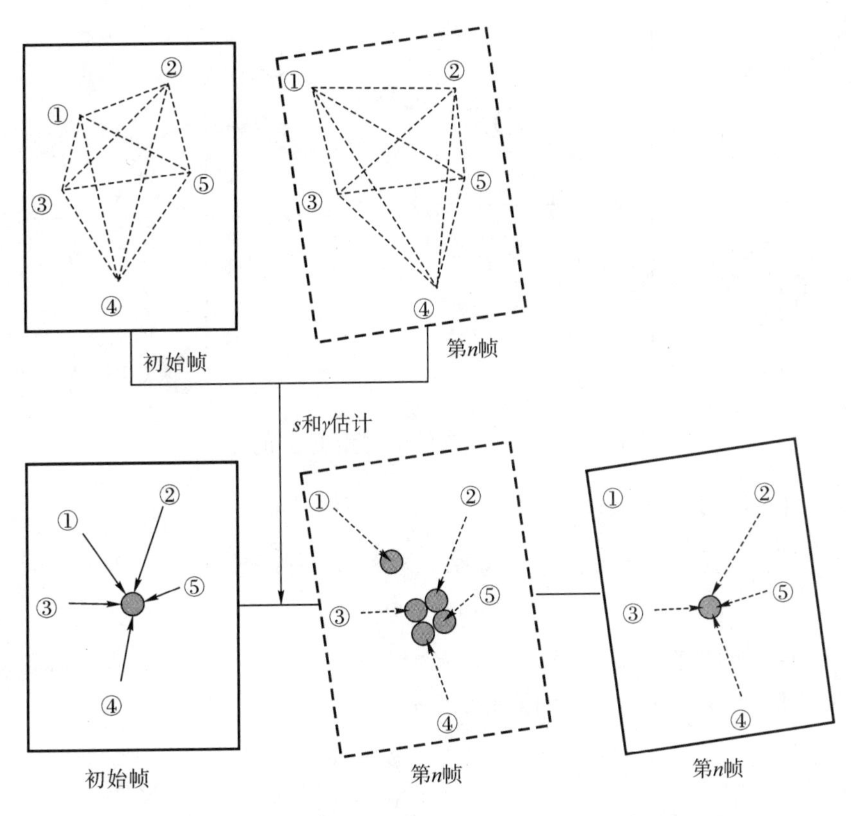

图 4-3 基于层次聚类方法的异常特征点删除原理

(2) 根据初始帧中 SURF 特征点集 $R=\{(p_i, f_i)\}_{i=1,2,\cdots,N^R}$，计算任意两个特征点之间的相对角度 α，其定义如图 4-4 所示，旋转方向为逆时针方向，计算如公式(4.4)所示。

$$\alpha=\arctan\frac{|p_i.y-p_j.y|}{|p_i.x-p_j.x|}\quad(i\neq j)\tag{4.4}$$

同理，计算任一帧中，任意两个特征点之间的相对角度 β，则

$$\beta=\arctan\frac{|q_i.y-q_j.y|}{|q_i.x-q_j.x|}\quad(i\neq j)\tag{4.5}$$

比较初始帧与当前帧中相对应的特征点之间的相对角度，并取其中值作为旋转因子 γ，表示为

$$\gamma=\mathrm{med}(\beta-\alpha)\tag{4.6}$$

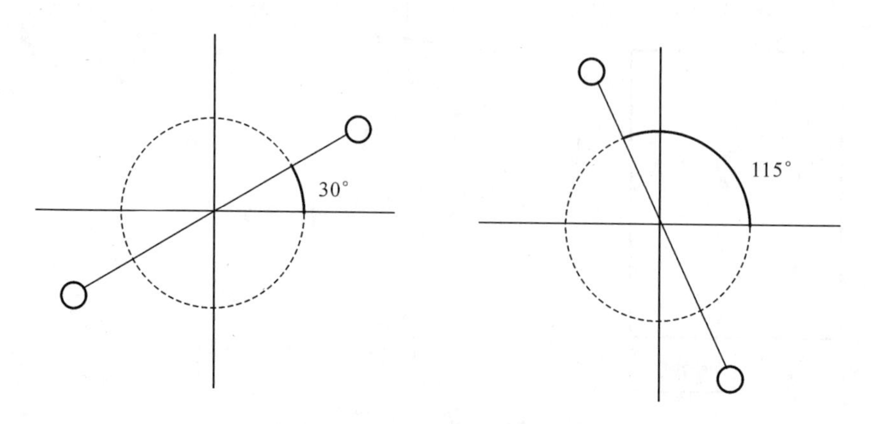

图 4-4 特征点之间相对角度 α 的定义

则图像旋转系数为

$$\boldsymbol{R}=\begin{pmatrix}\cos\gamma & -\sin\gamma \\ \sin\gamma & \cos\gamma\end{pmatrix} \tag{4.7}$$

(3) 计算初始帧中所有特征点集 $R=\{(p_i, \boldsymbol{f}_i)\}_{i=1,2,\cdots,N^R}$ 到目标区域中心 O 的相对距离 $h(p_i, O)$ 和相对角度 α_i。

$$h(p_i, O)=\| p_i-O \| \tag{4.8}$$

$$\alpha_i=\arctan\frac{O.y-p_i.y}{O.x-p_i.x} \tag{4.9}$$

(4) 根据当前帧中特征点与初始帧的对应关系，定义特征点位置矢量，矢量大小为 $s\cdot h(p_i, O)$，方向为 $\alpha_i+\gamma$，由此可得当前帧中特征点对应的矢量，矢量末端的点集表示为 $K'=\{(q'_i, t_i)\}_{i=1,2,\cdots,N^{K'}}$。

(5) 根据点集 K' 中两两特征点间的欧氏距离，定义相似性矩阵，采用层次聚类的方法，将点集 K' 分为 m 个子集，其中包含特征点个数最多的子集所对应的特征点即为保留下来的特征点，其他子集对应的特征点视为异常特征点。假设保留下来的特征点集为 $V=\{(q_i, t_i)\}_{i=1,2,\cdots,N^V}$。

(6) 若 $N^V<\theta\cdot N^R$，则认为跟踪失败，否则，根据点集 V 中各特征点的位置信息，计算其平均位置作为目标区域中心，如式(4.10)所示。参数 $\theta\in[0, 1]$ 用于控制当前帧中可以跟踪到的初始特征点的数量，其大小直接影响跟踪效果。

$$\mu=\frac{1}{N^V}\sum_{i=1}^{N^V}q_i \tag{4.10}$$

(7) 以 μ 为目标中心，结合尺度因子 s 和图像旋转系数 R，定义当前帧中的目标区域，假设初始帧中矩形目标区域的四个顶点分别为 $c_j=\{c_1, c_2, c_3, c_4\}$，则当前帧中新的目标区域定义为

$$c'_j=\mu-O+s\cdot Rc_i \tag{4.11}$$

其中，O 为初始帧中目标区域中心。

为了能够定量和定性地测试该算法，选用多年搜集和积累的视频序列，这些视频序列覆盖了不同的天气环境(晴天、雾天、雪天、夜晚等)下的各种不同类型的交通场景(高速公路、城市道路、隧道等)，以及车辆在运动过程中出现的遮挡、消失、重复出现等情况，其格式为 avi，帧速率为 30 f/s，分辨率为 1280×720 像素。为了降低目标旋转或姿态变化对跟踪结果的影响，测试过程中选取了自行录制的实际交通场景视频，车辆作为被跟踪对象，其运动角度和姿态不会出现大幅度变化。在初始帧中选取被跟踪车辆目标，并以矩形框标记，然后采用提出的融合 SURF 特征匹配和 KLT 算法的车辆目标跟踪算法对目标车辆进行跟踪。统计各帧中任意两个特征点之间的尺度变化 S，表达式如式(4.12)所示，并计算各帧中特征点关于 S 的统计直方图，如图 4-5 所示。将 S 按照从小到大的顺序进行排列，其中值即为尺度变化因子 s。为了衡量尺度变化因子的准确性，算法采用跟踪区域面积变化 s' 作为尺度因子的近似表达，如式(4.13)所示。

$$S=\left(\frac{a_{ij}}{r_{ij}}\right)_{i\neq j} \tag{4.12}$$

$$s'=\sqrt{\frac{w_t\cdot h_t}{w_0\cdot h_0}} \tag{4.13}$$

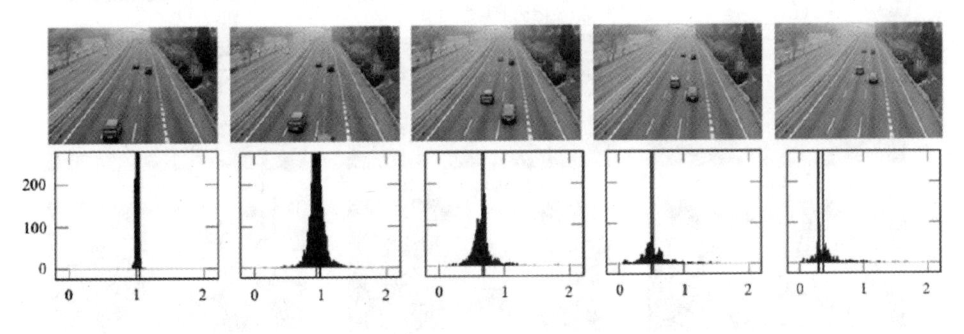

图 4-5 5 帧图像的目标尺度变化 S 的分布情况

为了定量描述跟踪结果的准确性，我们采用目前广泛使用的重叠测试法[33]对目标跟踪效果进行验证和评价。重叠测试法根据跟踪到的目标区域与人工手动设置的基准目标区域重合度进行对比，如式(4.14)所示，其中 R_{T} 表示当前帧中跟踪到的矩形目标区域，R_{GT} 表示当前帧中手动设置的真实目标区域，ϕ 用来评估实际跟踪结果相对理想跟踪结果的准确率，该准确率是对图像目标区域的跟踪结果进行评估。

$$\phi=\frac{R_{\mathrm{T}}\cap R_{\mathrm{GT}}}{R_{\mathrm{T}}\cup T_{\mathrm{GT}}} \tag{4.14}$$

在算法比较阶段，我们选取目前比较流行的 STRUCK[34](Structured output Tracking)、TLD[35](Tracking-Learning-Detection)、FT[36](Fragment-based Tracking)作为比较算法。这些算法在运动目标跟踪中被广泛使用，其实现代码也由作者公开发布，部分图像的跟踪结果如图 4-6 所示。

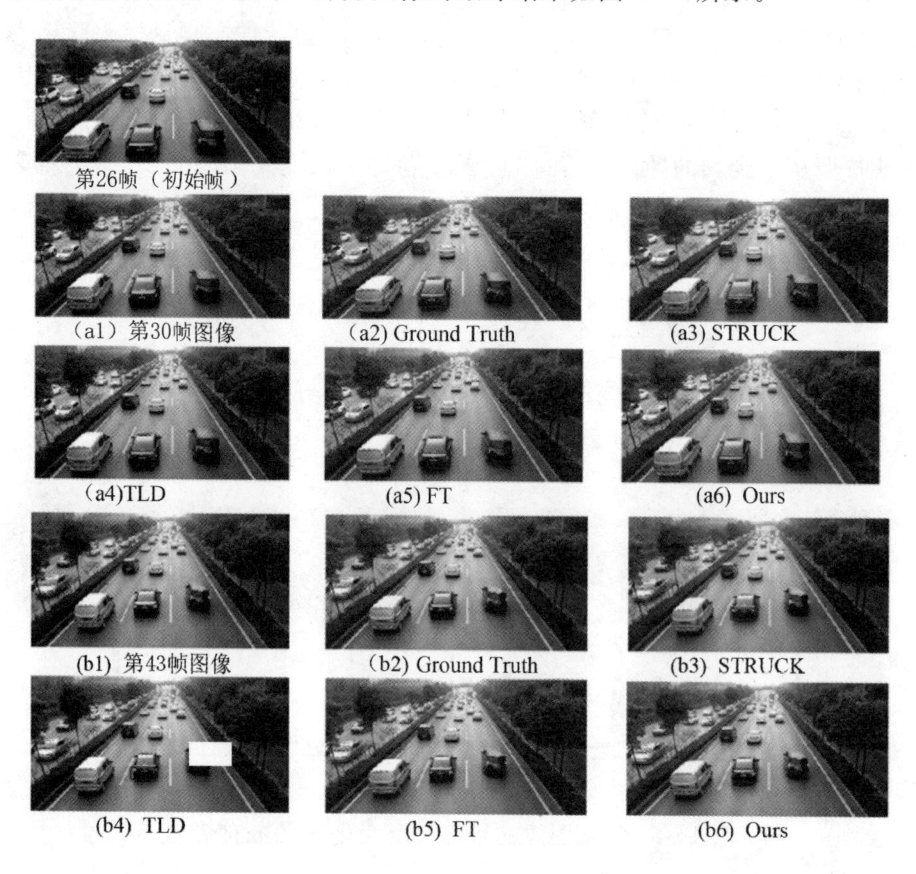

图 4－6 跟踪结果对比图

我们选取测试视频中的 50 辆车进行跟踪，涉及视频图像 17 439 帧，采用重叠测试法对各算法的跟踪结果进行对比分析。针对单帧图像的跟踪结果，统计给定 ϕ 值情况下，有效跟踪结果的分布情况，如图 4－7 所示。可以看出，当 $\phi < 0.8$ 时，我们提出的算法的跟踪准确性明显优于其他跟踪算法，目标丢失的概率小于其他算法。当 $\phi > 0.8$ 时，其表现并不突出，主要原因是基准目标区域是手动标识的，容易产生歧义，因此，在精度要求较高的情况下，各跟踪算法的差异并不明显。就算法的复杂度而言，算法采用了层次聚类的方法对异常特征点进行删除，层次聚类算法复杂度较高，为了寻找特征点之间距离最小值和均值，需要采用双重循环机制，遍历所有特征点。我们通过设定限制阈值的方法，在特征点合并过程中，若包含特征点个数最多的子集满足关系 $N^V > \theta \cdot N^R$，则说明不需要再合并了，此时算法结束。其中，N^V 表示当前最大子集中特征点的个数，N^R 为初始帧中特征点的个数。通过阈值的引入可以很好地控制算法结束时间，将层次截断在某一层上，大大缩短了计算时间，提高了系统效率。我们针对不同 θ 取值情况下的多帧图像的聚类算法运行时间进行了对比分析，其结果如图 4－8 所示。图中选取了 3 帧图像，分别对采用不同阈值 θ 时聚类算法运行所花费的时间进行统计，显然，阈值越大，其算法的时间复杂度也越高。经测试发现，当阈值大于 0.5 时，阈值的设定已失去意义，其算法运行时间基本一致，因此，算法的取值设定为 0.3，一方面能较好地满足了视频实时处理的需要，另一方面也能够保证跟踪的有效性。

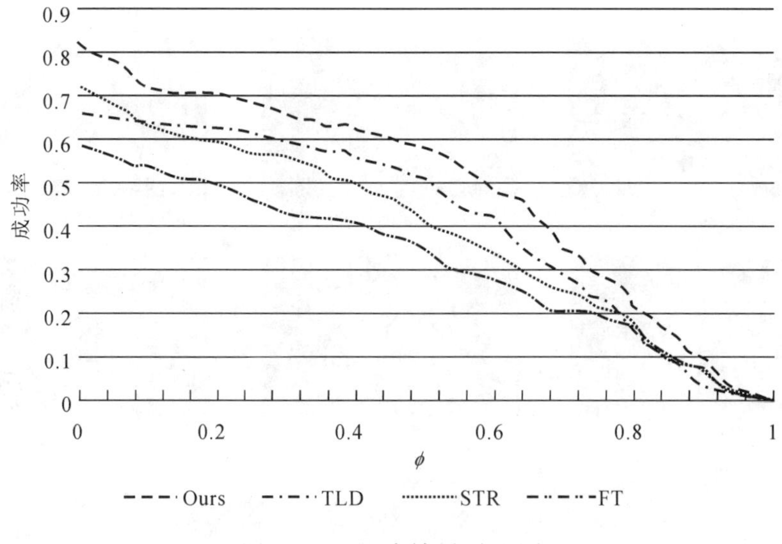

图 4－7　跟踪结果对比图

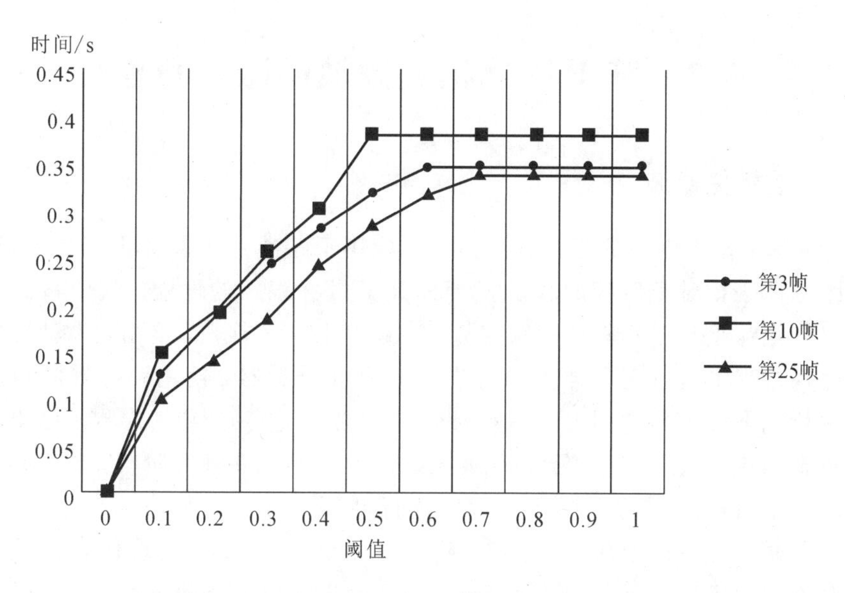

图 4-8 不同阈值 θ 下的层次聚类算法运行时间

我们在选取阈值 θ 为 0.3 的基础上，进一步对算法的跟踪运行时间进行对比测试，并且分别对 5 组视频序列的运行时间进行统计，表 4-1 给出了四种算法的运行时间。可以看出，TLD 算法的运行时间最短，其效率最高，我们提出的跟踪算法运行时间略高于 STRUCK 算法，究其原因主要受聚类算法和特征点匹配的影响，其执行效率一般，但基本能够满足实时性要求。

表 4-1 四种算法运行时间对比列表

视频	帧数	运行时间/s			
		TLD	STRUCK	FT	Ours
视频 1	256	13.774	20.864	24.481	21.396
视频 2	374	20.595	30.746	38.918	32.589
视频 3	511	26.423	41.582	50.923	44.526
视频 4	156	8.590	13.043	16.233	14.373
视频 5	293	17.256	25.545	30.489	27.821
平均	260	17.328	26.356	32.209	28.143

4.2 基于核化相关滤波的跟踪算法

4.2.1 核相关滤波

近年来，基于学习的跟踪算法被广泛应用于各类目标跟踪场景中，基于学习的跟踪算法相对于传统的算法显著提升了目标跟踪的性能。其中核相关滤波的目标跟踪是基于判别式的跟踪算法中的佼佼者。首先，核相关滤波跟踪算法在追踪过程中通过正负样本训练出一个目标分类器，使用训练好的目标分类器去检测下一帧并预测出下一帧目标所在位置；然后，利用检测的结果对训练集重新训练并更新跟踪器。核化相关滤波跟踪算法在训练阶段，首先利用循环矩阵理论对检测到的目标所在区域进行循环采样获得大量目标正负样本，接着提取样本的特征(HOG、LBP、颜色直方图)并将所有提取的样本放入岭回归分类器中进行训练。一般对目标进行跟踪时，为了降低运算的复杂性及去除不必要的干扰，会用特征子来抽象跟踪目标图像的特征。常用的特征子如颜色直方图、LBP特征、HOG特征等。

1. 颜色直方图

基于颜色的直方图特征是图像进行检测、识别、跟踪中常用的特征子。它是一种基于目标全局特性的特征。基于颜色的直方图特征并不关心图像像素的空间所在位置，适用于表述边界特征不明显的图像。

2. LBP特征

LBP (Local Binary Pattern)特征称为局部二值化特征，即将提取的图像块的局部纹理特征转换为二进制LBP码，从而完成纹理区域的标识。目前常用的改进LBP模型有圆形LBP算子模型、LBP旋转不变模型和LBP等价模型。三种模型结构如图4-9所示。

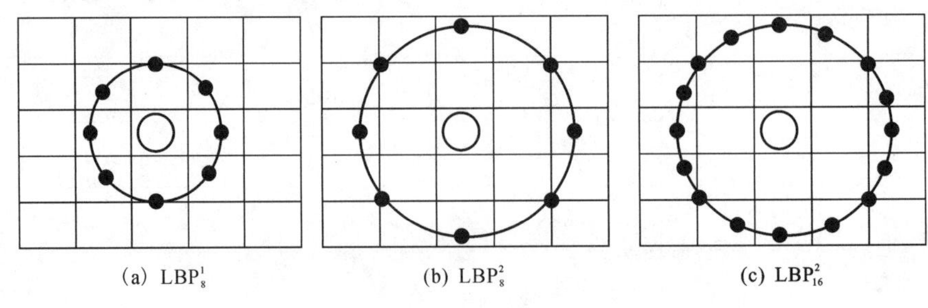

图4-9 圆形LBP算子模型示意图

3. HOG 特征

HOG (Histogram of Oriented Gradient)特征是基于方向的图像梯度的直方图特征，常被用来描述物体边缘信息，作为物体检测的描述子。

4.2.2 基于金字塔特征尺度自适应的核化相关滤波车辆跟踪算法

传统的核化相关滤波算法只是单尺度下实现的，即假定所跟踪目标在整个跟踪视频序列中的大小、形状和长宽比是不发生变化的。实际情况往往不是这样，特别是在弱对比度交通场景下对前方车辆进行跟踪，车辆的大小和长宽比随时都在发生着变化。在某些特殊情况下，例如车辆变道、车辆加速或者减速等情境下，视频中车辆的侧面尺度就会发生变化。依靠单纯的单尺度的核化相关滤波跟踪并不能满足对前方车辆实时跟踪的需求。因此，对传统的基于相关滤波的目标跟踪算法进行改进，引入金字塔特征，从而增强算法在不同尺度目标输入时的稳定性，同时在获得跟踪目标的当前帧的位置后，引入一种复杂交通环境下前方车辆目标尺度大小估计方法，使跟踪算法在复杂交通环境下具备良好的跟踪性能，并且算法引入一种新的遮挡判决方法，解决了候选框引入较多的冗余背景信息和在跟踪的过程中丢失太多的目标信息问题，同时新的遮挡判决算法能够建立更有效的目标尺度模板，并提高算法的准确性。本节提出的基于金字塔特征核化相关滤波车辆跟踪算法的具体实现步骤如下：

基于金字塔特征尺度自适应核化相关滤波的前方车辆跟踪算法

输入：设第一帧目标的位置 p_t、尺度大小 S_t、外观模型 H_t 和相关滤波模板 M；

输出：当前帧位置 p_t、尺度 S_t、滤波模板系数 a_t、外观模型 H_t 和尺度滤波模板 h_t。

For $t=1, \cdots, \text{frame}$

步骤 1：在当前帧的 p_{t-1} 位置处提取目标的图像 z 块，循环移位获得候选样本集合 $z_i(i=1, 2, \cdots, n)$，提取 PHOG 特征并对其进行循环检测，确定当前帧目标的位置 p_t；

步骤 2：在 p_t 处以前一帧目标尺度 S_{t-1} 为基样本，提取多种不同尺度 $S_i(i=1, 2, \cdots, 2l+1)$ 的图像块，并提取集合中每个图块的金字塔 HOG 特征；

步骤 3：将尺度为 S_i 图像块调整到与模板 M 大小相同的尺寸，对候选尺度样本进行检测，由尺度检测公式获得各个候选尺度样本的响应值，得到由最大响应值所对应的尺度样本的大小，并获取当前帧的目标尺度的大小；

步骤 4：将 S_t 大小的候选尺度样本调整到模板 M 大小，获得当前帧的目标尺度模型 H_t，训练其循环移位样本集，并根据响应模型获得当前帧滤波模板 a_t，同时确定尺度滤波模板 h_t；

步骤 5：根据制定的前方车辆目标遮挡判断机制，从而对目标是否受到遮挡进行判决，如果受到遮挡，则减弱当前帧在尺度模板、外观模型和滤波模板中的学习速率。

End

1. 空间金字塔 HOG 特征

HOG 特征是一种鲁棒性相对比较好的全局特征，所以传统的核化相关滤波算法(KCF)采用提取目标候选区域的 HOG 特征作为输入的主要特征。HOG 特征提取和统计每个细胞单元的梯度信息作为图像特征。通过提取细胞单元的梯度分布，HOG 特征能够提取图像中局部特征结构，但 HOG 特征在多尺度情况下表现并不是理想。从图 4-10 中可以看出，在精细的尺度下 HOG 特征对于目标定位精度更高，在较为粗糙的尺度空间下 HOG 特征更加容易从背景中判别出目标。

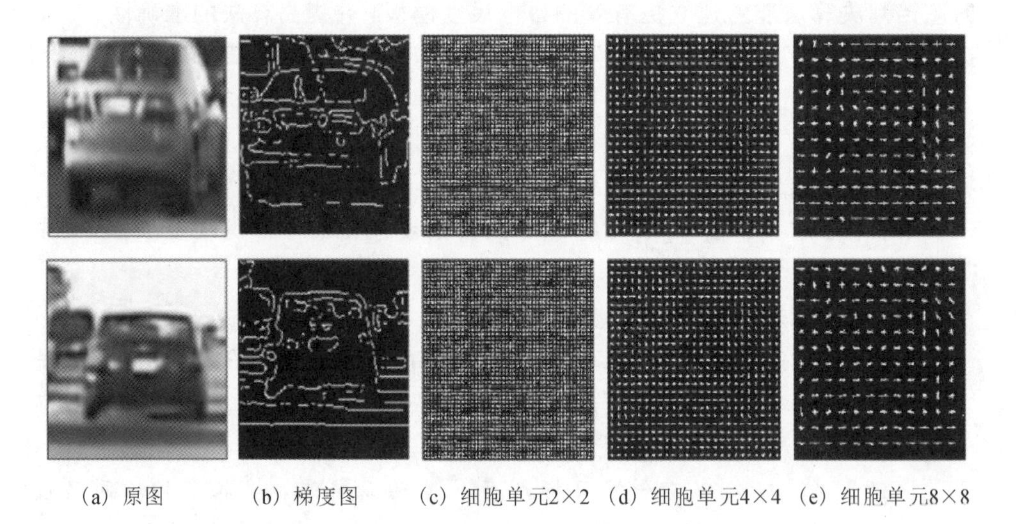

图 4-10　不同尺度下的 HOG 辨别能力示意图

当考虑到跟踪的精度时，需要使用低层次的 HOG 特征，但是为了对前方车辆目标在背景干扰的情况下进行更加鲁棒的跟踪，考虑到全局需求，有些场景需要采用较高层的 HOG 特征，将不同尺度上的 HOG 特征进行融合。因此，本节采用多尺度叠加的 HOG 特征构建金字塔 HOG 特征(PHOG)用于视觉跟踪。金字塔 HOG 的提取如图 4-11 所示，具体提取过程为：首先，将得到的梯度图按不同大小的细胞单元进行不同层次的划分，求出在多个尺度下的 HOG 特征，从而构成多尺度的 HOG 特征；其次，将所有层的特征缩放至与最底层的特征同样大小，缩放采用双线性插值算法；最后，连接得到的每层的特征便得到了金字塔 HOG 特征。

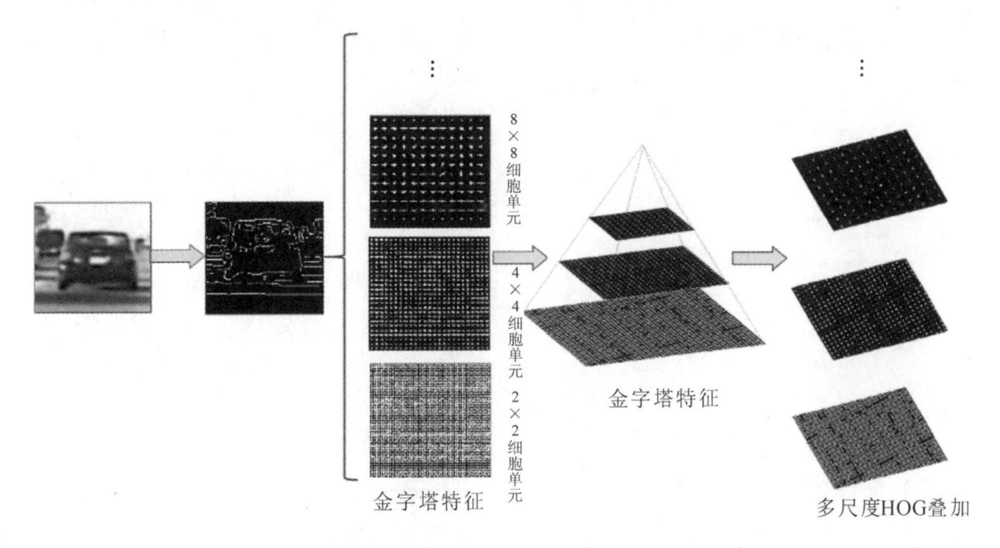

图 4-11　金字塔 HOG 特征提取示意图

2. 目标检测与尺度估计

传统的基于核相关滤波算法中的对复杂交通环境下的车辆目标进行实时跟踪时，目标的跟踪框的大小是固定的，并不能随着目标尺度变化而变化。当目标尺度发生较大变化时，跟踪算法只能跟踪到一部分目标，从而造成目标丢失。同样，当车辆因为行驶过程中距离拉远造成车辆尺度变小时，跟踪框非常容易导致干扰信息的引入。这样不仅会导致算法的跟踪精确度受到影响，同时还会对车辆的行为判别的研究造成干扰。所以为了解决这一问题，算法在原始的核化相关滤波的跟踪过程中加入了尺度估计方法，通过目标的尺度估计获得随目标大小变换的框。

设定目标模板为 M，第 $t-1$ 帧检测出的目标尺度为 S_{t-1}，由核化相关滤波器预测出获得的当前帧的目标位置为 p_t（第一帧由分割算法获得候选区域尺度与目标所在位置），在 p_t 处以 S_{t-1} 为基准样本值，并且提取多种不同尺度的图像块 $r^a S_{t-1}$，记 $S_i(i=1, 2\cdots, 2l+1)$，其中 r 是相应的多尺度的转换因子，a 为 $[-l, l]$ 的任意整数。然后利用双线性插值算法将尺度为 S_i 的图像块通过尺寸调整并将其调整至与目标模板 M 尺寸大小相同，接着调整目标尺寸的金字塔 HOG 特征 f_i，最后将其输入到尺度估计模型中进行检测，由最大的响应值 y 确定当前所在帧目标的尺度 S_t。

$$S_t = \min \left\| \sum_{l=1}^{d} h^l * f^l - y \right\|^2 + \lambda \sum_{l=1}^{d} \left\| h^l \right\|^2 \tag{4.15}$$

其中，h^l 为核相关滤波模板，y 为服从一维高斯分布的函数。滤波模板 h^l 的求解公式为

$$h^l = F^{-1}\left(\frac{A}{B}\right) = F^{-1}\left(\frac{F^*(y)F(f^l)}{\sum_{i=1}^{l} F(f_i)F^*(f_i) + \lambda}\right) \tag{4.16}$$

在所对应的尺度检测过程获得最大尺度响应的公式如下：

$$y = F^{-1}\left(\frac{\sum_{i=1}^{l} A_i^* Z_i}{B + \lambda}\right) \tag{4.17}$$

获得当前帧的尺度后，更新分子和分母，即

$$A = (1-\theta)A_{t-1} + \theta A_t = (1-\theta)A_{t-1} + \theta F^*(y)F(f^l) \tag{4.18}$$

$$B = (1-\theta)B_{t-1} + \theta B_t = (1-\theta)B_{t-1} + \theta \sum_{i=1}^{l} F^*(f_i)F(f_i) \tag{4.19}$$

其中，$*$ 表示共轭操作，θ 为模板学习速率，$f_i(i=1, 2, \cdots, 2l+1)$ 为当前帧尺度的样本训练集合。

3. 分类器模板与目标外观模型更新优化

对当前检测帧获得的目标所在区域 p_t 能够进行循环移位操作，从而得到训练样本集合，求解分类器函数获得分类器的学习系数，以进一步更新滤波模板 a，并对选择的跟踪目标外观的模型 H 进行更新，更新公式如下：

$$a = (1-\theta)a_{\text{pre}} + \theta a_{\text{new}} \tag{4.20}$$

$$H = (1-\theta)H_{\text{pre}} + \theta H_{\text{new}} \tag{4.21}$$

其中，θ 为学习速率，a_{pre} 和 H_{pre} 为前一帧获得的样本集分类器的模板系数和目标外观模型的模板系数，a_{new} 和 H_{new} 为目标帧获得的分类器的模板参数和目标尺度模型。

在实际弱对比度的交通环境下，目标非常容易受到如树木、行人等障碍物的遮挡，在目标受到遮挡的情况下，如果继续采用连续的模板更新方法则难免会引入非目标的冗余信息，从而导致结果误差不断地积累。为了处理这个难题，我们采用了一种新的遮挡检测更新方法。

当车辆目标正常运动时，一般核化相关滤波器跟踪器的响应函数近似于一个高斯分布，在高斯分布中其相应的峰值很明显；当目标受到树木等障碍物的遮挡时，峰值就不是很明显，且旁边的峰谷会大幅度减小，从而导致确定目标位置与尺度变得非常困难。假设当前帧的预测结果的最大响应的峰值为 $r_{max}(z)$，其对应图像中的目标坐标位置为 p_{max}，记大于 $T_1 \cdot r_{max}(z)$ 的最小谷值响应对应的位置值目标坐标位置为 p_{min}，T_1 为实验室常量，一般取值为 0.5，两个位置点之间的欧氏向量距离为

$$d=\sqrt{[p_{max}(x)-p_{min}(x)]^2+[p_{max}(y)-p_{min}(y)]^2} \tag{4.22}$$

首先计算一定响应值内目标可能出现的中心位置点面积，即 $S=\pi d^2$，当 $S>T_2 \cdot w \cdot h$ 时（T_2 为实验常量，一般取 0.3），则判断当前目标受到了遮挡，所以需要减弱当前目标帧的模型的参数，在尺度模板、外观模型和滤波模板中更新权重的权值，即减小位置模板与尺度模板的学习速率为 $\theta=0.03$，反之，则按照原有的更新权重继续跟踪，即设置学习速率为 $\theta=0.04$。

4. 目标关联

车辆分割与跟踪结果相互关联是实现多车辆目标跟踪的关键，因此需要对各个检测到的视频帧中的每个目标进行对应。目标关联就是将当前帧分割得到的目标检测结果（来自目标分割部分）与当前帧中可能的各种跟踪目标（来自跟踪部分）进行匹配关联。目标关联依赖于目标跟踪具有一定的可靠性，即目标跟踪定位得到的目标位置和尺度与目标分割得到结果的偏移量不大，本算法采用门限阈值的方法进行目标的关联。如果满足下式：

$$tk_m=\min\sqrt{|pdx_i^t-ptx_j^t|^2+|pdy_i^t-pty_j^t|^2}\leqslant\xi \quad (1\leqslant i\leqslant n, 1\leqslant j\leqslant m) \tag{4.23}$$

则实现该同一目标帧之间的相互关联。pdx_i^t、pdy_i^t 为分割算法得到的第 k 帧中的第 i 个目标的 x、y 的坐标，ptx_j^t、pty_j^t 为分割算法得到的第 k 帧中的第 j 个目标的 x、y 的坐标。如果分割结果和跟踪结果中的对应目标位置之间的像素差值小于 20，则认为分割结果与跟踪结果相互关联。

5. 列表更新策略

通过车辆目标跟踪列表纠正，能够实现交通场景中的目标漏跟踪和误跟踪。更新目标跟踪列表根据车辆目标关联结果及车辆目标列表信息进行分类处理，将目标分为三类：

(1) 跟踪到但并没有检测到的车辆目标，包括离开的车辆目标和没有检测到的车辆目标。对于离开的车辆目标，需要从跟踪列表中将此目标信息删除，下一帧不再继续对该车辆目标进行跟踪。

(2) 检测到但未跟踪到的目标，包括新车辆目标。新车辆目标指的是首次出现在前方行驶车辆所在区域的车辆目标，在跟踪列表中加入目标信息并进行编号，对视频的下一帧目标进行持续跟踪。

(3) 检测到且能跟踪到的目标。持续跟踪目标指的是已经能够实现准确语义分割(检测)与跟踪的前方车辆目标相互关联，在目标跟踪列表中更新其信息即可。

本节采用标准数据集 LISA 对提出的基于金字塔特征尺度自适应的核化相关滤波车辆跟踪算法进行测试。LISA 数据库包括 LISA 车辆跟踪数据集(LISA Vehicle Tracking Dataset)、CVRR-HANDS 3D 数据集(CVRR-HANDS 3D Dataset)、LISA 交通灯数据集(LISA Traffic Light Dataset)和轨迹聚类分析数据集(Trajectory Clustering and Analysis Datasets)这四类数据集，我们只使用了其中的车辆跟踪数据集。LISA 车辆跟踪数据集包含不同道路状况、不同时段的车辆在实际交通场景下行驶数据，该数据集能够较好地对车辆跟踪算法进行评价，所以该算法选择 LISA 数据集作为测试集。LISA 数据集部分数据如图 4-12 所示。

图 4-12　LISA 数据集部分数据示意图

同时，我们将提出的算法与CSK算法[37]、经典KCF算法[38]在LISA-VIECHLE数据测试集上进行了性能对比，并对三种算法的精确率、重叠成功率、精确率曲线、成功率曲线、帧率进行了定量分析。

图4-13显示了真值图(Ground Truth)与CSK算法、KCF算法结果以及本章节提出的跟踪算法在LISA城市道路与高速路跟踪的视频结果(彩图见书末二维码)。从图4-13(a)、(b)可以看出，CSK跟踪算法与KCF算法、本书课题组提出的跟踪算法相比，CSK算法的跟踪效果相对较差，如在高速路跟踪结果的图4-13(b)中283帧，CSK算法出现了目标的丢失。与此同时，如图4-13(a)所示，当摄像头与前车的距离发生变换以后，因为经典的KCF算法不具备多尺度变换的能力，跟踪结果与真值图相比较，KCF算法会把冗余信息框入目标框中，且会导致累积误差，影响目标的判断。而本节提出的基于金字塔特征的尺度自适应的核相关滤波算法引入多尺度特征能较好地适应目标车辆的尺度变换。

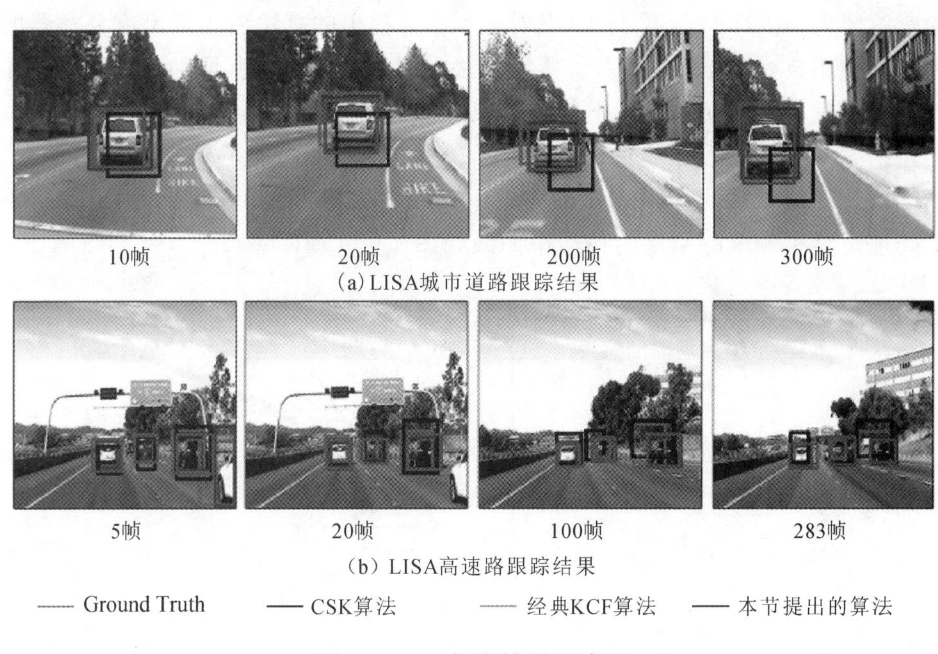

图4-13　实验结果示意图

我们采用位置精确率(Distance Precision，DP)、重叠成功率(Overlap Precision，OP)、算法帧率(Frame Per Second)、精确率曲线(Accuracy Plot)、成功率曲线(Success Plot)作为评价目标跟踪算法的定量指标。CSK算法、KCF算法、本节提出的算法的位置精确率(DP，像素阈值小于50)、重叠成功率(OS，重叠面积大于50%)和帧率(FPS)在城市道路与高速公路跟踪结果的综合指标如表 4-2 所示。

表 4-2　位置精确率、重叠成功率和帧率结果表

视频序列	CSK			KCF			本节算法		
场景名称	DP-20	OS-50	FPS	DP-20	OS-50	FPS	DP-20	OS-50	FPS
城市道路	95.3%	96.0%	65 fps	97.3%	98.0%	60 fps	100.0%	100.0%	50 fps
高速公路	59.7%	60.3%	54 fps	70.7%	72.1%	44 fps	81.3%	84.3%	38 fps
平均值	77.5%	78.15%	59.5 fps	84.0%	85.1%	52 fps	90.65%	92.15%	44 fps

相比于 CSK 算法与 KCF 算法，本节提出的目标跟踪算法在位置精确率(DP)上分别提升了 13.15% 和 65%，在重叠成功率(OS)上提升了 14% 和 7.05%，在原有的基础算法上较大地提升了在弱对比度交通环境下的前方车辆跟踪能力。相对于 CSK 与 KCF 算法，本节提出的算法引入多尺度分类器的训练并使用金字塔 HOG 特征，所以算法时间复杂度上有所增加，但是算法在总体上能满足实际交通场景下的实时跟踪。

精确率曲线能很好地表示检测目标位置与真实目标中心位置之间的关系，能准确地反映跟踪的好坏。LISA-VIECHLE 数据集中城市道路车辆跟踪结果与高速道路车辆跟踪结果的精确率曲线如图 4-14 所示。

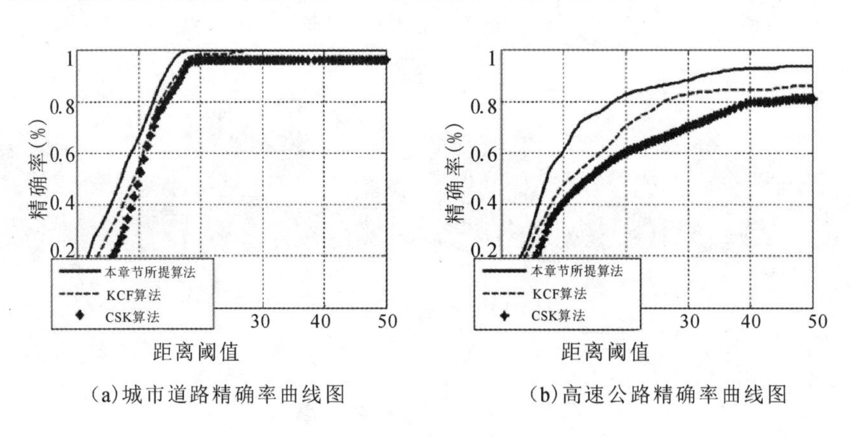

(a)城市道路精确率曲线图　　(b)高速公路精确率曲线图

图 4-14　跟踪结果精确率曲线图

精确率只能反映跟踪结果的中心位置与人工比较结果比较的准确率，没有办法表述跟踪结果目标框是否正确地把目标完整框住，所以引用成功率曲线来评价跟踪结果是否正确地把跟踪目标完整框住。LISA-VIECHLE 数据集中城市道路车辆跟踪结果与高速道路车辆跟踪结果的成功率曲线如图 4-15

所示。

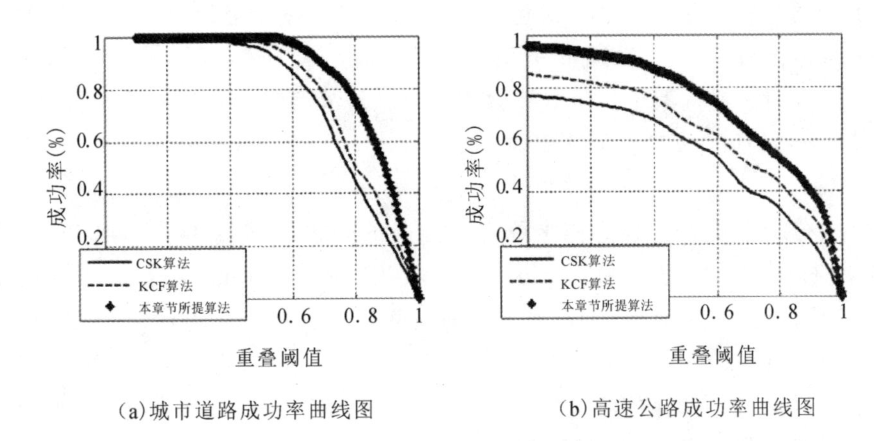

图 4－15 跟踪结果成功率曲线图

根据在城市道路与高速公路数据集的前车跟踪精确率与成功率曲线可以看出，本章节提出的基于金字塔特征尺度自适应的核相关滤波前方车辆跟踪算法不管是简单的单车辆跟踪情况，还是在有光照与阴影遮挡的弱对比度交通环境下均有不错的检测效果，基本能满足弱对比度交通场景下的前车目标实时跟踪。

4.3 基于学习的目标跟踪

4.3.1 基于多示例学习的跟踪算法

在机器学习中，传统的学习框架有监督学习、非监督学习和强化学习，多示例学习(Multiple-Instance Learning，MIL)[39]是与传统学习框架并列的第四种学习框架。MIL 由 Thomas G. Dietterich 等人于 1997 年提出，提出的背景是一项对分子活性的研究。

在介绍 MIL 之前，首先要了解两个概念：包(Bag)和示例(Instance)。多个示例组成一个包，在图像分类中，一张图片就是一个包，图片分割出的块就是示例。监督学习和强化学习的样本示例有标记，非监督学习样本没有标记。MIL 是一种弱监督学习，用于训练分类器的示例没有类别标记，但是包有类别标记，这与以往所有框架均不同。多示例学习的规则：如果一个包里面存在至少一个样本被分类器判定标签为正的示例，则该包为正包；如果一个包里面

所有的样本都被分类器判定标签为负，则该包为负包。注意：在训练过程中，只需要知道包的标记，无须知道包中示例的标记。在传统的机器学习框架中，示例和样本之间是一一对应的关系，也就是说，一个样本就是一个示例。然而，在多示例学习框架中，样本被称作包，它和示例之间是一对多的关系。目前，多示例学习已成功地应用于图像检索、目标分类、数据挖掘和股票预测中。

针对分类器训练过程中样本标定不准确的问题，Viola 等首次提出多示例增强目标检测算法（Multiple Instance Boosting for Object Detection，MILBoost）[40]，该算法将 MIL 引入增强级联快速目标检测算法(Rapid Object Detection using a Boosted Cascade of Simple Features，Viola-Jones)[41]中，实现了 MIL 与目标检测的融合。Babenko 等结合多示例学习外观分类器可以提高跟踪鲁棒性，提出了在线多示例学习的跟踪方法(Robust Object Tracking with Online Multiple Instance Learning)[42]，将多示例学习引入目标跟踪。实验结果表明：该方法具有较好的鲁棒性和准确性，但是无法完全避免对外观变化明显物体的错误跟踪。基于此，Zhang 等人提出了一种新型的在线加权多示例(Online Weighted MIL，WMIL)跟踪器[43]，WMIL 跟踪器赋予不同正示例不同的权重，并且使包似然函数近似最大化，从而使跟踪器的鲁棒性和速度大大提高，在各种视频序列上的实验结果表明，该算法具有较好的跟踪性能。

基于 MIL 的目标跟踪流程如图 4-16 所示，记训练集为 $\{(X_1, y_1), \cdots, (X_n, y_n)\}$，其中 $X_i=\{x_{i1}, x_{i2}\cdots, x_{in}\}$表示第 i 个包，X_{ij} 表示第 i 个包中的第 j 个示例，y_i 表示第 i 个包的标记(其中，负包用 0 表示，正包用 1 表示)。而包标记定义为

$$y_i = \max_j(y_{ij}) \tag{4.24}$$

其中，y_{ij} 表示第 i 个包中的第 j 个示例的标记(负示例用 0 表示，正示例用 1 表示)。在训练阶段，训练包中各示例的标记是未知的。基于多示例学习的目标跟踪算法[44]的基本思路如图 4-16 所示。算法用到的先验信息包括目标在视频第一帧中的位置和尺寸，记目标在 $t-1$ 帧中的位置为 l_{t-1}^*，在其邻域内，分别提取正包 X^{γ} 和负包 $X^{\gamma,\beta}$ 以更新分类器。在第 t 帧中，寻找使得该分类器响应取得最大值的图像块作为跟踪目标，记录其位置，并在其附近提取正负包以更新分类器。依次循环处理，直到所有的视频帧处理完毕。

本书通过对基于多示例学习目标跟踪算法的研究，将该方法应用于面向智能网联行人人脸识别中，提出了一种基于高斯混合模型的多示例学习跟踪算法，为交通大数据与社会安全提供解决方案。

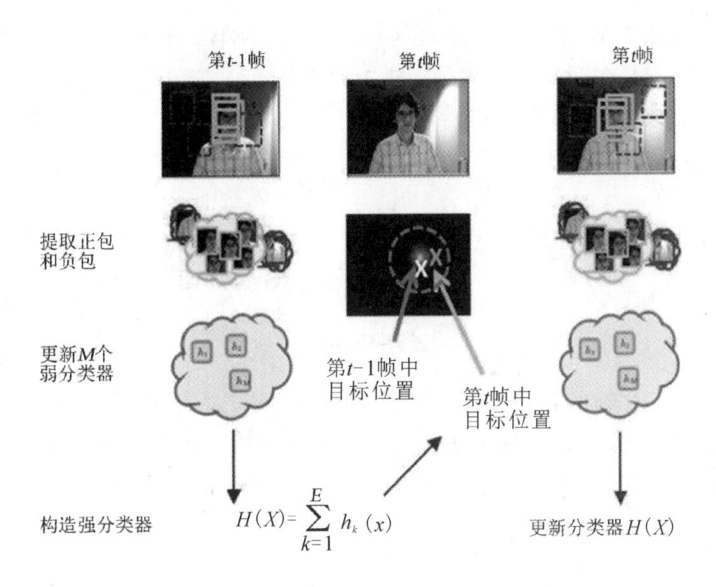

图 4-16　基于 MIL 的目标跟踪流程

4.3.2　基于高斯混合模型的多示例学习跟踪算法

本书提出的基于高斯混合模型的多示例学习跟踪算法，主要针对正包中既包含正示例也包含负示例的特点，采用高斯混合模型(Gaussian Mixture Model，GMM)对正包中的示例特征建模的方法(A Modeling Method for Features of Instances in Positive Bags，MM-PB)[45]，并集成到多示例学习的跟踪算法中。算法的整体框架为：首先，分别采用 GMM 和单高斯模型对正负包中的示例特征建模，将示例与模型之间的差异引入 GMM 参数更新中；其次，考虑不同正样本对分类器训练结果的影响，将正包中示例对分类器的响应值作为权重引入正包概率估计中；最后，根据分类器的最大响应值判断是否对模型进行更新。

在 MIL 框架中，尽管包的大小(即包中示例总数)可变，但是负包中的所有示例必须都是负示例，而正包中至少存在一个正示例即可。换而言之，正包中可能既有正示例(包含目标的图像块)又有负示例(包含背景的图像块)。因此，正包中示例的特征既包含目标特征又包含背景特征。于是，将 GMM 引入正包示例特征建模中。设特征 f_t 出现的概率为

$$P(f_t)=\sum_{i=1}^{C} w_{i,t}\cdot\eta(f_t,\mu_{i,t},\boldsymbol{\Sigma}_{i,t}) \tag{4.25}$$

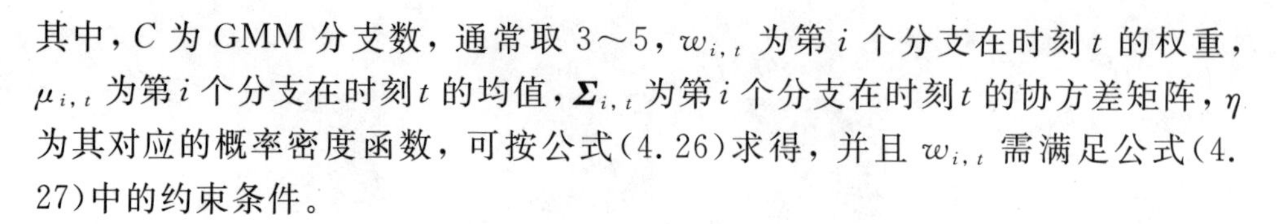

其中，C 为 GMM 分支数，通常取 3～5，$w_{i,t}$ 为第 i 个分支在时刻 t 的权重，$\mu_{i,t}$ 为第 i 个分支在时刻 t 的均值，$\boldsymbol{\Sigma}_{i,t}$ 为第 i 个分支在时刻 t 的协方差矩阵，η 为其对应的概率密度函数，可按公式(4.26)求得，并且 $w_{i,t}$ 需满足公式(4.27)中的约束条件。

$$\eta(f_t, \mu_{i,t}, \boldsymbol{\Sigma}_{i,t}) = \frac{1}{(2\pi)^{\frac{n}{2}} \mid \boldsymbol{\Sigma}_{i,t} \mid^{\frac{1}{2}}} \mathrm{e}^{-\frac{1}{2}(f_t - \mu_{i,t})^{\mathrm{T}} \boldsymbol{\Sigma}_{i,t}^{-1} (f_t - \mu_{i,t})} \tag{4.26}$$

$$\sum_{i=1}^{C} w_{i,t} = 1 \tag{4.27}$$

对于 $t+1$ 时刻的特征 f_{t+1}，需判断它是否与现有的 C 个分支匹配。如果 f_{t+1} 处于 GMM 某一分支标准差的 D 倍范围之内，则认为该特征与该分支匹配，其中 D 为标量，通常取 2.5。假设该特征与 GMM 中第 i 个分支匹配，则该分支的参数按如下规则更新：

$$w_{i,t+1} = (1-\alpha) w_{i,t} + \alpha \tag{4.28}$$

$$\mu_{i,t+1} = (1-\rho) \mu_{i,t} + \rho f_{t+1} \tag{4.29}$$

$$\sigma_{i,t+1}^2 = (1-\rho) \sigma_{i,t}^2 + \rho (f_{t+1} - \mu_{i,t+1})^{\mathrm{T}} (f_{t+1} - \mu_{i,t+1}) \tag{4.30}$$

其中，α 为权重的更新速率，ρ 为均值和方差的更新速率，ρ 按公式(4.31)求得：

$$\rho = \alpha \eta (f_{t+1} \mid \mu_{i,t}, \sigma_{i,t}) \tag{4.31}$$

对于未匹配上的分支 j，其 μ 和 σ^2 保持不变，只更新其权重：

$$w_{j,t+1} = (1-\alpha) w_{j,t} \tag{4.32}$$

如果当前特征与 GMM 中 C 个分支都匹配不上，则 w/σ 取值最小(出现概率最低)的分支将被新的高斯分布所取代，该分布被初始化为以当前值为均值，并被赋予较大的标准差及较小的权重。

值得注意的是，公式(4.28)中，α 是 GMM 中一个较重要的参数。如果选择一个较大的 α，模型将更新得较快，从而表现出不稳定；反之，模型会更新得较慢，不能较好地适应场景的变化。因此，本节充分考虑了特征和模型之间的差异，采用单调递减的函数 $y=1-\tanh(x)$ 来控制更新速率。当特征与模型差异较大时，α 取值较小，模型更新较慢；否则，α 取值较大，模型更新较快。参数 α 按公式(4.33)更新：

$$\alpha = 1 - \tanh\left(\frac{\mid f - \mu_t \mid}{2\sigma_t}\right) \tag{4.33}$$

假设负包中示例的特征 $f_k(x_{ij})$ 均服从高斯分布，即

$$p(f_k(x_{ij}) \mid y_i = 0) \sim N(\mu_0, \sigma_0^2) \tag{4.34}$$

其中，μ_0 为高斯分布的均值，σ_0 为高斯分布的标准差。

当新的样本到来时，高斯分布的参数按如下规则更新：

$$\mu_0 = (1-\lambda)\mu_0 + \lambda \frac{1}{n} \sum_{j|y_i=0} f_k(x_{ij}) \tag{4.35}$$

$$\sigma_0^2 = (1-\lambda)\sigma_0^2 + \lambda \frac{1}{n} \sum_{j|y_i=0} (f_k(x_{ij}) - \mu_0)^2 \tag{4.36}$$

其中，$f_k(x_{ij})$ 代表第 i 个负包中第 j 个示例的特征，n 是第 i 个负包中的示例总数，λ 是更新速率，且 $0<\lambda<1$。λ 越大，代表模型更新得越快；否则，模型更新得越慢。

每一个弱分类器 h_m 由 Haar-like 特征 f_k 和特征分布参数构成。假设正负包中示例的特征分别服从 GMM 和单高斯分布，弱分类器按如下公式求得：

$$h_k(x) = \log\left[\frac{p(y=1 \mid f_k(x))}{p(y=0 \mid f_k(x))}\right] \tag{4.37}$$

正包中的示例赋予了不同的权重，若它距离当前帧中的目标位置越近，则给它分配的权重越大，认为它对计算正包概率的贡献越大，具体计算公式如下：

$$p(y=1 \mid X) = \sum_{j=0|y_j=1}^{N-1} w_{1j} p(y_j = 1 \mid x_{ij}) \tag{4.38}$$

其中，N 为正包 X 中样本个数，$p(y_j=1 \mid x_{ij})$ 代表 x_{ij} 为正示例的概率，w_{1j} 为示例 x_{ij} 所占的权重，它是示例与目标位置距离的单调递减函数，按公式(4.39)求得：

$$w_{1j} = \frac{1}{c} \mathrm{e}^{-|l(x_{ij}) - l^*|} \tag{4.39}$$

其中，$l(x_{ij})$ 代表 x_{ij} 在图像中的位置，l^* 代表目标在当前帧中的位置，c 为归一化参数。

负包中的所有示例距离目标较远，与目标相似性较低，因而认为所有负示例对负包标记的贡献是相同的。该算法通过示例概率加权的方式将示例的重要性集成到包标记的学习过程中，提高了分类器的准确性。考虑到不同图像块对分类器响应不同，而算法中将具有最大分类器响应的图像块作为跟踪结果。

因此，算法将图像块对分类器的响应值进行归一化，并作为权重，按公式计算得

$$w_{1j}=\frac{H(x)}{H_{\max}} \tag{4.40}$$

其中，$H(x)$ 为正包中示例 x 的分类器响应值，$H_{\max}$ 为当前帧中最大的分类器响应值，它所对应的图像块即为跟踪结果。

MM-PB 算法具体步骤如下：

(1) 选定跟踪目标，并初始化参数：正负包选择半径 γ 、ζ 、β ，目标搜索半径 s ，弱分类器总数 M ，构造强分类器的弱分类器总数 K ，GMM 分支数 C ，并令 $t=1$。

(2) 在 l_t^* 的邻域范围内，分别采集两个图像集合 $X^{\zeta,\beta}=\{x:\zeta<\|l(x)-l_t^*\|<\beta\}$ 和 $X^\gamma=\{x:\|l(x)-l_t^*\|<\gamma\}$ 作为负包和正包。其中，γ 、ζ 、β 是正负包的选择半径，$l(x)$ 为图像块 x 的位置，用目标中心点的二维坐标表示。

(3) 对正负包中的示例特征建模，为正包中的示例分配不同的权重，训练 M 个弱分类器 $\phi=\{h_1, h_2, \cdots, h_M\}$ ，并依次从 ϕ 中选出 K 个构造强分类器 $H_K(x)=\sum_{m=1}^{K} h_m(x)$ 。

(4) 令 $t=t+1$，判断是否超出视频帧范围。如果是，则停止计算；否则，跳转至步骤(5)。

(5) 读入第 t 帧图像，根据目标在前一帧中的位置 l_{t-1}^*，在当前帧中找到图像集合 $X^S=\{x:\|l(x)-l_{t-1}^*\|<S\}$ ，并计算该图像集合中每个图像块 x 的特征。其中，s 为搜索半径，X^S 中的任意图像块与 $t-1$ 帧中目标的距离均小于 s 。

(6) 利用已更新的强分类器，计算 $x'=\arg\max_{x\in X^S} p(y=1|x)$ ，即找出 X^S 中具有最大分类器响应 $H_{\max}$ 的图像块 x' ，并记录其位置 l_l^* 。

(7) 如果 $H_{\max}\leqslant 0$，则不更新分类器，跳转至步骤(4)；否则，跳转至步骤(2)。

本书将 MM-PB 算法应用于 OOTB 数据库，并将其与 Online AdaBoost (OAB)[46]、MIL[42] 和 WMIL[43] 三种跟踪算法进行了测试与比较。测试视频序列的详细信息如表 4-3 所示。其中，OC 代表部分或完全遮挡，BC 代表背景杂波干扰，OP 代表平面外旋转，IPR 代表平面内旋转，IV 代表照明变化，SV 代表尺度变化，DE 代表形变，MB 代表运动模糊，FM 代表快速运动。

表 4-3　测试视频序列属性

视频序列	总帧数	图像大小	OC	BC	OP	IPR	IV	SV	DE	MB	FM
David Indoor	462	320×240			√	√	√	√	√		
Twinings	467	320×240			√			√			
Cliffbar	328	320×240		√		√		√		√	√
Coke Can	292	320×240	√	√	√	√	√				√
Occluded Face	886	352×288	√								
Occluded Face 2	812	320×240	√		√	√	√				

针对 OOTB 数据库中不同测试序列特征，我们可以看到算法的具体效果：测试视频序列"David Indoor"中包含了照明、旋转以及尺度变化。如图 4-17(a)所示，OAB 不能适应场景中的这些变化，在第 266、386 和 461 帧中出现严重漂移。尽管 MIL 和 WMIL 都比 OAB 的跟踪效果稳定，但是当目标姿态和外观发生变化时(见第 266 和 461 帧)，提出的 MM-PB 算法跟踪效果优于 MIL 和 WMIL。视频序列"Twinings"中，包含了大量的旋转和尺度变化。如图 4-17(b)所示，在第 216、390 和 446 帧中，目标发生了翻转，比较的四种算法都出现了不同程度的跟踪误差，并且目标的尺度估计都不准确。相比较而言，WMIL 和 MM-PB 跟踪效果优于 OAB 和 MIL。视频序列"Cliffbar"中包含了目标旋转、尺度变化、运动模糊以及相似背景的干扰。如图 4-17(c)所示，目标因快速运动而引起的成像模糊(见第 215 和 230 帧)增加了跟踪的难度，四种算法虽然都能判断目标的大致位置，但是尺度估计都不准确，其中，OAB 跟踪效果最差。视频序列"Coke Can"中包含了目标旋转、照明改变和部分遮挡。如图 4-17(d)所示，当目标被严重遮挡时(见第 191 帧)，四种算法都未能正确跟踪目标。总的来说，MM-PB 和 OAB 跟踪结果相对准确。视频序列"Occluded Face"中包含了大量的部分遮挡，如图 4-17(e)所示。在第 500、702 和 869 帧中，目标被严重遮挡，OAB 算法出现漂移，MIL 和 WMIL 出现了不同程度的误差，而 MM-PB 表现出较好的准确性和稳定性。视频序列"Occluded Face 2"中包含了大量的部分遮挡、旋转和照明变化，如图 4-17(f)所示。在第 508 帧中，目标旋转导致四种跟踪算法出现了较大误差，而在目标被部分遮挡时(见第 156、602 和 800 帧)，四种跟踪算法跟踪结果相对稳定。(图 4-17 彩图见书末二维码。)

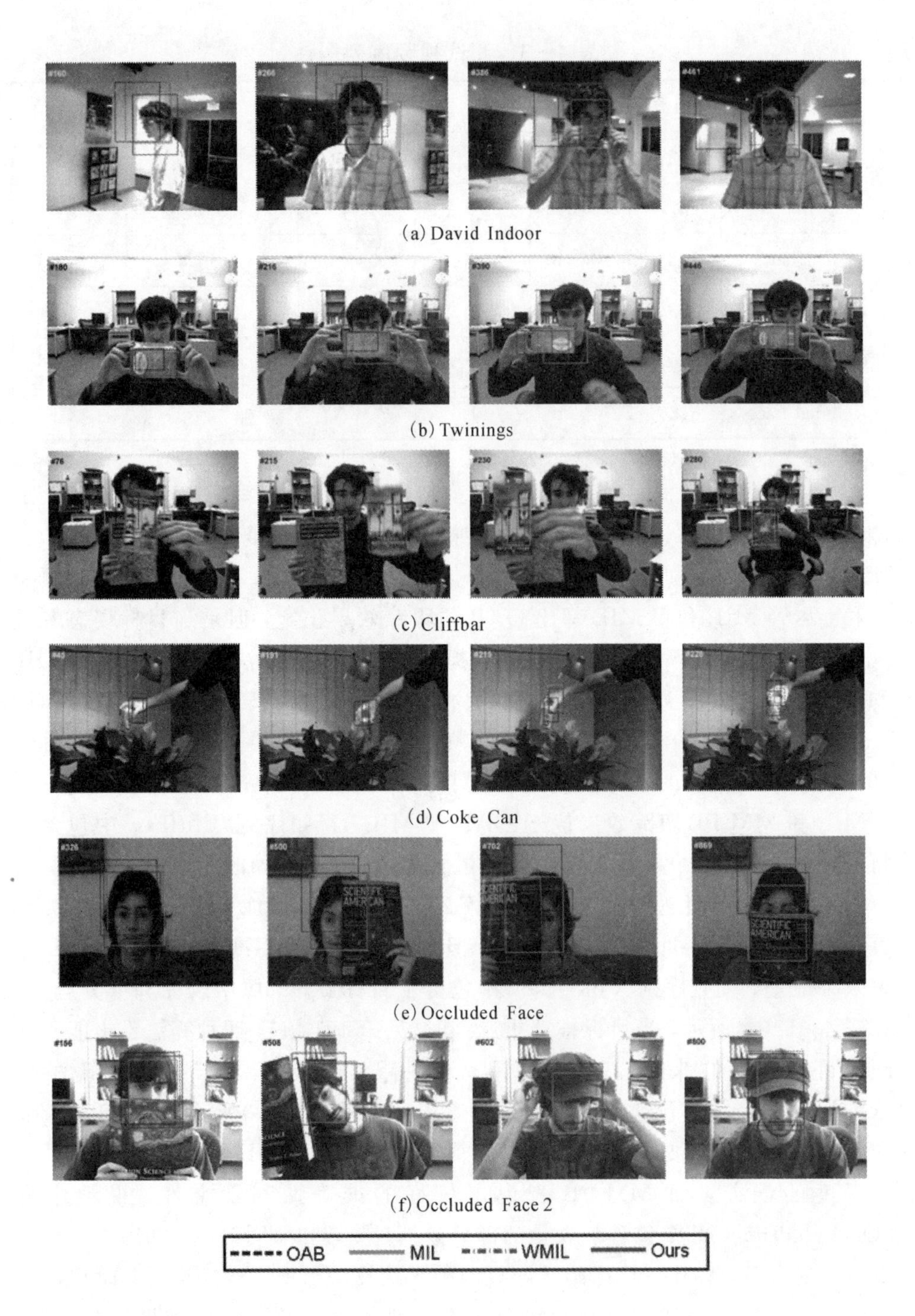
(a) David Indoor
(b) Twinings
(c) Cliffbar
(d) Coke Can
(e) Occluded Face
(f) Occluded Face 2
OAB
MIL
WMIL
Ours

图 4-17　跟踪结果截图

我们从中心位置误差和跟踪成功率两方面对算法的性能进行定量分析。中心位置误差曲线如图 4-18 所示(彩图见书末二维码)。如图 4-18(a)所示：视频序列"David Indoor"的前 140 帧中，WMIL 跟踪效果较好；其他视频帧中，MM-PB 表现更加稳定，平均误差较小。如图 4-18(b)所示：视频序列"Twinings"中，跟踪误差主要集中在第 250～400 帧，其原因为目标在此期间发生了翻转和较大的尺度变化，四种跟踪算法都不能较好地解决这一问题。如图 4-18(c)所示：视频序列"Cliffbar"中，在第 50～100 帧、200～250 帧和 280～310 帧主要出现了尺度变换和运动模糊，这都增加了跟踪的难度，四种跟踪算法在此期间都出现了较大的误差，总的来说，MM-PB 的平均误差更小。

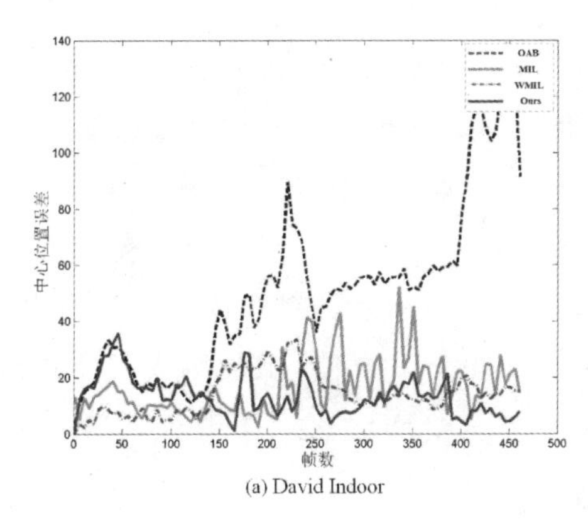

(a) David Indoor

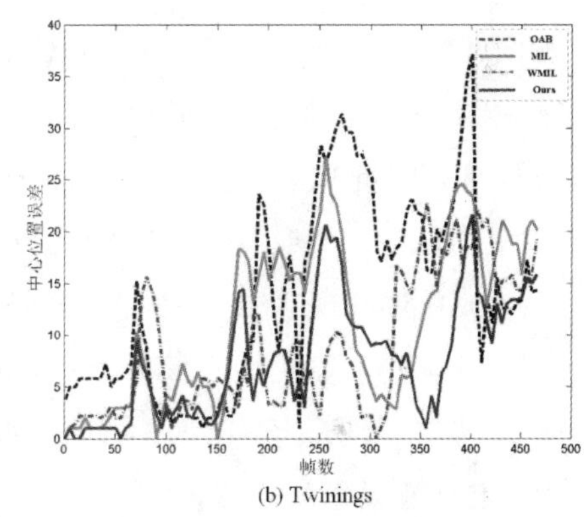

(b) Twinings

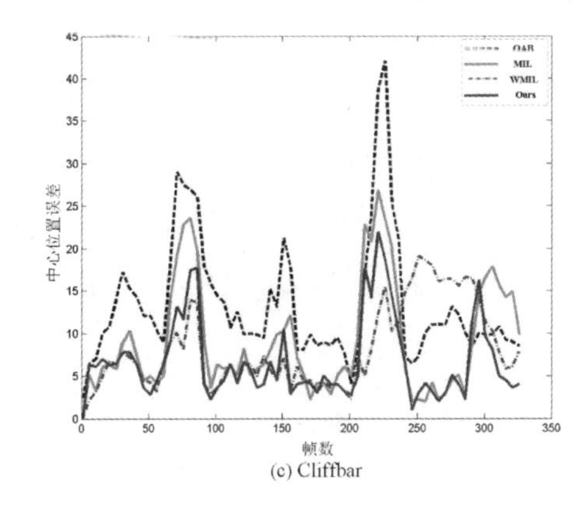

(c) Cliffbar

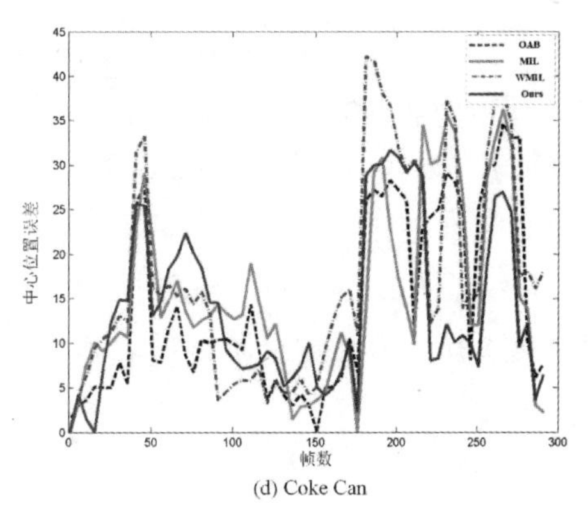

(d) Coke Can

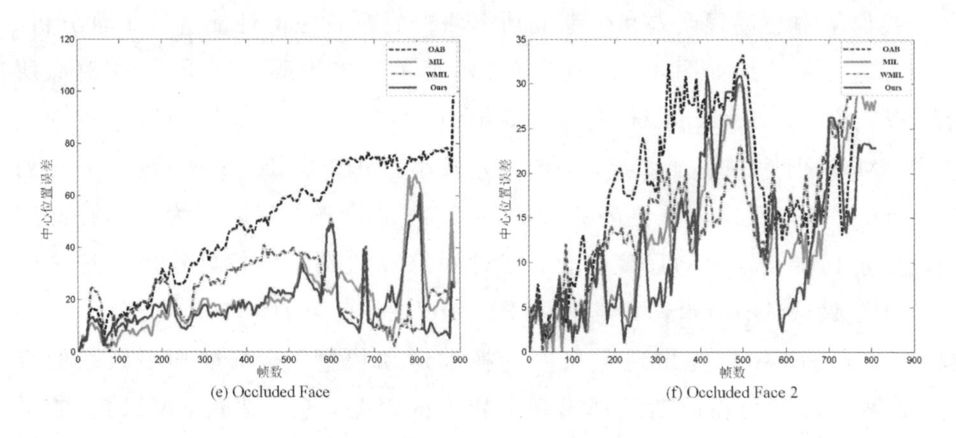

(e) Occluded Face

(f) Occluded Face 2

图 4-18　位置误差曲线图

如图 4-18(d)所示：视频序列“Coke Can”中，误差主要集中在 40～50 帧和 170～280 帧，出现了目标被严重遮挡的情况，四种算法并没有针对遮挡进行特殊处理，因此跟踪效果不佳。如图 4-18(e)所示：视频序列“Occluded Face”中，MIL 和 MM-PB 跟踪误差相对较小，在 600～800 帧，目标被严重遮挡，四种算法都出现了较大误差。如图 4-18(f)所示：视频序列“Occluded Face 2”中，误差主要集中在第 400～550 帧和 690～730 帧，其原因为目标同时发生了旋转和遮挡，导致四种算法的跟踪误差增大。总体看来，MIL 和 MM-PB 跟踪效果更好。

各种算法在不同视频序列上的中心位置最大误差、平均误差和标准差如表 4-4 所示。MM-PB 在视频序列“David Indoor”“Twinings”“Cliffbar”“Coke Can”和“Occluded Face”上具有最小的中心位置平均误差和标准差。对视频序列“Occluded Face 2”，MM-PB 具有最小的中心位置平均误差，而 MIL 的最大误差和标准差在四种算法中最小。表 4-5 反映了四种算法的跟踪成功率，除了“Occluded Face 2”外，MM-PB 在测试视频序列上取得了较高的成功率，这表明该算法具有较好的准确性和稳定性。

表 4-4 中心位置误差 (单位：像素)

方法		David Indoor	Twinings	Cliffbar	Coke Can	Occluded Face	Occluded Face 2
OAB	最大值	138.61	37.12	42.06	34.67	106.83	33.24
	均值	50.42	13.80	13.39	14.11	48.39	18.86
	标准差	30.85	9.42	7.48	10.35	23.56	8.51
MIL	最大值	52.20	27.20	26.83	36.25	68.03	30.41
	均值	16.39	11.23	9.05	15.36	19.25	13.70
	标准差	10.06	7.75	6.55	10.08	12.75	8.47
WMIL	最大值	33.53	22.83	19.11	42.19	51.24	34.48
	均值	14.18	8.91	8.21	17.23	22.43	15.73
	标准差	7.56	6.66	4.94	11.87	11.56	7.63
MM-PB	最大值	35.85	21.63	21.95	31.62	61.29	31.40
	均值	13.10	7.60	6.70	13.79	18.11	12.64
	标准差	7.05	5.72	4.75	9.20	10.97	8.55

表 4-5 成 功 率 (单位：%)

视频序列	OAB	MIL	WMIL	MM-PB
David Indoor	25.81	67.74	92.47	93.12
Twinings	39.36	75.53	80.85	92.55
Cliffbar	60.61	74.24	78.79	89.39
Coke Can	44.07	23.73	28.81	49.15
Occluded Face	38.76	93.26	91.57	93.27
Occluded Face 2	87.12	96.32	93.87	93.25

4.4 基于压缩感知的目标跟踪

4.4.1 压缩感知

压缩感知(Compressive Sensing,CS)[47]作为一种新的理论，是目标跟踪技术领域中一个十分引人关注的课题。由奈奎斯特定理可知，信号要能无失真地重建，所要求的采样频率是由它的带宽所决定的，然而压缩感知使得在远小于奈奎斯特采样率的情况下，准确地重建原始信号成为了可能。压缩感知理论与奈奎斯特采样原理相比，最大的不同是采样频率取决于信号的稀疏性和非相关性，或者是信号的稀疏性及等距约束性，与信号带宽无关。所谓压缩，就是使得在某一变换域中稀疏的信号得以简化，通过小于基于奈奎斯特原理的采样频率恢复原始信号。其具体做法是：首先利用观测矩阵将信号从高维空间投影到低维空间中，简化信号的表示，然后通过求解优化问题，在低维空间提取有用信息，从而恢复原始信号。

压缩感知理论有稀疏性、非相关观测和非线性优化重建三个重要因素。第一个重要因素是信号的稀疏性。信号的稀疏性决定信号是否能进行压缩感知，并且影响感知效率。由字典矩阵线性表示的系数向量越稀疏，那么以高概率准确地重构原始信号所需要的观测样本数目也就越少。第二个重要因素是非相关观测。非相关观测即观测矩阵与正交基字典矩阵不相关，观测矩阵构造的要点在于观测波形和采样方式。在设计时应遵循如下原则：① 观测波形的普适性，即保证观测波形与表示系统或字典矩阵都不相关；② 观测波形的最优性；③ 实用性，即应具有计算速度快、硬件易实现和节约存储量等优点。第三个重要因素是非线性优化。非线性优化不仅在重新构造信号中起着重要的作用，也是从低分辨观测值中准确重建高分辨原始信号需要付出的代价。

对于信号的处理，往往会出现信号混叠、重构不完整和处理效率低下等问题，好的压缩感知方法既可以构造出良好的原始信号，又能够提高效率。通常情况下，压缩感知包含以下几个主要步骤：

(1) 信号稀疏表示。通过稀疏变换字典得到稀疏变换后的信号，同时也是采样得到的信号。确定稀疏字典矩阵 $\boldsymbol{\psi}$ 有两种办法：字典学习和建立超完备原子字典。其中，字典学习的优点是自适应较好，缺点是所需计算资源多；建立超完备原子字典的优点是简单，缺点是自适应不好。

(2) 对信号进行压缩观测。采用另一个与规范正交基字典矩阵 $\boldsymbol{\psi}$ 不相关

的观测矩阵对信号 $\boldsymbol{x}$ 进行压缩观测，于是就得到了线性观测值或投影值，其中，观测值的维数远远小于原始信号的维数，而低维的投影值中已经包含了重构原始信号 $\boldsymbol{x}$ 所需要的足够信息，如图 4－19 所示。

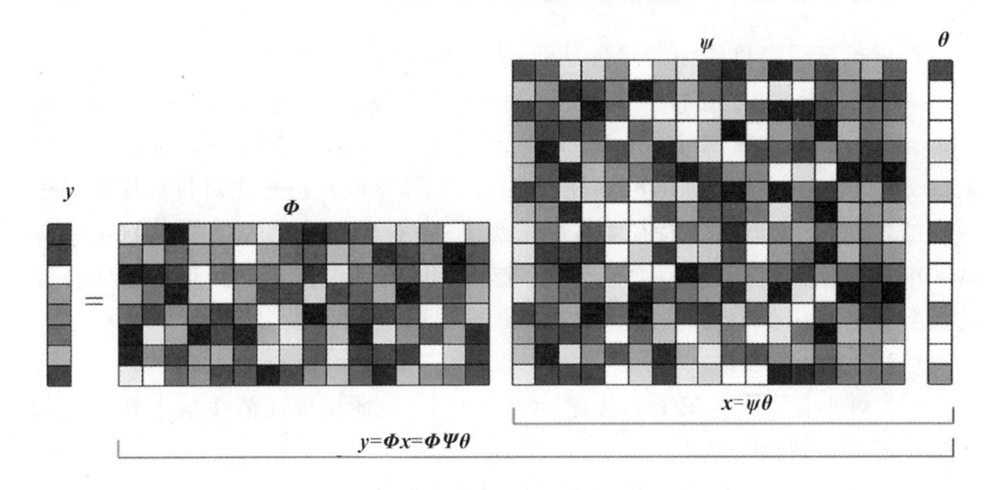

图 4－19　观测向量的矩阵表示

(3) CS 优化重建。通过求解一个优化问题，利用观测向量 $\boldsymbol{y}$、字典矩阵 $\boldsymbol{\psi}$ 以及观测矩阵 $\boldsymbol{\Phi}$ 准确地重建原始信号 $\boldsymbol{x}$。

压缩感知过程如图 4－20 所示。

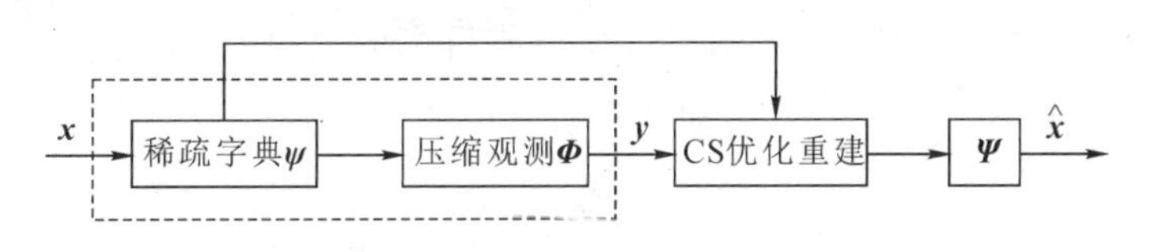

图 4－20　压缩感知过程

压缩感知在信号处理方面优势显著，吸引了诸多研究者将其应用于成像、网络管理以及信号源定位等多种领域，并且取得了良好的效果。面向工程应用，压缩感知具有效率高、准确性好的特点，是目标跟踪中应用较多的信号处理方法。Zhang 等人将压缩感知理论成功地应用于目标跟踪领域，提出了一种简单而高效的压缩跟踪算法(Compressive Tracking，CT)[48]。首先，利用满足压缩感知约束等距性质(Restricted Isometry Property，RIP)[49]的随机感知矩阵对图像的高维特征进行降维；然后，采用朴素贝叶斯分类器对降维后的特征进行分类，从而分离背景和目标；接着，在视频序列的每一帧中以在线学习的方式实时更新该分类器。该跟踪算法可以满足实时跟踪的要求。CT 算法简单

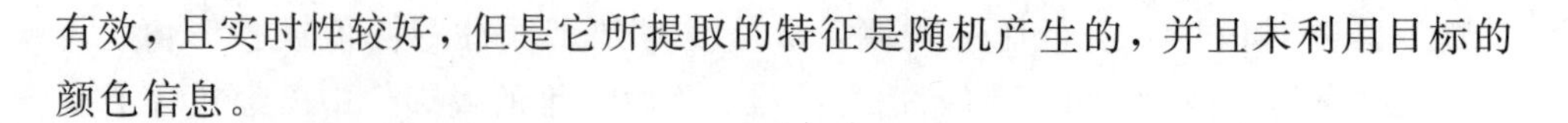

有效，且实时性较好，但是它所提取的特征是随机产生的，并且未利用目标的颜色信息。

4.4.2 基于多通道特征选择的压缩跟踪算法

针对压缩跟踪算法中特征随机产生且未利用目标的颜色信息的特点，提出了一种基于多通道特征选择的压缩跟踪算法(Compression Tracking Algorithm Based on Multi-channel Feature Selection，MFS)[45]，通过实验验证，改进的算法具有较高的准确性和跟踪成功率。该算法首先对目标提取尺度可变的多通道 Haar-like 特征，然后采用 K-W 检验方法，从众多的 Haar-like 特征中选择分数较高的少数特征来构造朴素贝叶斯分类器，并且将这些特征的得分作为对应分类器的权值来构造强分类器。具体算法如下：

(1) 令 $i=1, 2, \cdots, M$；

(2) 对所有样本的第 i 个特征 $v\in V(i, :)$，将其特征值按从小到大的顺序从 1 开始重新编号；

(3) 计算正样本编号的均值 $M_{i,\text{pos}}$ 以及负样本编号的均值 $M_{i,\text{neg}}$；

(4) 计算第 i 个特征的分数 S_i；

(5) 循环结束；

(6) 将 $\{S_1, S_2, \cdots, S_M\}$ 降序排列，取出前 K 个分数较高者对应的特征，即选出的 K 个最具判别力的特征，用于后续目标跟踪，令 $t=1$；

(7) 在当前帧目标位置 l_t 附近，按当前目标的尺度 S_t，寻找两个图像集合 $X^\alpha=\{I: \| l(I)-l_t \| <\alpha\}$ 和 $X^{\xi,\beta}=\{I: \xi< \| l(I)-l_t \| <\beta\}$，其中，$\alpha<\xi<\beta$；

(8) 分别提取图像集合 X^α 和 $X^{\xi,\beta}$ 中的图像特征并降维，然后将 X^α 对应的降维后的图像特征作为正样本，将 $X^{\xi,\beta}$ 对应的降维后的图像特征作为负样本，更新朴素贝叶斯分类器中的分布参数，重新计算各个朴素贝叶斯分类器并更新强分类器；

(9) 令 $t=t+1$，并判断是否超出视频帧范围，如果是则停止计算，否则跳转至步骤(11)；

(10) 读入第 t 帧图像，根据目标在第 $t-1$ 帧中的位置，在其邻域范围内，按照目标当前尺度 S_{t-1} 以及尺度 $S_{t-1}\times(1\pm\delta)$找到图像集合 $X^\gamma=\{I: \| l(I)-l_{t-1} \| <\gamma\}$，提取步骤(6)中的 K 个特征并对特征进行降维，其中 δ 为尺度步长，以适应变尺度跟踪；

(11) 使用已更新的强分类器 $H(V)$ 从图像集合 X^γ 对应的特征中找到具

有最大分类器响应的特征，将它所应对的图像块作为目标，记下其中心点位置坐标(x_t，y_t)和尺度 S_t ，并记为 l_t ，然后跳转至步骤(7)。

本书将 MFS 算法应用于数据集 VOT 中的 8 个公开视频序列中，并将其与 CT[43]、MIL[42]、EDFT[49]和 Struck[50]四种算法进行了测试与比较。这些测试视频中包含了视频跟踪中常遇到的照明变化、形状改变、运动模糊、外观变化、部分遮挡和严重遮挡等情况。

图 4-21 是 CT、MIL、EDFT、Struck 以及 MFS 在数据库 VOT 的 8 个视频序列上的部分跟踪结果截图(彩图见书末二维码)。

(a) Twinings

(b) Polarbear

(c) Shaking

(d) Tunnel

(e) Walking

(f) Surfing

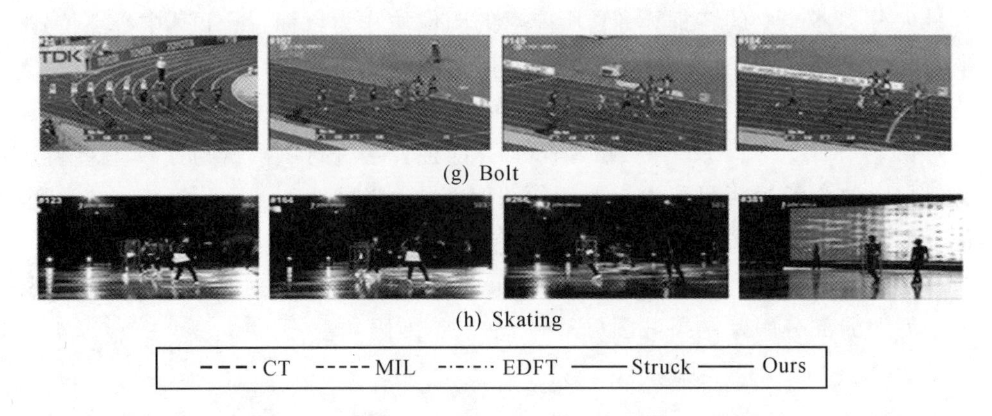

图 4-21 测试视频序列跟踪结果部分截图

视频序列“Twinings”由 467 帧 320×240 像素的图像构成，其中包含了大量的旋转、尺度变化以及外观变化。如图 4-21(a)所示：在第 66 帧中，CT 算法偏离了目标；在第 411 帧中，目标发生翻转，CT、MIL、EDFT、Struck 以及 MFS 都出现了不同程度的漂移，相比较而言，MFS 和 MIL 具有更准确和稳定的跟踪结果。视频序列“Polarbear”由 371 帧 640×360 像素的图像构成，其中包含了目标的旋转和外观改变。如图 4-21(b)所示：在第 69 帧中，比较的五种算法都能较好地跟踪目标，误差较小；随着目标的运动，EDFT 算法在第 171、271 和 370 帧中出现了严重漂移；在 370 帧中，CT 算法偏离目标较远。而 MIL、Struck 和 MFS 表现相对稳定。视频序列“Shaking”由 365 帧 624×352 像素的图像构成，其中包含了照明变化、尺度改变、部分遮挡以及旋转。如图 4-21(c)所示：在跟踪之初第 29 帧中，CT 和 Struck 算法出现了不同程度的漂移；在第 358 帧中，CT 算法偏离目标较远，跟踪失败；MFS 在整个跟踪过程中表现出良好的稳定性，跟踪结果较为准确。视频序列“Tunnel”由 731 帧 360×480 像素的图像构成，其中包含了照明变化、相似目标干扰以及尺度变化。如图 4-21(d)所示：在第 60、321、477 和 706 帧中，照明条件发生了显著变化，EDFT、Struck 和 MFS 在跟踪位置以及目标尺度估计上表现出较高的准确性；在第 321、477 和 706 帧中，MIL 算法的目标尺度估计上出现较大误差，中心点位置出现偏离；在第 321、477 和 706 帧中，CT 算法跟踪结果偏离目标相对较远。视频序列“Walking”由 412 帧 768×576 像素的图像构成，其中包含了目标被部分遮挡和尺度变化。如图 4-21(e)所示：在跟踪开始的前 29 帧中，比较的五种算法都取得了较为准确的跟踪结果；随着跟踪时间的增加，特别是目标被电线杆部分遮挡时，MFS仍具有较准确的尺度估计和位置估计；在第193帧中，比较的五种算法在跟踪的位置精度上都具有较好的表现，但就尺度估计来说，MFS最准确。视频序列“Surfing”由282帧320×240像素的图像构成，其中包含了因为目标快速运动而产生的运动模糊以及跟踪目标所占像素点较少等情况。如图4-21(f)所示：在第79、143、242和257帧中，CT算法逐渐偏离目标中心，较其他跟踪算法，误差相对较大；而在整个跟踪过程中，EDFT、Struck和MFS表现出良好的准确性和鲁棒性，跟踪误差较小。视频序列“Bolt”由350帧640×360像素的图像构成，其中包含了部分遮挡、相似目标干扰以及形变等情况。如图4-21(g)所示：在第25帧中，MIL和EDFT算法出现了较大跟踪误差；在第184帧中，CT算法偏离目标中心点最远，MFS也出现了较大误差。视频序列“Skating”由400帧640×360像素的图像构成，其中包含了照明条件改变、目标遮挡、旋转、尺度变化和相似物体干扰等情况。如图4-21(h)所示：在前123帧中，比较的五种算法跟踪误差较小，都能正确获取目标所在位置；在第266和381帧中，五种跟踪算法都出现了目标位置和尺度估计不准确的问题，导致误差的产生。

我们从中心位置误差和跟踪成功率两方面对五种算法的性能进行定量分析，如图4-22所示(彩图见书末二维码)。如图4-22(a)所示，视频序列“Twinings”的前150帧内，CT算法误差较大；在150帧后，五种算法的跟踪误差主要集中在150～270帧和350～467帧这两个区间。如图4-22(b)所示，视频序列“Polarbear”的第140帧以后，比较的跟踪算法都有一个共同的趋势：平均误差逐渐增大。如图4-22(c)所示，在视频序列“Shaking”的25～120帧、180～210帧和290～365帧，都存在光照改变、目标被部分遮挡和尺度改变等情况，这时CT算法出现较大误差，而MFS表现较好；在所有误差曲线中，MFS最为平坦，误差最小，而CT算法误差最大。如图4-22(d)所示，MFS平均误差较小，而MIL和CT算法的平均误差较大，误差主要集中在视频序列“Tunnel”的第100帧以后。如图4-22(e)和图4-22(f)所示，五种算法在视频序列“Walking”和“Surfing”上表现良好，最大中心位置误差均不超过15个像素，MFS平均位置误差更小。如图4-22(g)和图4-22(h)所示，EDFT和MFS误差曲线相对平坦些，反映出这两种算法更具稳定性。

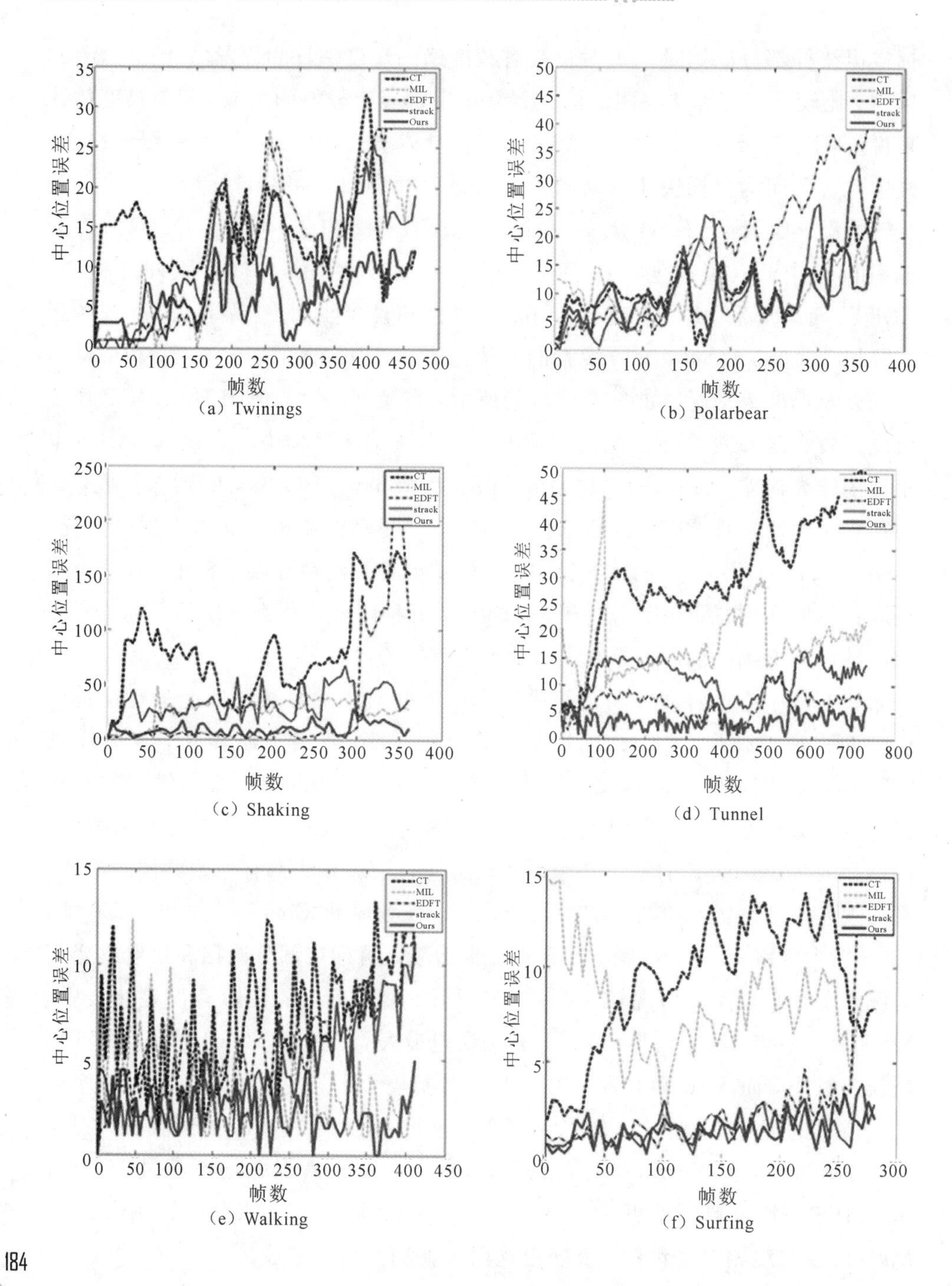

(a) Twinings (b) Polarbear

(c) Shaking (d) Tunnel

(e) Walking (f) Surfing

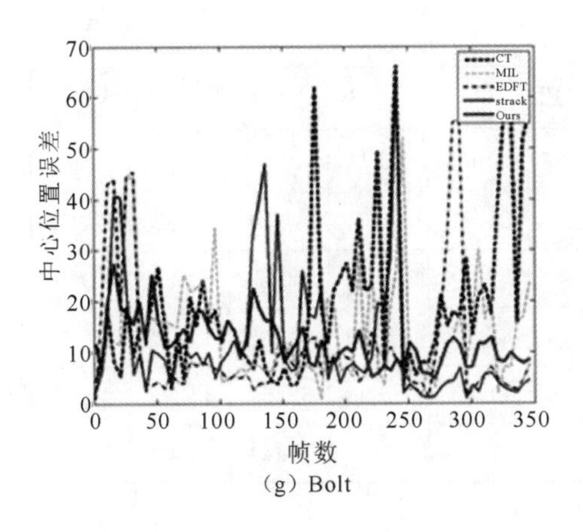

(g) Bolt

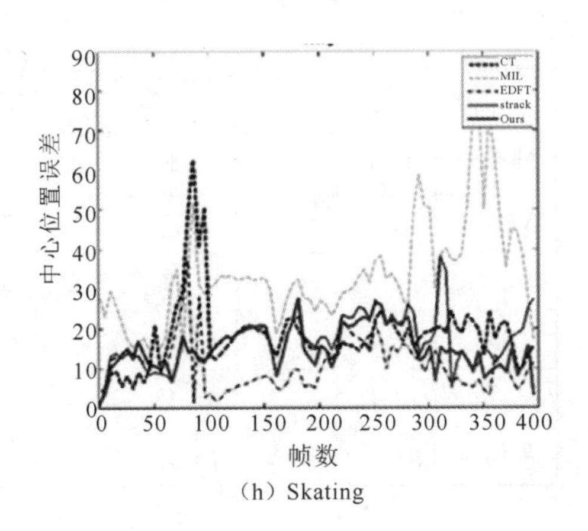

(h) Skating

图 4-22 中心位置误差曲线

我们比较的五种算法在八个视频序列上的平均中心位置误差和成功率，结果见表 4-6，MFS 除了在"Bolt"和"Skating"两个视频序列上表现次优外，在其余六个视频序列上均具有最小的中心位置误差和最高的成功率。综合五种算法在所有测试视频序列上的表现，MFS 的平均中心位置误差最小、平均成功率最高，EDFT 次之。分析"Bolt"和"Skating"这两个视频序列的特点，它们都包含了目标快速运动、旋转和部分遮挡的情况，实验中五种算法的跟踪结果都不够理想，其中心位置误差相对于其他测试视频序列偏高，而跟踪成功率偏低，这也恰恰说明了对这两个视频的跟踪难度较大。五种跟踪算法中都没有专门针对旋转或者遮挡等情况进行特殊处理，而是采用统一的算法和相同的模型更新因子来应对跟踪过程中出现的各种情况，因此，对于"Bolt"和"Skating"这两个视频序列中出现的复杂的跟踪情况，表现出算法的鲁棒性不够好。因此，在后续对算法的继续研究中，应该深入研究模型的更新机制，让它能自适应环境的变化，从而提高跟踪的精度。

表 4-6 中心位置误差(单位:像素)和成功率(单位:%)

视频序列名称	CT		MIL		EDFT		Struck		MFS	
	CLE	SR	CLE	SR	CLE	SR	CLE	SR	CLE	SR
Twinings	13.76	84.04	11.23	75.53	12.43	67.02	11.37	74.47	6.20	100
Polarbear	11.44	80.67	11.06	81.08	18.49	50	10.92	82	10.02	86
Shaking	82.69	35.48	25.69	76.03	26.88	73.19	32.84	67.40	9.63	90.41
Tunnel	30.28	50.44	17.62	69.8	6.47	92.52	11.31	83.44	3.59	95.44

续表

视频序列名称	CT		MIL		EDFT		Struck		MFS	
	CLE	SR	CLE	SR	CLE	SR	CLE	SR	CLE	SR
Walking	7.28	49.40	3.57	84.22	5.67	55.42	4.36	60.24	2.39	87.59
Surfing	9.16	96.49	7.91	97.12	2.58	97.98	1.49	100.00	1.46	100.00
Bolt	19.23	65.71	13.73	77.14	10.74	88.57	11.68	81.43	11.33	85.14
Skating	18.15	72.50	33.46	12.50	10.66	91.25	16.80	62.50	14.77	84.75
平均值	24.00	66.84	15.53	71.68	11.74	77.00	12.60	76.44	7.42	91.17

4.5 基于位平面的目标跟踪

4.5.1 图像位平面

用图像作为底面，用表示像素亮度大小的八位二进制数作为高度，可形成一个立体直方图，各像素位置相同的位形成了一个平面，称为“位平面”。在普通的摄像头采集的视频图像中，除了包含普通视频中的照明改变、外观变化、形状改变、运动模糊、遮挡等情况外，还存在着图像分辨率较低、噪声强度较大和光照不均等情况，这都进一步加大了目标跟踪的难度。基于位平面的跟踪方法可以较好地解决这些问题，其相关理论主要有图像位平面、LBP 特征以及基于分布场的跟踪算法。

1. 图像位平面

当图像在计算机中存储时，一个像素通常用多个比特位来表示。像素的灰度值可由 8 个比特位构成的二进制序列表示，即

$$a_{i,j,8}a_{i,j,7}a_{i,j,6}a_{i,j,5}a_{i,j,4}a_{i,j,3}a_{i,j,2}a_{i,j,1}$$

取出所有像素第 k 个比特位的值 $a_{i,j,k}(i=1, 2, \cdots, m; j=1, 2, \cdots, n)$，就构成了该图像的第 k 个位平面，记为 $BP(k)$。图 4-23(b)中列出了图 4-23(a)的 8 个位平面，按从左到右、从上到下的顺序依次是：第 8 个，第 7 个，……，直到第 1 个位平面。简而言之，图像的位平面就是从每个像素的灰度值所对应的二进制序列中，取出特定的比特位而构成的集合，它包含了和原图像相同的信息。采用格雷码表示的位平面如图 4-24 所示。

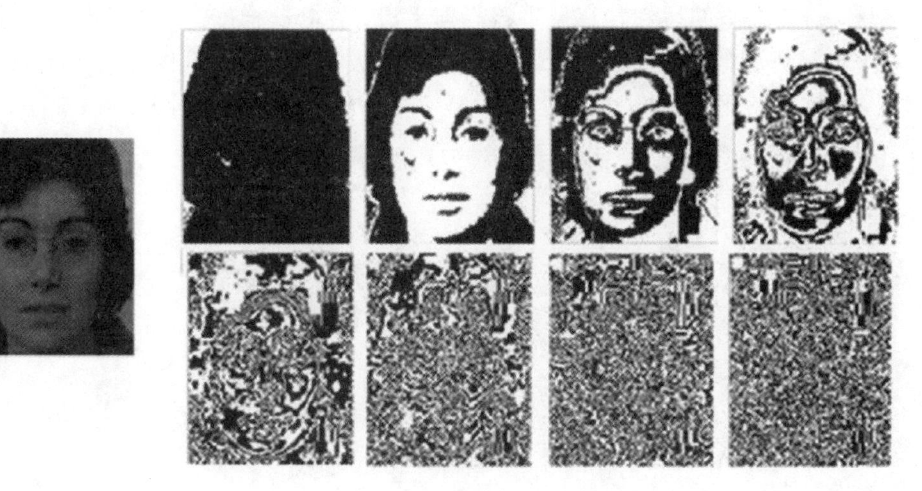

(a)原图　　(b)由高到低的8个位平面

图 4-23　图像的位平面

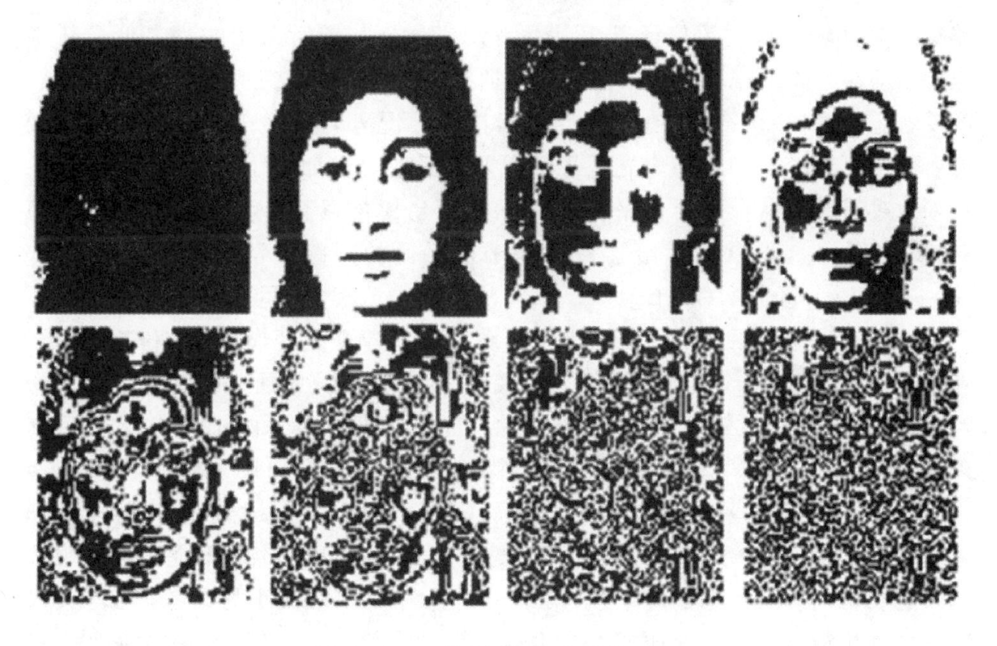

图 4-24　格雷码表示的位平面

2. 基于分布场的跟踪算法

具体跟踪过程：首先在第一帧中选定跟踪目标，计算其分布场图像并进行平滑，建立外观模型。然后根据目标在前一帧中的位置，在当前帧中确定候选

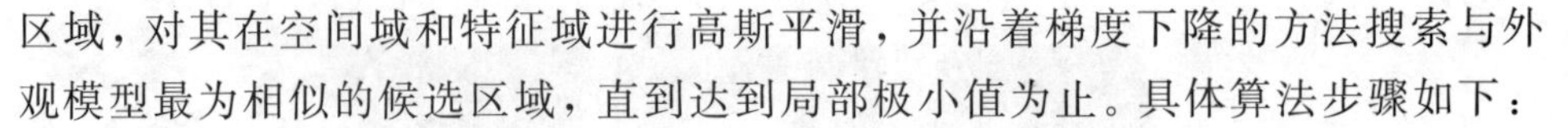

区域，对其在空间域和特征域进行高斯平滑，并沿着梯度下降的方法搜索与外观模型最为相似的候选区域，直到达到局部极小值为止。具体算法步骤如下：

(1) 初始化外观模型：$d_m^i = F(I) * h_{s(i)} * h_f$，$i \in \{1, 2, \cdots, |\sigma_s|\}$；

(2) for $t=2$：K do；

(3) for $i=1$：$|\sigma_s|$ do；

(4) $d_t^i = F(I_t) * h_{s(i)} * h_f$；

(5) $(x', y') = \underset{(x, y)}{\operatorname{argmin}} L_1(d_t^i(x, y), d_m^i)$；

(6) $(x, y) = (x', y')$；

(7) end for；

(8) $d_m^i = \lambda d_{m-1}^i + (1+\lambda) d_t^i$；

(9) end for.

4.5.2 基于位平面的跟踪算法

在智能网联系统中，视频监控系统在机场、车站、银行、超市、城市十字路口等公共场所得到了广泛部署。但是大部分公共场所采用的都是低分辨率摄像头，在采集的视频中，除了包含普通视频中的照明改变、外观变化、形状改变、运动模糊、部分遮挡或者严重遮挡等情况外，还存在着图像分辨率较低、噪声强度较大和不均匀光照等情况，这都进一步加大了目标跟踪的难度。针对这些问题，结合重要位平面对目标外观建模可以在一定程度上减少噪声对模型的影响，本章节提出了一种基于位平面的跟踪方法(Object Tracking Based on Bit-planes，OT-BP)[53]。该算法的基本流程如图 4-25 所示。

由于已经获取目标的初始位置，可分别为其建立亮度模型 M_1 和基于 LBP 特征的纹理模型 M_2。令 $l(x)$ 代表图像块 x 在原图像中所处的位置。当下一帧 f 到来时，预先估计目标在第 f 帧中可能出现的位置，并记为 l'_f，然后在以该位置为中心、r 为半径的邻域范围内采集若干不同尺度的图像块 $X = \{x: \| l(x) - l'_f \| < r\}$ 作为候选目标，这些可选的尺度记为 $S_{f-1} \times (1 \pm \delta)$，其中 S_{f-1} 代表目标在前一帧中的尺度大小，δ 为尺度步长，即在当前帧中选择候选目标时，以目标在前一帧(第 $f-1$ 帧)中的尺度大小为参考，考虑其尺度可能发生改变，因此增加或者减少相应尺度步长。这里有一个重要假设：目标中心点不会移动出以 l'_f 为中心点，r 为半径的圆形区域。OT-BP 算法的具体步骤如下：

(1) 初始化目标的亮度模型 $M_1 = \mathrm{BPGC}_{\mathrm{Intensity}}(I_{l_1}) * h_{\mu_s, \sigma_s} * h_{\mu_f, \sigma_f}$ 和纹理模型 $M_2 = \mathrm{BPGC}_{\mathrm{LBP}}(I_{l_1}) * h_{\mu_s, \sigma_s} * h_{\mu_f, \sigma_f}$；

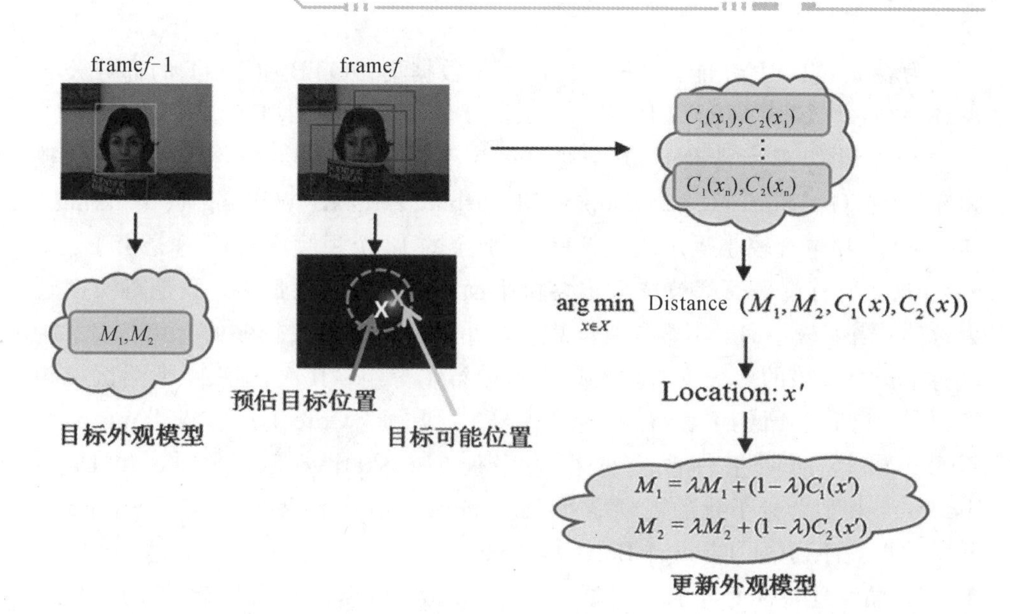

图 4-25 OT-BP 基本流程

(2) for $f=2$ to K do;

(3) 根据目标在第 $f-1$ 帧中的位置，预先估计出目标在当前帧中的位置 l'_f；

(4) 以尺度 $S_{f-1}\times(1\pm\delta)$，在以 l'_f 为中心、r 为半径的范围内，采集图像块集合 $X=\{x:\|l(x)-l'_f\|<r\}$，作为候选目标范围；

(5) 针对每一图像块 $x\in X$，计算其平滑后的以格雷码表示的亮度位平面 $C_1(x)=\text{BPGC}_{\text{Intensity}}(x)*h_{\mu_s,\sigma_s}*h_{\mu_f,\sigma_f}$；

(6) 针对每一图像块 $x\in X$，计算其平滑后的以格雷码表示的基于 LBP 特征的纹理位平面 $C_2(x)=\text{BPGC}_{\text{LBP}}(x)*h_{\mu_s,\sigma_s}*h_{\mu_f,\sigma_f}$；

(7) 在候选目标范围内，利用公式

$$\text{Distance}(M_1,M_2,C_1,C_2)=w\text{Dist}(M_1,G_1)+(1-w)\text{Dist}(M_2,C_2) \tag{5.25}$$

分别计算候选目标与模型的相似度，选择距离小者对应的图像块作为目标 $x'=\arg\min\limits_{x\in X}\text{Distance}(M_1,M_2,C_1(x),C_2(x))$，并定位其在当前帧中的位置 $l_f(x')=(x_f,y_f,s_f)$；

(8) 分别计算当前帧中目标区域对应的用格雷码表示的亮度位平面 $C_1(x')$ 和纹理位平面 $C_2(x')$；

(9) 更新目标外观模型 M_1 和 M_2；

(10) end for。

为验证 OT-BP 性能，将该算法应用于数据集 OOTB 和 VOT 的部分公开视频序列，与 CT、MIL、EDFT、Struck、DSST[54] 和 SAMF[55] 进行测试对比。

首先，将实验所涉及的 20 个测试视频序列分为两组：包含较大噪声的视频序列(如 Gas Station、Motorbike、Motorbike 2、Taxi、Walking 4、Walking 5 和 Diving)和包含较小噪声的视频序列(剩余的 13 个视频序列)。这是由于：当 $b=8$ 时，所有位平面都被选作重要位平面，保留的信息最多，但是对噪声较为敏感；当 b 较小时，不容易受噪声影响，但是又会丢失较多的有用信息。所以为了选择适当的参数 b，对视频序列进行了分组；其次，将 20 个测试视频序列分为四类：低照度情况下的视频序列(如 Motorbike、Walking 4 和 Walking 5)，照明条件改变的视频序列(如 Skating、Sun Shade 和 David Indoor)，相似背景干扰的视频序列(如 Shaking、Motorbike 2 和 Gas Station)，普通的视频序列(如 Diving、Bolt、Car Scale 等)。这是由于：当 w 越小时，基于 LBP 的纹理特征所起的作用更大；当 w 越大时，亮度特征所起的作用更大。为了选择合适的参数 w，对视频序列进行了分类，然后，将 20 个测试视频序列分为三类：目标外观在短时间内发生显著变化的视频序列(如 Bolt、Diving、Skating、Sun Shade 和 Cliffbar)，目标外观在长时间内发生显著改变的视频序列(如 Girl、Shaking、Gas Station、Car Scale 和 Taxi)，普通的视频序列(如 Occluded Face、Occluded Face 2、Twinings、Motorbike、Walking 4 等)。这是由于：λ 取值越大，外观模型更新得越慢，可能导致模型不能准确反映目标的外观变化，甚至跟踪失败；λ 取值越小，外观模型更新得越快，即使小的累积误差也有可能导致跟踪漂移。所以为了选择适当的参数 λ，对视频序列进行了分类。测试视频序列的详细信息如表 4-7 所示。

表 4-7　测试视频序列属性

编号	视频序列名称	总帧数	图像大小	OC	BC	OP	IPR	IV	SV	DE	MB	FM
1	Dollar	327	320×240	√	√							
2	Occluded Face	886	352×288	√								
3	Occluded Face 2	812	320×240	√		√	√	√				
4	David Indoor	462	320×240			√	√	√	√	√		
5	Cliffbar	328	320×240		√		√		√		√	√
6	Coke Can	292	320×240	√	√	√	√	√				√
7	Twinings	467	320×240			√			√			
8	Girl	502	320×240	√		√	√		√			

续表

编号	视频序列名称	总帧数	图像大小	OC	BC	OP	IPR	IV	SV	DE	MB	FM
9	Bolt	350	640×360	√		√	√			√		√
10	Car Scale	352	640×272	√		√	√		√			√
11	Diving	219	400×224				√		√	√		
12	Skating	400	640×360	√	√	√		√	√	√		√
13	Sun Shade	172	352 ×288					√	√			√
14	Shaking	365	624×352		√	√	√	√	√			

我们采用了七种跟踪算法，在14个公开数据集上进行测试，测试结果的部分截图如图4-26所示(彩图见书末二维码)。

如图4-26(a)所示：在第51和141帧中，由于目标的一页被折叠，从而引起目标外观发生变化，CT算法和MIL算法的跟踪结果轻微地偏离目标中心；从第186帧开始，场景中出现了与目标外观极为相似的干扰物体，这七种跟踪算法都能不受其影响，较准确地跟踪目标。如图4-26(b)和图4-26(c)所示：CT算法和MIL算法很容易出现跟踪漂移(见图4-26(b)中第681和881帧，以及图4-26(c)中第781帧)。EDFT算法也出现了跟踪漂移的现象(见图4-26(b)中第681、701和881帧)。然而，当目标被严重遮挡时(见图4-26(b)中第701和881帧，以及图4-26(c)中第501和721帧)，Struck、DSST、SAMF以及本节提出的基于位平面的跟踪算法仍然能够较准确地跟踪目标。如图4-26(d)和图4-26(m)所示：存在着照明变化(见图4-26(d)中第36和236帧，以及图4-26(m)中第86和106帧)、外观改变(见图4-26(d)中第236和361帧)以及目标快速运动(见图4-26(m)中第106和121帧)。MIL、CT、EDFT和Struck算法都出现了严重的漂移(见图4-26(d)中第236和451帧，以及图4-26(m)中第121和161帧)，而DSST、SAMF和本节提出的算法都取得了较好的跟踪结果。如图4-26(e)和图4-26(f)所示：目标的快速运动引起了图像的模糊(见图4-26(e)中第81和221帧)，同时也存在着旋转和部分遮挡(见图4-26(e)中第146帧，以及图4-26(f)中第181和216帧)，导致MIL和CT算法出现了不同程度的漂移。由于运动模糊的干扰，DSST算法对目标尺度估计不准确，出现了较大偏差(见图4-26(e)中第81、221和251帧)。而SAMF和本节提出的算法表现出较好的鲁棒性。如图4-26(g)和图4-26(h)所示：目标都出现了不同程度的旋转(见图4-26(g)中第211和246帧，以及图4-26(h)中第136和221帧)。在七种跟踪算法中，DSST算法的跟踪结果相对准确。但是，目标平面外旋转带来的外观显著变化和尺度改变是跟踪算法要解决的难点所在。如图 4－26(i)和图 4－26(n)中所示：出现了相似背景干扰、目标快速运动和旋转。DSST 和 SAMF 算法在视频序列开始部分出现了漂移(见图 4－26(i)中第 11 和 26 帧)，由于在目标跟踪失败后重新定位了目标，因此在后续帧中跟踪效果良好，而本节提出的算法在整个跟踪过程中表现出较好的稳定性。在图 4－26(n)中，SAMF、EDFT 和 CT 算法跟踪出现较大误差，而 DSST 和本节提出的算法跟踪效果较好。如图 4－26(j)和图 4－26(k)所示：目标尺度变化以及旋转都增加了跟踪的难度。当目标尺度缓慢变化时(见图 4－26(j)中第 31、166 和 171 帧)，DSST 和本节提出的算法能较准确地跟踪目标。随着目标尺度的快速变化，七种跟踪算法都不能准确地估计目标的尺度(见图 4－26(j)中第 216 和 236 帧)。在图 4－26(k)中，平面内旋转导致目标尺度和姿势的快速改变(见图 4－26(k)中第 166、171 和 216 帧)，七种跟踪算法都不能有效地应对这类变化，出现了较大的跟踪误差。因此，准确的尺度估计是成功跟踪目标的一个重要环节。如图 4－26(l)所示：存在着遮挡、旋转、照明变化和尺度改变等情况。MIL 和 CT 算法出现了跟踪漂移(见图 4－26(l)中第 91、291 和 361 帧)。EDFT、SAMF 和本节提出的算法取得了相对较好的跟踪结果。然而，比较的七种跟踪算法对尺度的估计都不是很准确，这是引起跟踪误差的一个重要原因。

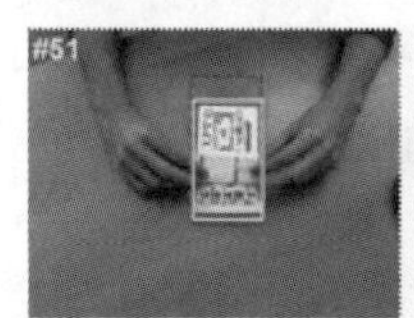

(a) Dollar

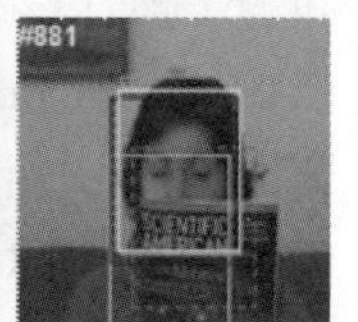

(b) Occluded Face

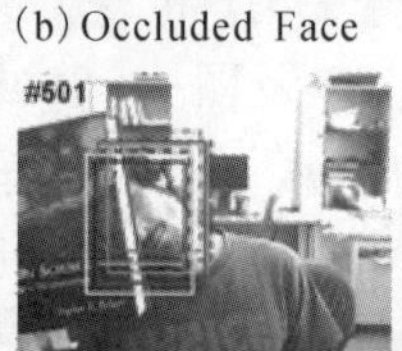

(c) Occluded Face 2

(d) David Indoor

(e) Cliffbar

(f) Coke Can

(g) Twinings

(h) Girl

(i) Bolt

(j) Car Scale

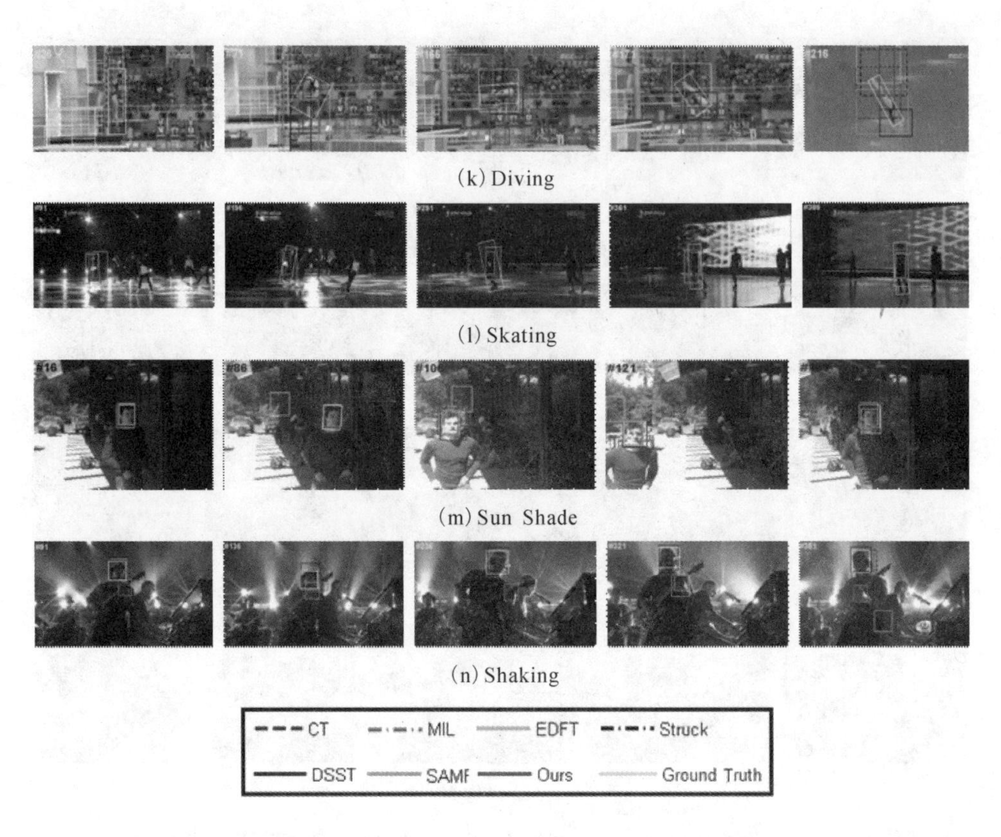

图 4-26　公开数据集上跟踪结果截图

我们采用中心位置误差(CLE)、帧率(FPS)和成功率(SR)来评价跟踪算法的优劣。表 4-8 中展示了七种算法在 14 个视频序列上测试的平均中心位置误差和帧率，由表可知，OT-BP 在大部分测试视频序列上的中心位置误差最小或是次小。值得注意的是：DSST 和 SAMF 算法在对 Bolt 进行跟踪的过程中，一开始就出现了漂移，但由于算法失效后重新定位了目标位置，并继续进行跟踪，所以平均 CLE 较小，而 OT-BP 在整个跟踪过程中表现稳定，并未出现跟踪失败。与表 4-8 对应的中心位置误差曲线如图 4-27 所示(彩图见书末二维码)。

表 4-8　公开数据集上跟踪的中心位置误差(单位：像素)和帧率(单位：帧/秒)

视频序列名称	CT	MIL	EDFT	Struck	DSST	SAMF	OT-BP
Dollar	5.17	5.91	4.99	4.66	4.27	4.38	4.38
Occluded Face	18.36	19.25	22.15	12.19	5.34	7.76	4.62
Occluded Face 2	17.46	13.70	8.18	4.78	4.90	8.69	4.67

续表

视频序列名称	CT	MIL	EDFT	Struck	DSST	SAMF	OT-BP
David Indoor	14.11	16.39	49.80	50.81	5.74	2.83	5.56
Cliffbar	11.07	9.05	5.23	10.04	12.52	9.27	8.58
Coke Can	15.10	15.36	11.52	13.57	6.16	6.70	6.25
Twinings	13.76	11.23	12.43	11.37	3.73	8.78	8.47
Girl	34.78	31.60	35.86	37.84	14.19	9.92	29.01
Bolt	19.23	13.73	10.74	11.68	4.96	6.41	8.93
Car Scale	23.11	21.47	17.49	29.59	18.31	23.62	9.54
Diving	47.17	44.69	61.21	45.07	31.14	52.65	35.95
Skating	18.15	33.46	10.66	16.80	17.07	15.09	16.75
Sun Shade	20.85	17.67	15.07	4.39	4.52	5.73	3.72
Shaking	82.69	25.69	26.88	32.84	7.73	75.77	19.26
Average CLE	24.38	20.02	20.85	20.40	10.04	16.97	11.83
Average FPS	35	25	13	20	8	7	8

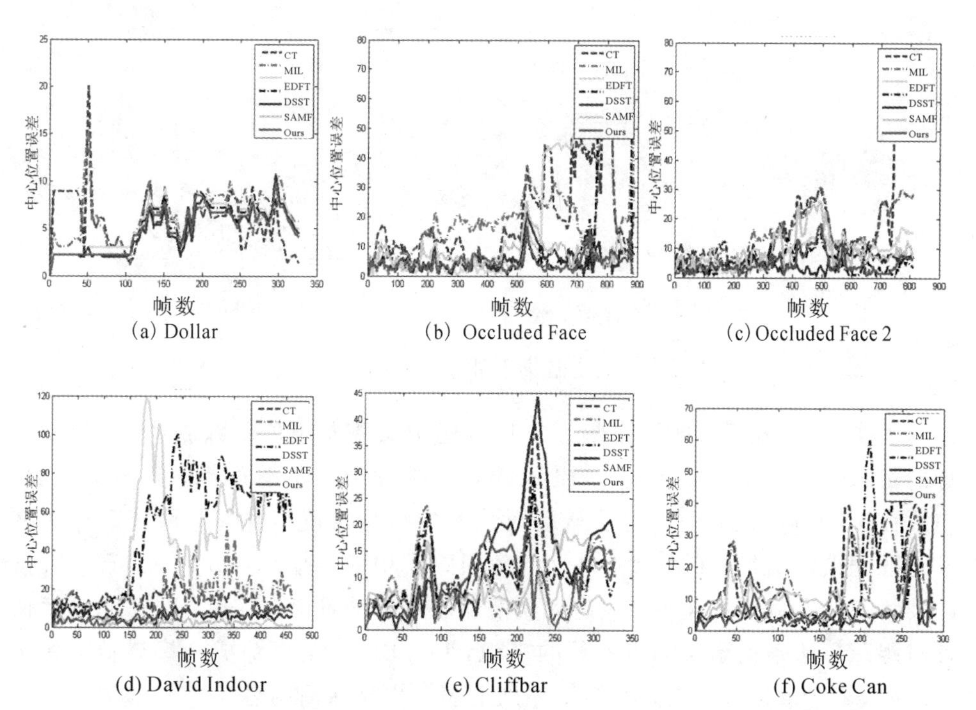

(a) Dollar　(b) Occluded Face　(c) Occluded Face 2

(d) David Indoor　(e) Cliffbar　(f) Coke Can

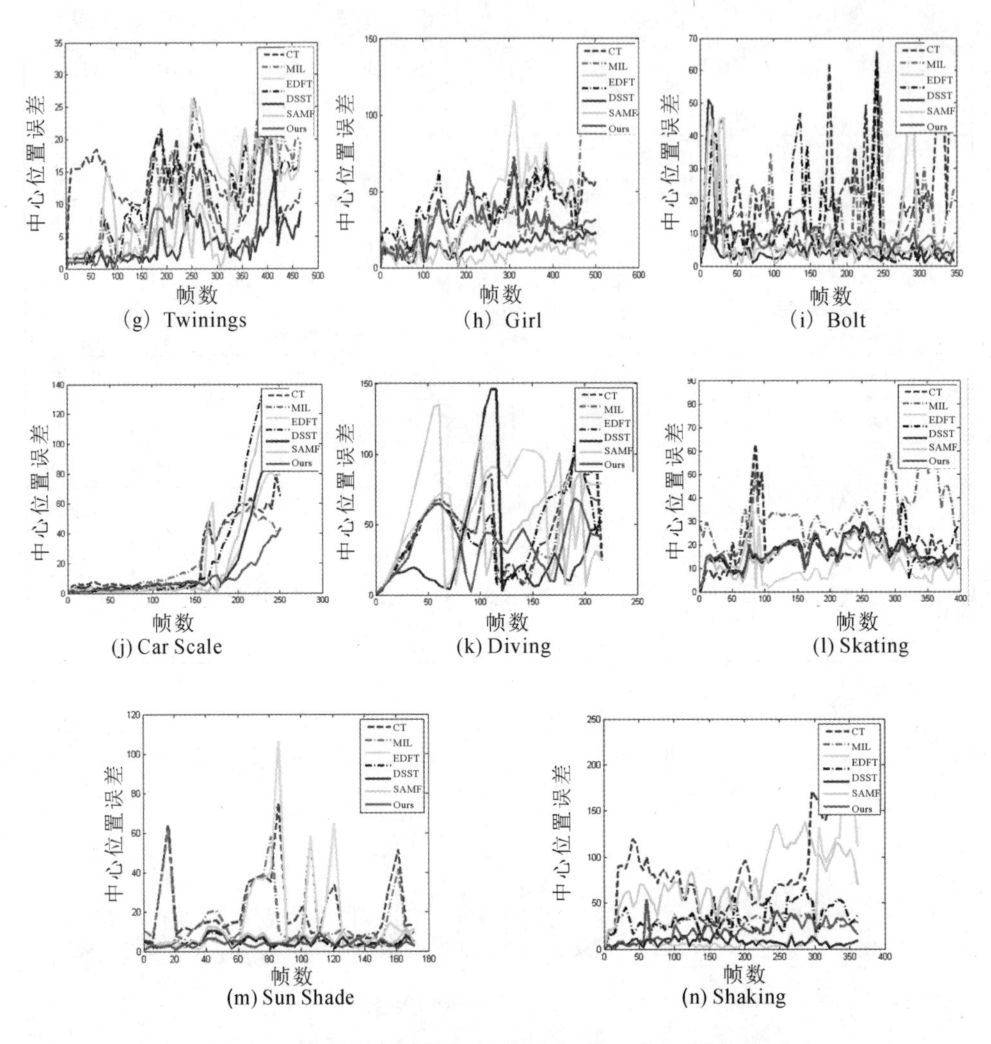

图 4-27 公开数据集上跟踪的中心位置误差曲线

表 4-9 列出了七种跟踪算法在 14 个公开数据集上的跟踪成功率，值得注意的是：七种算法对 Car Scale 和 Diving 的跟踪结果不够理想。分析其原因，主要在于：Car Scale 中出现了显著而快速的目标尺度变化，七种跟踪算法都没能准确估计出目标的尺度，从而导致跟踪成功率不高；Diving 中出现了大量的姿势变化和目标快速翻转，这大大增加了跟踪的难度。可见，准确的尺度估计对跟踪算法来说至关重要。总的来说，OT-BP 算法跟踪成功率较高，除了 Girl 和 Skating 以外，在其他视频序列上表现均排在前两名。

表 4-9 公开数据集上跟踪的成功率 (单位:%)

视频序列名称	CT	MIL	EDFT	Struck	DSST	SAMF	OT-BP
Dollar	100	100	100	100	100	100	100
Occluded Face	87.08	93.26	69.66	87.64	100	100	100
Occluded Face 2	79.14	96.32	100	100	100	98.10	100
David Indoor	96.42	67.74	32.26	33.33	100	100	100
Cliffbar	72.73	74.24	98.48	80.33	45.45	72.73	81.82
Coke Can	37.29	23.73	66.10	69.49	84.75	77.97	84.71
Twinings	84.04	75.53	67.02	74.47	93.77	80.85	82.98
Girl	36.63	57.25	46.53	37.62	84.16	100	59.41
Bolt	65.71	77.14	88.57	81.43	97.14	95.71	100
Car Scale	49.02	49.02	58.82	49.02	69.16	60.78	73.90
Diving	36.36	38.64	25.00	38.64	79.55	40.91	67.73
Skating	72.50	12.50	91.25	62.50	70.04	83.25	75.75
Sun Shade	54.29	62.86	77.14	100	100	100	100
Shaking	35.48	76.03	73.19	67.40	100	34.11	75.34
Average SR	65.41	64.31	70.60	70.95	87.43	74.67	85.83

本章节面向监控视频的实际应用，将 OT-BP、DSST 以及 SAMF 在六段实际的监控视频上进行测试。这些视频的特点如表 4-10 所示，其中 BC 代表背景杂波，SV 代表尺度变化，LR 代表低分辨率，HN 代表噪声强度较大，BI 代表照明条件较差，OCC 代表遮挡。

表 4-10 监控视频属性

编号	监控视频名称	总帧数	图像大小	BC	SV	LR	HN	BI	OCC
15	Gas Station	101	352×288	√	√				
16	Motorbike	64	352×288	√		√	√	√	
17	Motorbike 2	156	352×288		√	√			√
18	Taxi	126	720×576		√		√		
19	Walking 4	294	352×288		√	√			
20	Walking 5	262	720×576	√	√	√	√	√	

图 4-28 展示了三种跟踪算法在这六个监控视频上跟踪效果的截图(彩图见书末二维码)。表 4-11 列出了跟踪结果的中心位置误差和成功率，与之对应的中心位置误差曲线如图 4-29 所示(彩图见书末二维码)。监控视频 Taxi、Walking 4 和 Walking 5 中，目标分辨率较低，存在尺度变化和较大噪声，尤其

是在 Walking 5 中，图像被噪声严重污染。比较的这三种算法在这三个测试视频上都能较好地跟踪目标，其中 OT-BP 算法具有最小的平均位置误差；监控视频 Gas Station 中，如图 4-28(a)所示，从第 20 帧开始，DSST 和 SAMF 都出现了漂移，然而本章节提出的算法可以较准确地跟踪目标。通过观察可知，在该视频序列的开始部分，目标和叠加到视频左下角的字符重叠在一起，DSST 和 SAMF 算法将叠加的文字也作为目标对待。当目标离开字符叠加区域后，跟踪算法出现漂移，跟踪失效。而 OT-BP 对外观建模的影响分散到不同的位平面上，从而确保了外观模型的鲁棒性，在整个跟踪过程中表现出较好的稳定性。监控视频 Motorbike 中，低照度和光照改变使得很难从背景中分离出目标。图 4-28(b)中第 57 和 63 帧中出现了明显的照明条件改变，SAMF 算法出现了漂移，而 DSST 和 OT-BP 跟踪效果较好。从表 4-11 可知，OT-BP 具有更小的平均位置误差，这是因为它采用亮度和 LBP 特征建立外观模型，在低照度情况下，适当减小亮度特征的权重，增大 LBP 特征的权重，从而取得较好的跟踪结果。监控视频 Motorbike 2 中，存在目标尺度变化、部分遮挡、低分辨率以及噪声干扰。SAMF 算法跟踪失败，如图 4-28(c)和图 4-29(c)所示，OT-BP 在三种跟踪算法中具有最小的平均位置误差和最高的成功率。

由此可见，本书提出的 OT-BP 与 DSST、SAMF 算法相比，具有更高的跟踪成功率和最小位置误差，并且对低分辨率、不均匀光照、含噪声以及叠加了字符的视频序列的跟踪表现出更好的鲁棒性。

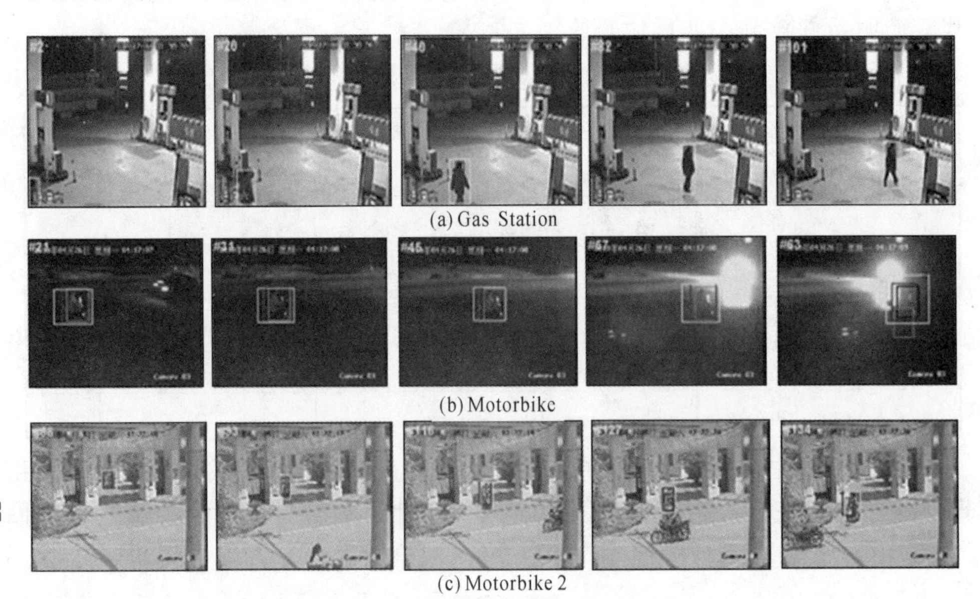

(a) Gas Station

(b) Motorbike

(c) Motorbike 2

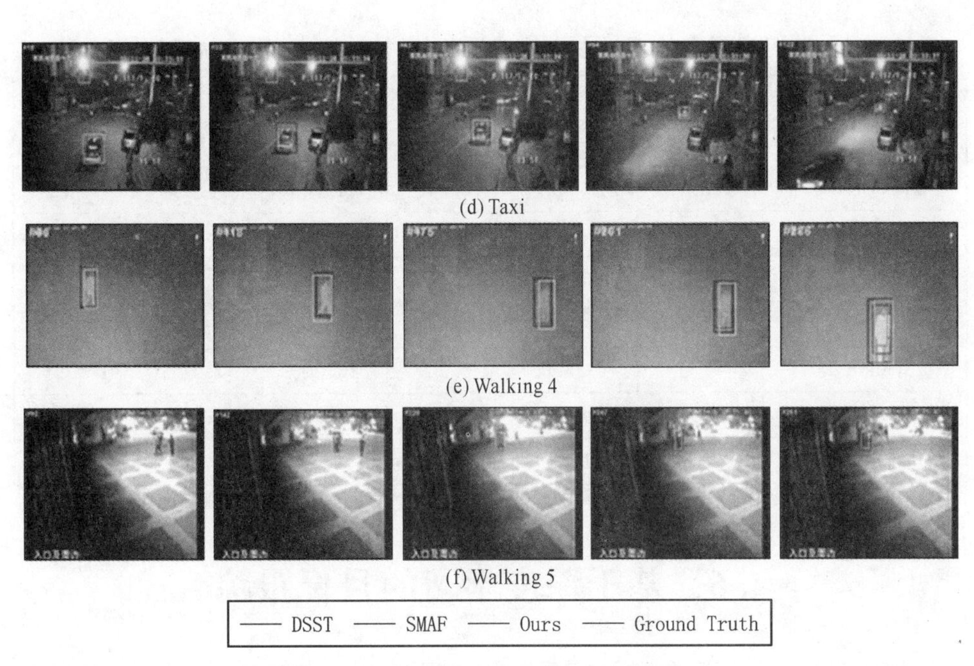

图 4-28　监控视频上跟踪结果截图

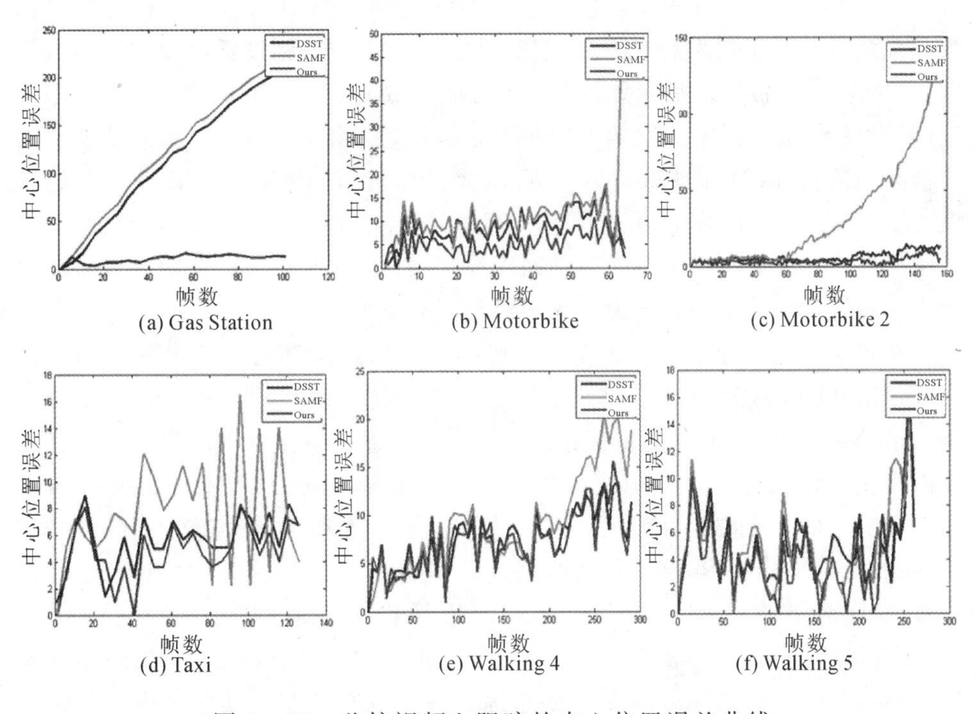

图 4-29　监控视频上跟踪的中心位置误差曲线

表 4-11　监控视频上的平均中心位值误差(单位：像素)和成功率(单位：%)

监控视频名称	DSST		SAMF		本节算法	
	CLE	SR	CLE	SR	CLE	SR
Gas Station	113.19	9.52	122.46	4.76	10.74	52.38
Motorbike	8.29	100.00	11.30	96.88	5.36	100.00
Motorbike 2	6.25	80.01	33.91	43.75	3.67	81.25
Taxi	5.49	100.00	7.63	100.00	4.71	100.00
Walking 4	7.34	100.00	8.95	100.00	7.14	100.00
Walking 5	4.93	100.00	5.13	100.00	4.02	100.00
Average	24.25	81.58	31.26	74.75	5.94	88.94

4.6　基于深度学习的目标跟踪

视频跟踪近些年来受到了广泛关注，其融合了人工智能、计算机视觉等学科，广泛地应用于车辆跟踪系统、监视系统以及智能交通系统等。传统的目标跟踪算法需要人工提取特征并建立模型，存在效率低、精度低以及鲁棒性差等特点。深度学习被提出后，受到了人工智能领域诸多专家的关注，并将其广泛应用于目标跟踪。基于深度学习的跟踪方法，主要采用深度学习的理论及方法对视频中的目标进行跟踪定位，并且生成目标区域。深度学习具有独有的特点，可以获得不同级别的语义信息，学习不同层次的特征，因此具有良好的目标跟踪能力。基于深度学习的一系列跟踪算法，在跟踪精度以及跟踪实时性方面优于传统的跟踪方法，成为目标跟踪领域研究的热点。

在目标跟踪领域，基于深度学习特征的目标跟踪算法有基于自动编码器(AutoEncoder，AE)的目标跟踪算法[56]、基于卷积神经网络(Convolutional Neural Network，CNN)的目标跟踪算法[57]等；基于深度学习网络的目标跟踪算法有基于多域卷积神经网络(MultiDomain Convolutional Neural Network，MDNet)[58]的目标跟踪算法、基于树形结构卷积神经网络(Tree-Based Convolution Neural Network，T-CNN)[59]的目标跟踪算法等；新型目标跟踪深度学习网络结构有基于递归神经网络的跟踪算法(Recurrently Target-Attending Tracking，RTT)[60]、基于全卷积孪生网络(Fully-convolutional Siamese Networks，Siamese FC)的跟踪算法[61]、基于孪生候选区域生成网络(Siamese Region Proposal Network，Siamese-RPN)的跟踪算法[62]以及基于快速在线对象跟踪和分割(Fast Online Object Tracking and Segmentation, SiameseMask)[63]的目标跟踪等。这些基于深度学习的目标跟踪算法，在实际测试应用中都取得了良好的跟踪效果。

4.6.1 基于深度学习特征的目标跟踪算法

基于自动编码器的目标跟踪算法是基于深度学习特征的目标跟踪算法中最为经典的一类。其结构如图 4-30 所示，信号从输入层到隐藏层为编码阶段，从隐藏层到输出层为解码阶段，该网络利用 BP 算法学习近似恒等函数，所得输出近似等于原始输入。在输入信号中加入噪声，AE 在编码解码的过程中恢复出原始信号中的有用信息，并且获得降噪能力以及隐藏层中的压缩特征表达。N. Wang 等人用 softmax 分类器代替解码器，将栈式降噪自编码器特征用在了目标跟踪中，实现了对目标和背景的分类。这种方法虽然解决了训练样本不足的问题，但是却有易积累错误、有效性和实时性较差的特点。

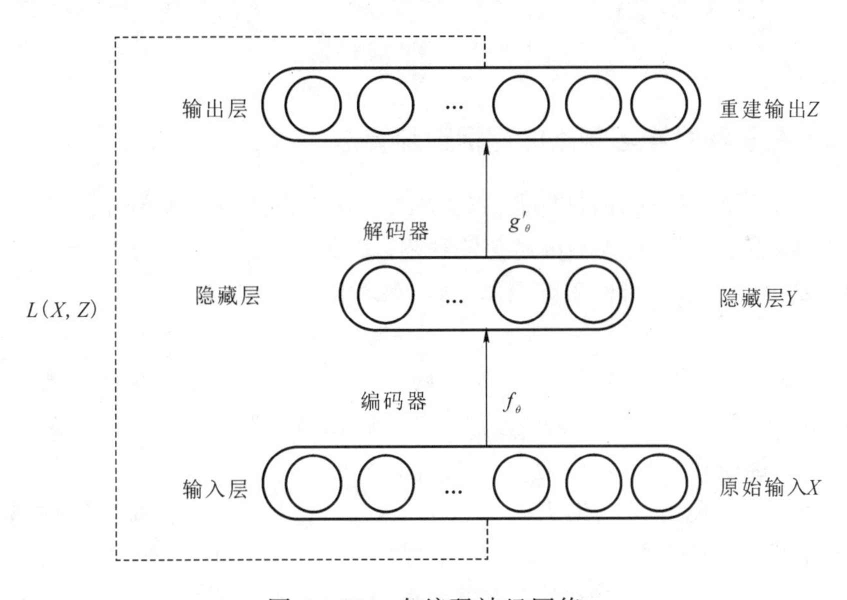

图 4-30 自编码神经网络

基于深度卷积网络的目标跟踪算法是现阶段最为流行的一种方法，其结构如图 4-31 所示。在 CNN 的一个卷积层中，通常包含若干个特征平面，每个特征平面由一些矩形排列的神经元组成，同一特征平面的神经元共享卷积核，通过多次训练，网络可以获得合适的卷积核。卷积核不仅有效减少了层连接的冗余性，而且降低了过拟合的风险。池化层压缩特征图，在简化卷积网络复杂度的同时保持了特性不变性。卷积和子采样大大简化了模型复杂度，减少了模型的参数。对于图像序列而言，不同的卷积层提供了不同的语义信息，将它们融合可以得到更准确的分类信息。将卷积神经网络运用于目标跟踪中，其强大的学习能力以及特征泛化能力可以有效地实现目标提取，但是实时性依旧是一个有待解决的问题。

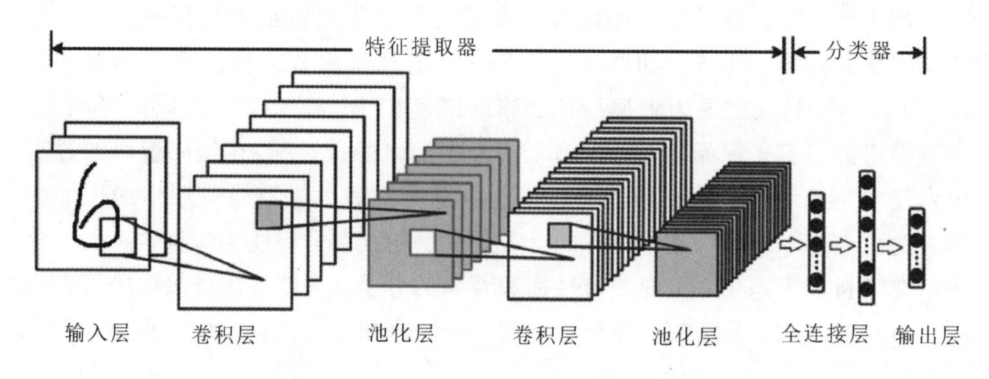

图 4-31　卷积神经网络

4.6.2　基于深度学习网络的目标跟踪算法

基于深度学习特征的目标跟踪方法虽然在很大程度上提升了目标跟踪的性能，但是依旧具有一些不可避免的缺陷。因此，一些学者为解决目标跟踪问题构建出一些优秀的目标跟踪网络，如 MDNet 和 T-CNN。

MDNet 的结构如图 4-32 所示。网络输入层要求输入一个 107×107 大小的 RGB 图像，隐藏层由三个卷积层和两个全连接层构成。图片经过卷积层后输出一个 3×3 的特征图，经过全连接层之后输出 512 个单元，最后对于 k 个域（k 个训练序列）对应的全连接层具有 k 个分支（fc6.1～fc6.k），每个分支包含一个 softmax 交叉熵损失的二分类层，它负责区分每个域（训练视频）中的目标和背景。我们将 fc6 称为域特定层（Domain-specific），将之前的所有层称为共享层（Shared Layers）。在多领域学习中，每个跟踪视频都是一个域，共享层是通用的特征提取器。MDNet 提高了 CNN 的准确性，它将目标跟踪看作二分类问题，输出的是一个二维的向量，分别表示输入的候选区域对应目标和背景的概率，概率高的区域被判定为目标。MDNet 具有识别目标准确性更高的优点，为目标跟踪提供了新的思路。但其也具有一定的缺陷：无法解决错误累积问题。

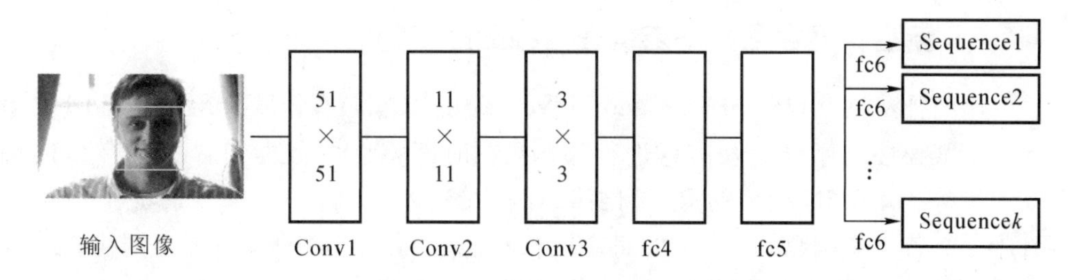

图 4－32　MDNet 的结构

T-CNN 的结构如图 4－33 所示。T-CNN 由一个输入层、三个卷积层、三个池化层、一个全连接层和一个输出层构成。其中，每个卷积层包含两个不同大小的卷积核。该网络的实现步骤为：首先，输入图像依次通过三个卷积层和池化层，每通过一个卷积层，用两个不同的卷积核对特征图进行卷积，获得两个通道，最终共获得八个通道；其次，将其输入至全连接层进行分类。与传统 CNN 相比，T-CNN 具有提高输入图像正确识别率以及鲁棒性的优点，但是由于层数过多降低了计算效率。

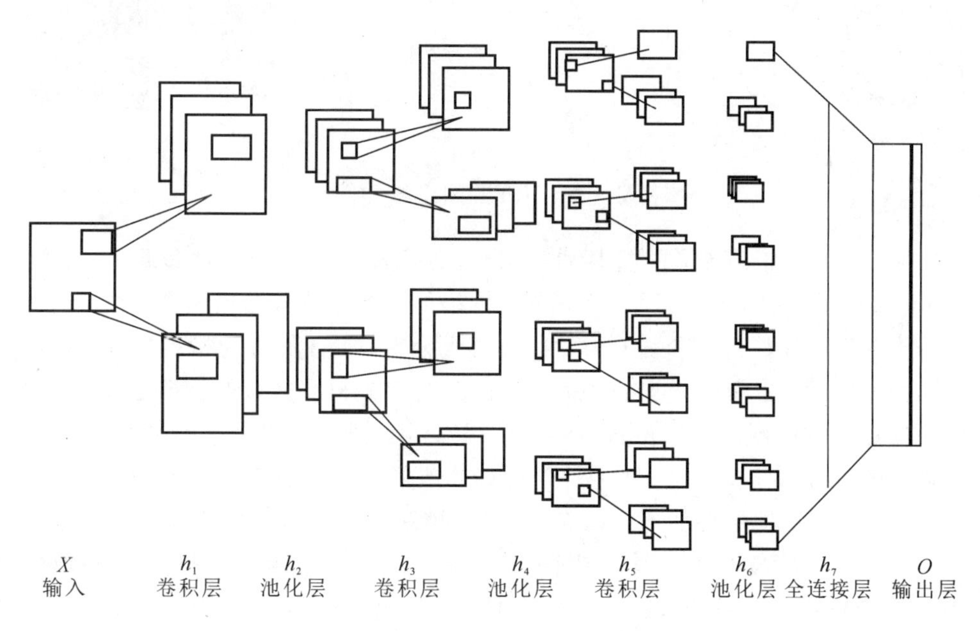

图 4－33　T-CNN 的结构

4.6.3 新型深度学习网络结构在目标跟踪中的应用

递归神经网络(Recurrent Neural Network，RNN)有树状阶层结构且网络节点按其连接顺序对输入信息进行递归，在时间特性的分类和解决上有其独特的优势。由 RNN 构成的 RTT 网络结构如图 4-34 所示，该算法首先把输入图片分成若干个网格；接着，对每个网格都建立四个方向的递归神经网络；最后将每个网格的四个递归网络得出的结果进行融合。该方法有效解决了错误积累以及目标漂移的问题，但是存在计算效率较低的弊病。

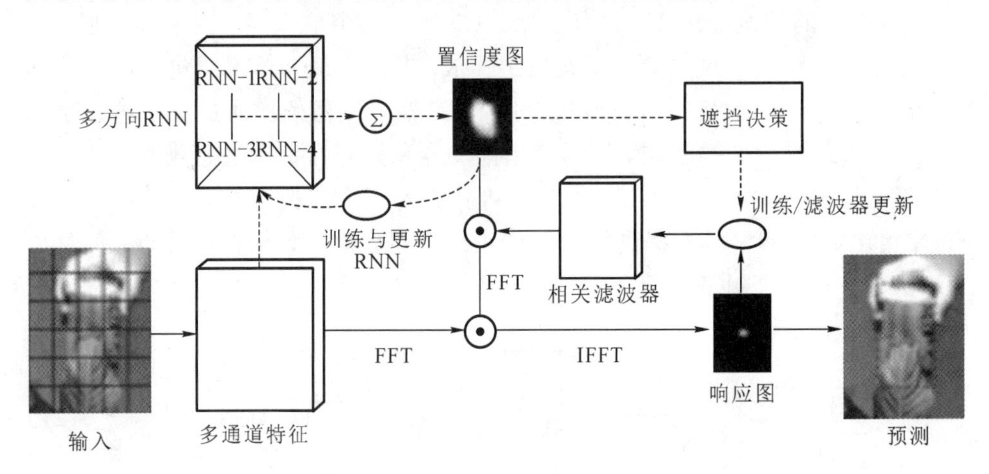

图 4-34 RTT 网络结构图

T-CNN 增加了网络的鲁棒性与识别准确性，但是实时性依旧不乐观。Siamese FC 网络结构如图 4-35 所示。网络的主要结构被分成两个分支，这两个分支共享卷积层的权重。上面的称为模板分支，下面的称为检测分支。通过相同的网络后，将模板分支的特征图匹配到当前帧检测区域的特征图上，响应最大的点为对应帧的目标位置。Siamese FC 算法通过预测置信分数的方法获得目标的位置，有很强的实时性。但是该算法依旧存在缺陷：目标发生较大变化时，来自第一帧的特征不足以表征目标的特征。

Siamese-RPN 网络结构如图 4-36 所示。这个结构包含用于特征提取的孪生子网络(Siamese Subnetwork)和候选区域生成子网络(Region Proposal Subnetwork)，其中候选区域生成子网络包含分类和回归两条支路。与 Siamese FC 不同的是加入了候选区域生成网络，这个网络分为两个支路，一个用于分类前景和背景，另一个用于边界框回归。Siamese-RPN 在预测正确的时候，可以描绘出精确的边界框，而在物体发生旋转的时候，边界框表述通常

会产生极大的损失。

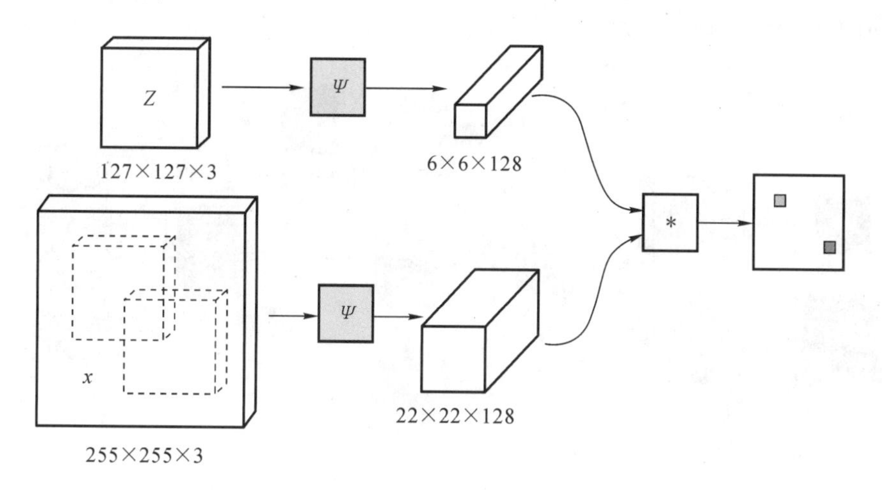

图 4-35　Siamese FC 网络结构图

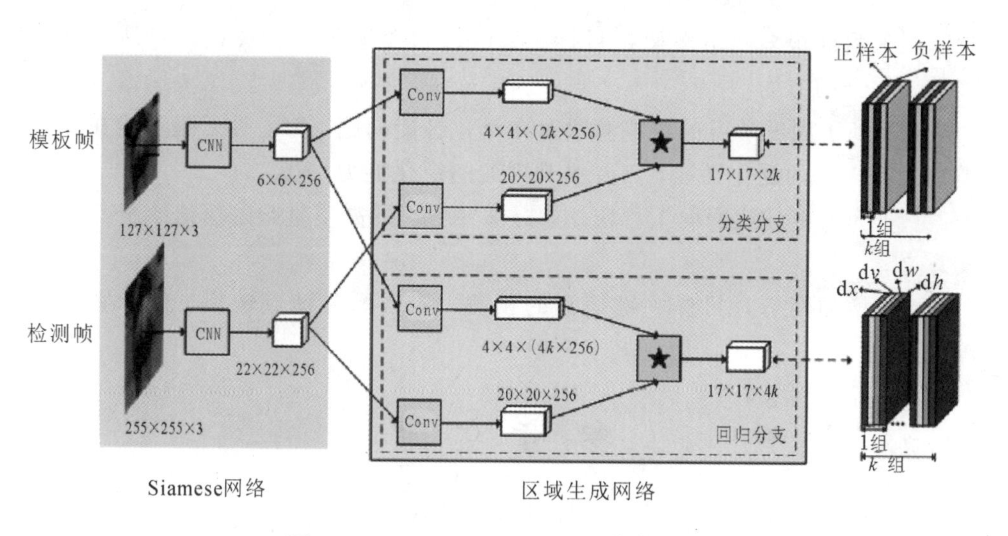

图 4-36　Siamese-RPN 网络结构图

基于概率预测和边界框预测的目标跟踪在精度和准确度上还有待改进，针对精度以及准确度较差这一特点，有学者结合 Mask（掩码）提出了 SiamMask，该算法可以得到最为准确的边界框，其结构如图 4-37(a)所示。上支图像为待检测出来的目标图像，下支图像为视频中的一帧，经过卷积网络生成候选窗口响应，网络后面有三个节点，与 Siamese FC 不同的是加入了预测目标二值掩码的节点，得到边界框和二值掩码两个输出。为了提高计算速度，可以直接去掉预测边界框的节点，它可以通过二值掩码计算得到，网络结构如图 4-37(b)所示。

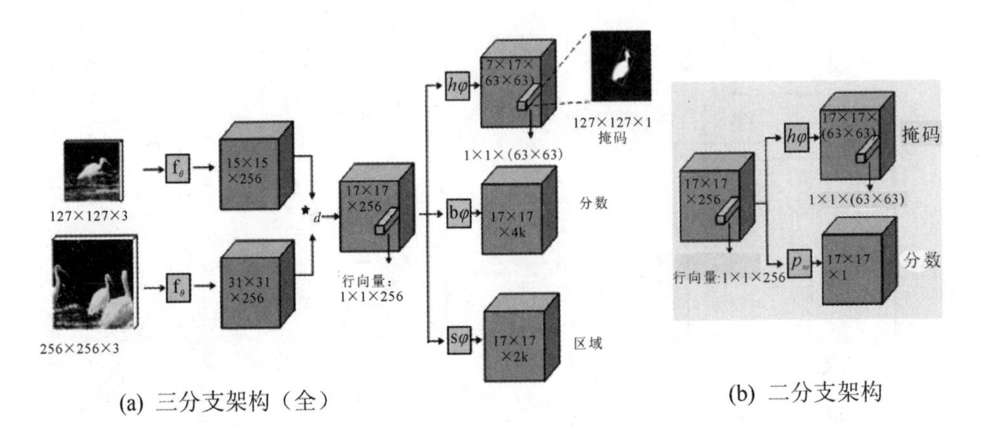

(a) 三分支架构（全）　　　(b) 二分支架构

图 4-37　SiamMask 网络结构图

虽然目前很多网络框架在目标跟踪领域已经有了重大突破，但是仍有许多需要提升的方面：

(1) 基于深度学习的跟踪算法存在泛化性能问题，为了目标跟踪能在未知类别上有较好的泛化性能，需要提升框架的泛化能力；

(2) 为了更好地面向工程应用，提供“廉价”的高质量跟踪算法十分具有现实意义；

(3) 增加网络对目标关键信息的预测，如目标关键点输出、目标极点预测等。

参考文献

[1] SALTI S, CAVALLARO A, STEFANO L D. Adaptive appearance modeling for video tracking: Survey and evaluation[J]. IEEE Transactions on Image Processing, 2012, 21(10): 4334-4348.

[2] FAN C S, LIANG J M, LIN Y T, et al. A survey of intelligent video surveillance systems: History, applications and future[J]. Frontiers in Artificial Intelligence and Applications, 2015, 274: 1479-1488.

[3] UENG S K, CHEN G Z. Vision based multi-user human computer interaction[J]. Multimedia Tools and Applications, 2016, 75(16): 10059-10076.

[4] TISSAINAYAGAM P, SUTER D. Object tracking in image sequences using point features

[J]. Pattern Recognition, 2005, 38(1):105-113.

[5] YILMAZ A, JAVED O, SHAH M. Object Tracking: A survey[J]. ACM Computing Surveys, 2006, 38(4):1-45.

[6] HOU Z Q, HAN C Z. A Survey of Visual Tracking[J]. Acta Automatica Sinica, 2006, 32(4): 125-139.

[7] SIVARAMAN S, TRIVEDI M M. Looking at Vehicles on the Road: A Survey of Vision-Based Vehicle Detection, Tracking, and Behavior Analysis[J]. IEEE Transactions on Intelligent Transportation Systems, 2013, 14(4):1773-1795.

[8] BUCH N, VELASTIN S. A, ORWELL J. A Review of Computer Vision Techniques for the Analysis of Urban Traffic[J]. IEEE Trans. Intell. Transp. Syst., 2011, 12(3): 920-939

[9] BLOISI D, IOCCHI L. Argos-A video surveillance system for boat traffic monitoring in Venice[J]. inProc. IJPRAI, 2009, 23(07):1477-1502.

[10] BUCH N, ORWELL J, VELASTIN S A. Three-dimensional extended histograms of oriented gradients (3-DHOG) for classification of roadusers in urban scenes[J]. in Proc. BMVC, London, U. K., 2009.

[11] CREUSEN I, WIJNHOVEN R, DE WITH P H N. Applying feature selection techniques for visual dictionary creation in object classification[J]. in Proc. Int. Conf. IPCV Pattern Recog., 2009, 722-727.

[12] OHTA N. A Statistical Approach to Background Subtraction for Surveillance Systems [C]. IEEE International Conference on Computer Vision. IEEE, 2001.

[13] MITTAL A, PARAGIOS N. Motion-based background subtraction using adaptive kernel density estimation[C]. Proceedings of the 2004 IEEE Computer Society Conference on Computer Vision and Pattern Recognition, 2004.

[14] LV Y, DUAN Y, KANG W, et al. Traffic Flow Prediction With Big Data: A Deep Learning Approach[J]. IEEE Transactions on Intelligent Transportation Systems, 2015, 16(2):865-873.

[15] TAN H, WU Y, SHEN B, et al. Short-Term Traffic Prediction Based on Dynamic Tensor Completion[J]. IEEE Transactions on Intelligent Transportation Systems, 2016, 17(8):2123-2133.

[16] ZHAN C H, DUAN X H, XU S Y, et al. An Improved Moving Object Detection Algorithm Based on Frame Difference and Edge Detection[C]. In Proceedings of International Conference on Image and Graphics, 2007, 519-523.

[17] BARRON J, FLEET D, BEAUCHEMIN S. Performance of Optical Flow Techniques [J]. International Journal of Computer Vision, 1994, 12(1): 42-77.

[18] SONG H J, SHEN M L. Target tracking algorithm based on optical flow method using corner detection[J]. Multimedia Tools and Applications, 2011, 52(1):121-131.

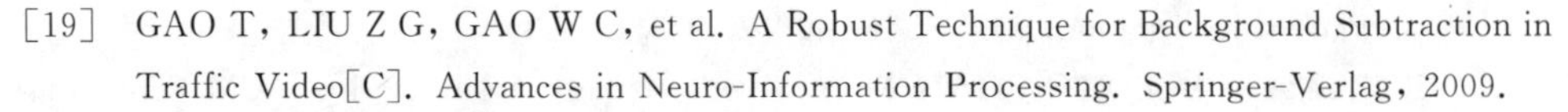

[19] GAO T, LIU Z G, GAO W C, et al. A Robust Technique for Background Subtraction in Traffic Video[C]. Advances in Neuro-Information Processing. Springer-Verlag, 2009.

[20] BUCH N, ORWELL J, VELASTIN S A. 5th International Conference on Visual Information Engineering (VIE 2008)-Detection and classification of vehicles for urban traffic scenes[J]. 2008:182-187.

[21] BUCH N, ORWELL J, VELASTIN S A. Urban road user detection and classification using 3D wire frame models[J]. IET Computer Vision, 2010, 4(2):105-0.

[22] HU W, XIAO X, XIE D, et al. Traffic accident prediction using 3-D model-based vehicle tracking[J]. IEEE Transactions on Vehicular Technology, 2004, 53(3):677-694.

[23] LOU J, TAN T, HU W, et al. 3-D model-based vehicle tracking[J]. IEEE Trans Image Process, 2005, 14(10):1561-1569.

[24] YU S H, HSIEH J W, CHEN Y S, et al. An Automatic Traffic Surveillance System for Vehicle Tracking and Classification[J]. IEEE Transactions on Intelligent Transportation Systems, 2006, 7(2):175-187.

[25] HUANG C L, LIAO W C. A Vision-Based Vehicle Identification System[C]// International Conference on Pattern Recognition. IEEE, 2004.

[26] ZIVKOVIC Z, KROSE B. An EM-like algorithm for color-histogram-based object tracking[C]. IEEE Computer Society Conference on Computer Vision & Pattern Recognition, 2004.

[27] MUKHTAR A, XIA L, TANG T B. Vehicle Detection Techniques for Collision Avoidance Systems: A Review[J]. IEEE Transactions on Intelligent Transportation Systems, 2015, 16(5):2318-2338.

[28] JENSEN M B, PHILIPSEN M P, MOGELMOSE A, et al. Vision for Looking Traffic Lights: Issues, Survey, and Perspectives[J]. IEEE Transactions on Intelligent Transportation Systems, 2016:1800-1815.

[29] MANSOURI A R. Region tracking via level set PDEs without motion computation[J]. IEEE Transactions on Pattern Analysis and Machine Intelligence, 2002, 24(7):0-961.

[30] CHEN Y, RUI Y, HUANG T S. JPDAF based HMM for real-time contour tracking [C]// Computer Vision and Pattern Recognition, 2001. CVPR 2001. Proceedings of the 2001 IEEE Computer Society Conference on. IEEE, 2001.

[31] LU S N, SONG H S, CUI H, et al. A Point-based Tracking Algorithm for Vehicle Trajectories in Complex Environment[C]. In Proceedings of ISDEA, 2014: 69-73.

[32] LIANG M, HUANG X, CHEN C H, et al. Counting and Classification of Highway Vehicles by Regression Analysis[J]. IEEE Transactions on Intelligent Transportation Systems, 2015, 16(5):1-11.

[33] HEMERY B, LAURENT H, ROSENBERGER C. Comparative study of metrics for evaluation of object localisation by bounding boxes[C]. International Conference on Image & Graphics. IEEE, 2007.

[34] HARE S, SAFFARI A, TORR P H S. Struck: Structured output tracking with kernels [C]. IEEE International Conference on Computer Vision, 2011.

[35] KALAL Z, MIKOLAJCAYK K, MATAS J. Tracking-Learning detection[J]. TPAMI, 2012, 34(7):256-265.

[36] ADAM A, RIVLIN E, SHIMSHONI I. Robust fragments based tracking using the integral histogram[C]. In CVPR, 2006.

[37] WEI Z, YANG R. Extended Kernelized Correlation Filter Tracking[J]. Electronics Letters, 2016, 52(10).

[38] EVERINGNAM M, WILLIAMS C. The PASCAL Visual Object Classes Challenge 2010 (VOC2010) Part 1-Challenge & Classification Task[C]. International Conference on Machine Learning Challenges: Evaluating Predictive Uncertainty Visual Object Classification. Springer-Verlag, 2010:117-176.

[39] DIETTERICH T G, LATHROP R H. Tomds Lozano-Pérez. Solving the multiple instance problem with axis parallel rectangles[J]. Artificial Intelligence, 1997, 89(1-2): 31-71.

[40] ZHANG C, PLATT J C, VIOLA P A. Multiple instance boosting for object detection [C]. International Conference on Neural Information Processing Systems. MIT Press, 2005.

[41] MASON L , BAXTER J , BARTLETT P , et al. Boosting algorithms as gradient descent[C]. International Conference on Neural Information Processing Systems. MIT Press, 1999.

[42] BABENKO B, YANG M H, BELONGIE S. Robust Object Tracking with Online Multiple Instance Learning[J]. IEEE Transactions on Pattern Analysis & Machine Intelligence, 2011, 33(8):1619-1632.

[43] ZHANG K, SONG H. Real-time visual tracking via online weighted multiple instance learning[J]. Pattern Recognition, 2013, 46(1): 397-411.

[44] CHEN S, LI S, SU S, et al. Online MIL tracking with instance-level semi-supervised learning[J]. Neurocomputing, 2014, 139: 272-288.

[45] LI N, ZHAO X M, ZHAO F, et al. Object Tracking algorithms based on appearance models: A survey[J]. Computer Engineering & Science, 2017, 39(3): 524-533.

[46] GRABNER H, GRABNER M, BISCHOF H. Real-time tracking via online boosting[A]. Conference on British Machine Vision[C], 2006: 47-56.

[47] SIDDAMAL K. V, BHAT S P, SAROJA V S. A survey on compressive sensing[A]. IEEE International Conference on Electronics and Communication Systems[C]. 2015: 639-643.

[48] ZHANG K, ZHANG L, YANG M HI. Real-time compressive tracking[A]. European Conference on Computer Vision[C], 2012: 864-873.

[49] FELSBERG M. Enhanced distribution field tracking using channel representations [A].

IEEE International Conference on Computer Vision Workshops,2013: 121-128.

[50] HARE S, SAFFARI A, TORR P. Struck: Structured Output Tracking with Kernels [C]. IEEE International Conference on Computer Vision, 2011: 263-270.

[51] OJALA T, PIETIKÄINEN M, MÄENPÄÄ T. Multiresolution gray-scale and rotation invariant texture classification with local binary patterns[J]. IEEE Transactions on Pattern Analysis & Machine Intelligence, 2002, 24(7):971-987.

[52] OJALA T, HARWOOD I. A Comparative Study of Texture Measures with Classification Based on Feature Distributions[J]. Pattern Recognition, 1996, 29(1): 51-59.

[53] LI N, ZHAO X, LIU Y, et al. Object tracking based on bit-planes[J]. Journal of Electronic Imaging, 2016, 25(1):013032.

[54] DANELLJAN M, HÄGER G, KHAN F S, et al. Accurate scale estimation for robust visual tracking[A]. British Machine Vision Conference[C], 2014.

[55] LI Y, ZHU J. A scale adaptive kernel correlation filter tracker with feature integration [A]. Computer Vision-ECCV Workshops[C], 2014: 254-265.

[56] WANG N, YEUNG D Y. Learning a deep compact image representation for visual tracking[C]. International Conference on Neural Information Processing Systems. Curran Associates Inc. 2013:809-817.

[57] DANELLJAN M, ROBINSON A, KHAN F S, et al. Beyond Correlation Filters: Learning Continuous Convolution Operators for Visual Tracking [C]. European Conference on Computer Vision. Springer, Cham, 2016:472-488.

[58] NAM H, HAN B. Learning Multi-domain Convolutional Neural Networks for Visual Tracking[J], 2015.

[59] NAM H, BAEK M, HAN B. Modeling and Propagating CNNs in a Tree Structure for Visual Tracking[J],2016.

[60] CUI Z, XIAO S, FENG J, et al. 2016 IEEE Conference on Computer Vision and Pattern Recognition (CVPR)-Recurrently Target-Attending Tracking[C]. 2016 IEEE Conference on Computer Vision and Pattern Recognition (CVPR). IEEE Computer Society, 2016: 1449-1458.

[61] BERTINETTO L, VALMADRE J, HENRIQUES J F, et al. Fully-Convolutional Siamese Networks for Object Tracking [C]. European Conference on Computer Vision, 2016.

[62] LI B, YAN J J, WU W, et al. High Performance Visual Tracking with Siamese Region Proposal Network [C]. 2018 IEEE Conference on Computer Vision and Pattern Recognition (CVPR). IEEE, 2018.

[63] WANG Q, ZHANG L, BERTINETTO L, et al. Fast Online Object Tracking and Segmentation: A Unifying Approach[C]. CVPR, 2019.

第五章

场景解析技术

生物学和心理学研究表明，人类视觉系统在对感知目标的属性(类别及其空间布局)进行判断分析的基础上，再结合先验知识信息，即可实现周边环境的理解。而这种能力映射至计算机中，就是视觉场景解析。目前视觉场景解析还没有严格统一的定义，结合相关研究工作，可以对其做如下表述：视觉场景解析就是在环境数据感知的基础上，结合视觉分析与图像处理识别等技术手段，从计算统计、行为认知以及语义等不同角度挖掘视觉数据中的特征与模式，从而实现场景有效分析、认知与表达。简而言之，场景解析就是对以数字图像为表达方式呈现出来的场景进行视觉分析，并回答以下问题：图像中有什么目标、目标之间有怎样的相互关系、图像所呈现的是什么场景、场景中下一步会发生什么。因此，视觉场景解析是一种融合目标感知技术与推理分析知识的综合性任务。

场景解析作为图像理解的重要研究内容，业已成为计算机视觉和模式识别领域的重要研究问题。国内外专家学者都对场景解析进行了深入而又广泛的研究，提出了很多用于场景解析的算法，如传统特征与模板匹配法、局部区域特征与分类器结合法以及任务驱动的模型集成场景理解方法，上述算法都是针对场景形成一个集图像分割、目标检测和识别的图像分析系统，用于对场景进行识别，因此将上述方法统称为传统的场景识别方法。本书研究的主要对象智能网联汽车，其安全有效行驶的基本要求之一就是充分理解其周围的区域，首先通过视觉系统识别附近的交通参与者(车辆、行人)与交通环境构成要素(交通标志、道路标识、路面等)，再预测车辆、行人的运动，推断交通模式，并根据自主分析理解道路状况，既是环境感知任务(目标检测、识别与跟踪)的

联合输出，又是后续决策控制的基础。而单一的场景识别已经不能满足上述应用需求，因此，近年来也有许多专家学者在这一方面开展研究，主要提出了基于传统的和基于深度学习的两种方法。编者近年来致力于智能网联环境下的交通场景多层次解析研究，在理论基础与实际应用上都取得了一些成果，本章将对场景识别及交通场景多层次解析领域设计（或改进）的算法及其在实际项目中的应用进行详细论述。

5.1　基于图像特征的场景识别方法

场景识别是图像理解领域的一个重要研究方向，主要研究图像所呈现的场景类型以及图像中的全局空间结构信息、局部目标位置信息以及更深层次的语义信息等，人们可以从中获取有价值的信息进行相关指导应用，因此如何对场景中的信息进行识别成为人们关注的重点。传统图像场景识别可以分为两个步骤，如图5-1所示。首先从场景图像中提取图像特征，然后通过获得的图像特征设计语义分类器，实现图像从低层特征到高层场景语义特征的映射。

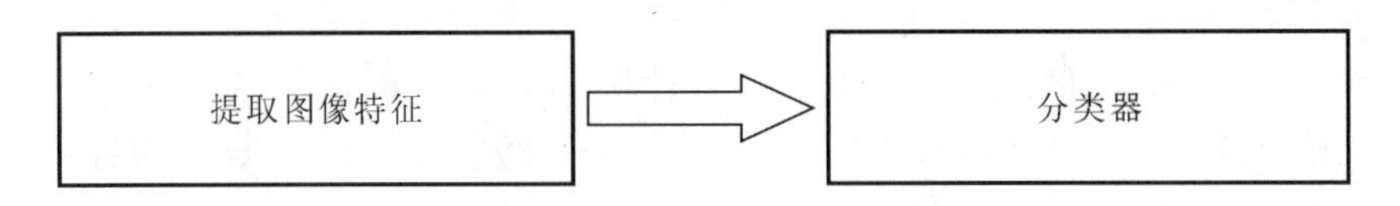

图5-1　图像场景识别步骤

传统场景图像特征的提取可以分为两类，分别是低层特征和高层特征。低层特征是以像素点为基础提取原始图像属性，重点刻画图像细小的纹理特性。而高层特征是在低层特征的基础上，对提取到的图像特征进行建模获得高层属性。下面从低层特征和高层特征两个方面对场景识别中的图像特征进行简单介绍。

有效的低层特征不仅可以刻画图像的纹理特性，也可以反映图像的深层结构信息。也正是因为如此，多年来研究者们一直致力于对场景分类中图像特征进行研究。场景分类中的低层图像特征主要可以分为以下四类：

第一类是GIST特征，它是由Oliva和Torralba[1-2]在2001年提出的一种用空间包络模型作为场景全局语义特征的描述算子，其对图像不需要分割和局部特征提取，可以直接完成快速场景识别与分类。计算GIST特征的主要步骤是：首先将图像与不同方向和不同尺度的Gabor滤波器组进行滤波，然后将得到的滤波图像划分为4×4的网格并在网格内部取平均值，最后将所有滤波图像中每个网格的均值级联，实现图像的 GIST 特征。利用上述步骤提取图像的 GIST 特征如图 5-2 所示。

(a) 输入图像

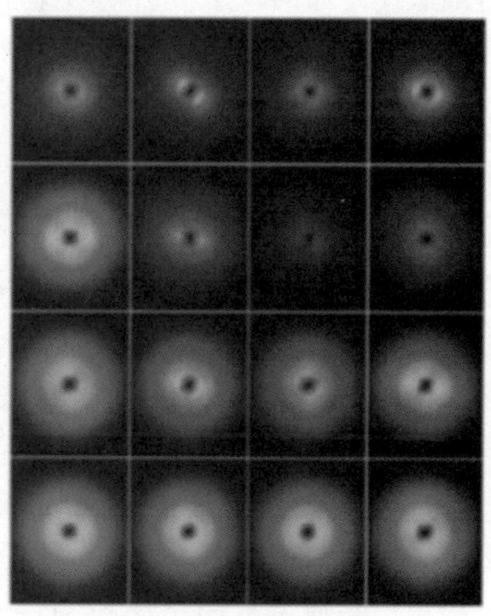

(b) GIST特征可视化

图 5-2　GIST 特征提取

第二类是 SIFT(Scale Invariant Feature Transform)特征，它是由 David G. Lowe 提出的一种图像局部特征描述算子[3]。SIFT 特征对图像旋转、缩放甚至仿射变换都可以保持不变，有着良好的独特性和丰富的信息量，可以实现对海量特征库的快速且准确的匹配。SIFT 特征首先通过高斯卷积核实现尺度变换生成尺度空间，然后构建 DoG 金字塔寻找空间极值点确定极值点位置，最后根据关键点邻域像素中的梯度方向分布特性对关键点指定方向参数，使算子具备旋转不变性。

第三类是 HOG 特征，它最早是由 Dalal 和 Triggs[4] 在 2005 年提出来的。它通过对图像局部区域内梯度方向的统计实现对形状的捕获，进而获得图像特征属性。HOG 特征首先将图像划分为若干个像素块，然后计算像素块的梯度方向直方图，再根据像素块内的梯度能量对梯度方向直方图归一化，最后实现该像素块局部梯度信息的 HOG 特征。HOG 特征是描述图像形状信息的一种有效方法，但是它只考虑了图像空间位置的分布而没有考虑到图像的不同空间尺度划分。

第四类是 CENTRIST 特征，它是由 Wu[5] 等提出的一种描述局部形状结构的图像特征。CENTRIST 特征通过对图像的像素点进行 Census 变换[6]得到整数变换值，而该图像的CENTRIST特征就是由这些变换值的统计直方图形成实现的。CENTRIST特征能够捕捉到图像简单的几何信息整体表示，因此可以通过描述图像的局部特征对图像的全局结构进行刻画，在场景识别中有着良好的效果。

图像的各种底层特征在简单的场景分类任务中都是一种有效的表示，但是由于这种表示通常带有很少的语义信息，在复杂场景的情况下表现有限，因此场景的高层语义理解成为新的突破口。场景的高层语义理解也被称为场景的上下文信息。下面就高层语义介绍三种有效的模型。

第一种是OB(Object Bank)特征向量，它是由Li等[7-8]提出的一种基于高层语义的OB方法。他们认为场景是由一系列目标组成的，可以通过识别场景中的目标实现对场景所属的类别的确定。OB方法首先需要预先训练出若干目标检测子，而这些目标检测子是构成场景目标的主要元素；然后根据空间金字塔模型，在图像不同尺度上通过分层分块形成不同粗细的块层次结构，之后再将各目标检测子通过不同尺度检测得到多尺度响应图；最后根据响应图求出图像块内的最大响应值，并进一步通过拼接形成图像的OB特征向量。图5-3中展示了对一个目标检测子提取特征的过程。

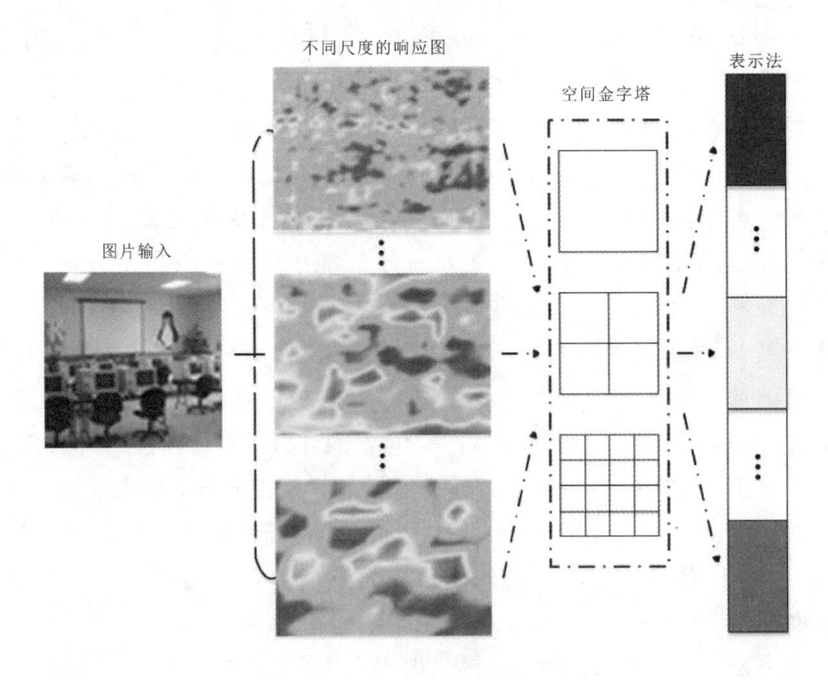

图5-3　检测子特征提取过程

第二种是 LPR(Latent Pyramidal Regions)特征向量，它是由 Sadeghi 等[9]提出的一种简单有效的 LPR 图像表示，这种方法和 OB 方法类似，需要预先利用 LSVM(Latent Support Vector Machine)训练出若干图像区域检测子，而通过这些图像检测子能够在场景中检测出特定形状和结构的区域；然后以图像区域检测子为基础构造 LPR 特征向量。

第三种是 BOP(Bag Of Parts)特征向量，它是由 Mayank 等[10]提出的一种基于高层语义的 BOP 图像特征。这种方法的具体思路是，首先通过分割的方法[11-12]将图像划分为超像素块，并对这些超像素块进行筛选，再将其划分成 HOG 胞元；然后计算像素块的 HOG 特征，初始化部分检测子，并通过 LDA[13]加速的 Exemplar SVM[14]迭代过程训练出所需的部分检测子；最后对这些部分检测子进行显著性筛选，并计算这些部分检测子在图像上对应的多尺度响应图，在此基础上按照空间金字塔模型求出最大响应值形成特征向量。图 5-4 显示了对图像实现 BOP 特征向量所进行分割和筛选的结果，从图中可以看出这种分割和筛选过程滤除了图像中的相似性信息，而只保留了图像中具有显著性区别的区域。

(a) 输入图像

(b) 超像素块

(c) 种子块

图 5-4　BOP 特征向量进行分割和筛选结果

以上所述为场景图像的低层和高层特征提取方法，而场景的识别还需要分类器的设计。传统场景识别分类器的设计有两种方法，分别是基于常规分类器的识别和基于场景模型的识别。基于常规分类器的识别是比较流行的一种分类方法。其基本思路是对训练样本中的每张图像提取特征向量，这个特征向量可以是上述的低层特征也可以是高层特征；然后再使用 SVM(Support Vector Machine)为每一类场景训练能够区分该场景与其他场景的分类器。前面叙述的大部分特征都可以采用这种方法进行分类。另一种是基于场景模型的分类。由于场景图像提取到的低层特征通常具有细微的纹理结构且缺乏高层语义信息，所以将低层特征直接应用到场景识别中性能不好，但是可以间接地在低层特征的基础上构建场景识别模型，实现场景模型的分类。表 5-1 列出了上述场景分类方法所采用的分类思路。

表 5-1　场景分类的主要方法

特征提取方法		分　类
低层特征	GIST	常规分类器(SVM)
	SIFT	常规分类器(SVM)
	HOG	场景模型(Scene Model)
	CENTRIST	常规分类器(SVM)
高层特征	OB	常规分类器(SVM)
	LPR	
	BOP	

本节面向人体姿态与识别、公共安全事件监控等智能领域，结合上述提到的表征图像场景的高层特征方法，提出了一种基于上下文的交通事件识别算法[15]，并将其具体应用在行人违章过街事件识别中。

人们所描述的语义事件信息的大部分内容含义都来自于该事件信息所处的高层特征，即上下文信息。上下文越丰富，越有利于事情内容的完整、准确表达，相应地，事件越容易被理解与辨识。交通事件的识别不仅依赖于运动目标运动行为的推理与分析，且与事件的上下文相关信息密切相关。

事件是以事件单元为基本元素，由一系列事件单元组合而成的。按照事件单元发生的时序将事件划分为基本事件与复杂事件。鉴于篇幅所限，本书仅对基本事件的识别方法进行描述。对于基本事件而言，由于是由若干个同步进行的事件单元组合而成的，因此需要将基本事件的每个事件单元正确识别后，才能确定基本事件的发生。因此，基本事件的识别问题可以分为两个层次：低层识别首先将基本事件分解为多个事件单元，实现各个事件单元的识别，即确定每个事件单元的发生可能性；高层识别在事件单元识别成功的基础上，通过逻辑运算判断实现基本事件的判别。

设有基本事件 $E_x = E(e_0, e_1, \cdots, e_n, T_{e_0} = T_{e_1} = \cdots = T_{e_n}, n \geqslant 0)$，其中 $e_0, e_1, \cdots, e_n$ 为构成基本事件的事件单元，$T_{e_0} = T_{e_1} = \cdots = T_{e_n}$ 表示这些事件单元同步发生，则求解 $P(E_x \mid S_p, C)$ 可以将其分解为求解若干 $P(e_i \mid p_j, c_k)$ 的值，式中 C 为特定场景下的上下文关系，S_p 为运动主体 S 的特征属性，$p_j \in S_p$，$c_k \in C$。输入变量为通过运动跟踪获取的主体目标的特征属性以

及相关的上下文信息。通过一些特征样本的学习，可以获取事件单元的概率分布，从而计算出时间序列上不同特征状态下的事件单元发生概率，作为输出变量。采用贝叶斯分类器的方法解决概率分布的求解问题，通过前期的观测以及特征样本的学习，能够得到基本事件中某个事件单元发生的概率，记作 $P(e_i \mid p_j, c_k)$。当事件单元的产生概率高于某个阈值时，即认为该事件单元发生，记为 $P(e_i \mid p_j, c_k) \geqslant \alpha_i$，其中 e_i 的逻辑属性为真，α_i 为该事件单元发生概率的阈值。对于基本事件 E_x 而言，只有构成其事件的所有事件单元的逻辑属性均为真，该基本事件的逻辑属性才为真，记为 $N(E_x)=1$，确认基本事件 E_x 识别成功，否则识别失败。

基本事件的识别方法如下所示：

$$N(E_x)=\prod_{i=0}^{n} N(e_i) \tag{5.1}$$

$$N(e_i)=\begin{cases}1, & P(e_i \mid p_j, c_k) \geqslant \alpha_i \\ 0, & P(e_i \mid p_j, c_k) < \alpha_i\end{cases} \tag{5.2}$$

其中，$N(E_x)$ 为基本事件发生标志，$N(e_i)$ 为事件单元发生标志，α_i 为事件单元发生阈值。图 5-5 为基本交通事件的识别流程示意图，在事件单元 e_1，$e_2\cdots$，e_n 表达与解析的基础上，分别构建它们对应的贝叶斯分类器，由贝叶斯分类器的联合判别来进行事件单元发生概率的计算，分类器判别函数为

$$g(x)=P(\omega_1/x)-P(\omega_2/x) \tag{5.3}$$

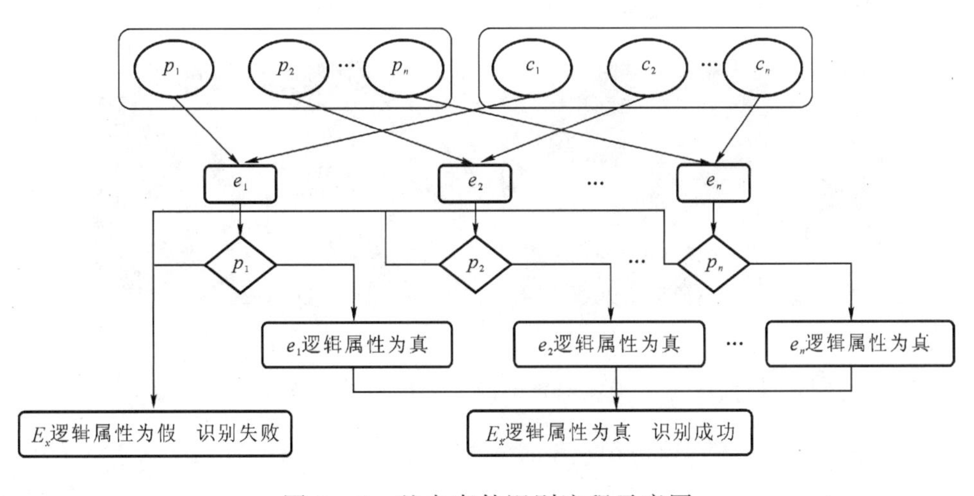

图 5-5　基本事件识别流程示意图

其中，P 为后验概率，ω 为类别属性，其决策规则为

$$P(\omega_1/x) > P(\omega_2/x) \Rightarrow x \in \omega_1 \text{ 或 } P(\omega_1/x) < P(\omega_2/x) \Rightarrow x \in \omega_2 \tag{5.4}$$

在概率计算结果的基础上对事件单元的逻辑属性进行确定，最后根据式(5.2)判定该事件是否发生。

应用上述基于上下文的事件识别方法对在西安市经九路某住宅区出口拍摄的视频图像序列进行行人违章过街事件识别。由于该住宅区出口处未设置人行横道区域，因此所有穿越马路的行为和行人进入机动车道区域均为违章过街。使用包含两个事件单元的基本事件对违章过街进行描述，其中事件单元 e_1 可以理解为行人过街过程中的位置一直位于机动车道区域内部，事件单元 e_2 可以理解为行人过街过程的运动方向与机动车道方向大体垂直。那么该事件中的上下文相关信息应包含空间上下文 C_s（机动车道区域）以及特殊参数上下文 C_p（机动车道设置的行驶方向）。由于机动车道是供机动车行驶的道路，利用该场景内机动车的轨迹可以估计出机动车道区域的位置。通过该场景下机动车轨迹序列样本学习得到上下文相关信息 C_s、C_p。 图 5-6(a)为采集到的机动车运动轨迹和前景目标，其所在区域可以被视为机动车行驶区域。图 5-6(b)通过机动车目标跟踪从而计算出机动车道的通行方向，该方向即为事件中的特殊参数上下文 C_p；同时可以估算出机动车轮廓中的纵轴最外部点，从而连线获取机动车道的两条外侧边界。由此构造图 5-6(b)所示的虚点线构成的区域作为机动车道，即事件中的空间上下文 C_s。

(a)

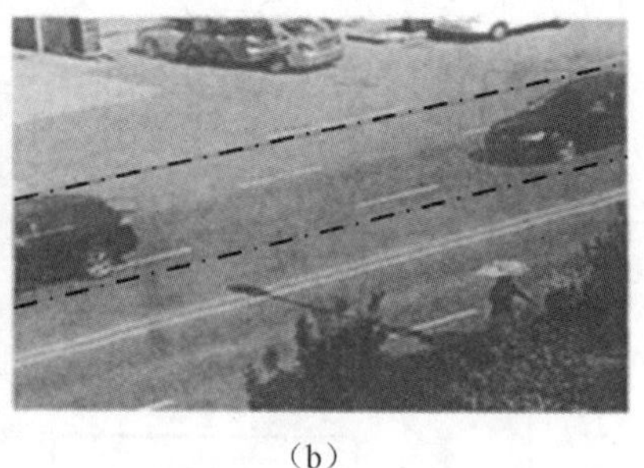

(b)

图 5-6　根据轨迹分析和前景获取得到的机动车道区域和行驶方向

行人违章过街事件可以用如下形式表达：

$$E_{\text{cross}} = E(e_1, e_2, T_{e_1} = T_{e_2}) \tag{5.5}$$

e_1：// 行人过街进入机动车道

{

S：Pedestrian；// 事件主体是行人

p：$Location_M$；// 行人的特征属性为当前位置

c：$Area_{car}$；// 空间上下文机动车道区域

R：$p \in c$；// 行人位置与机动车道的逻辑关系

}

e_2：// 行人行走方向与机动车道垂直

{

S：Pedestrian；// 事件主体是行人

p：$Direction_M$；// 行人的特征属性为运动方向

c：$Direction_{car}$；// 特殊参数上下文机动车道方向

R：$|p \perp c|$；// 行人运动方向与机动车道行驶方向的逻辑关系

}

图 5-7 中所示为行人横穿机动车道的运动过程，由此获取行人穿越车道过程的位置、方向特征参数。为判断该行人是否发生违章过街的行为，按照违章过街事件语义表达的具体内容，对行人运动过程的状态序列与相关上下文的逻辑关系进行判断，分别计算该基本事件中的两个事件单元 e_1、e_2 发生的可能性，从而对行人的违章行为做出识别判断。

利用贝叶斯分类器设计，可以对每个采样时刻下事件单元 e_1、e_2 的发生概率进行计算。对于 e_1 的发生概率来说，由于 e_1 中的上下文关系为空间上下文，即为判断行人是否位于机动车道中的空间关系，其发生概率只有 0 或 1 两种可能。对于事件单元 e_2，其发生概率表现在行人的行走方向与过街运动是否一致，与事件单元 e_1 相比，这种运动模式的符合性较难衡量。在这里采用斜率比较的方法，将机动车运动轨迹与行人运动轨迹的斜率进行比较，如果两者轨迹垂直，则概率为 1；如果平行，则概率为 0；如果两者呈 45°，则概率记为 0.5，记作判别事件单元发生的阈值，即若行人运动轨迹与机动车行驶方向夹角大于 45°，就认为行人在穿越街道。为保持运动过程中的稳定性，避免行人短时间随意行走对事件概率的影响，对行人运动的取样周期可适当延长，采用 1 s 的取样间隔，运动轨迹的斜率可由两次取样中目标的连线获得。在获得 e_1、e_2 的发生概率后，通过式(5.1)和式(5.2)的计算，即可判断出是否存在违章过街行为，至此实现了行人违章过街事件的识别过程。

图 5-7　行人违章过街事件发生过程

5.2　基于多层级感知的交通场景解析方法

场景解析是计算机视觉分析的最终任务，对于各异的场景图像，它包括的目标物体也不尽相同，对于图像理解算法提出的要求亦不同，不同场景的研究价值也是有很大差异的。由于交通在国民经济中占有非常重要的作用，关系社会的民生，对交通场景图像的研究可以改善道路视频监控的效率，并加强汽车驾驶的安全性，它不仅具有理论意义，更具有重要的实践应用意义。然而由于交通场景的多样性、随机性、复杂性以及理论的不完善和技术的复杂性，使得交通场景解析仍是一门相对较新且还不太成熟的科学，至今还没有建立一套完整的体系结构，研究还在不断深入发展。

目前交通场景解析的研究主要集中在场景分割和场景中物体的识别。Sturgess 等人[16]提出结合道路场景外观特征（主要包括物体的纹理、颜色、位置和 HOG 描述子）与物体运动特征的交通场景解析方法，并建立条件随机模型进行道路场景解析，在一定程度上提高了道路图像的分割效果。Ess 等人[17]在对城市交通场景图像进行分块的基础上，采用分层的动态 CRF 模型分离出物体和背景，并通过计算物体的空间深度信息，对路面方向标记以及车辆、行人等车前方物体进行识别。Ren 等人[18]提出使用过分割的超像素构造条件随机场，通过不同的特征集学习城市场景中物体的三维几何特征，并提出了一种分段训练方法以改善网络的推理理解效果。Wedel[19]提出利用场景流去计算交通场景物体的运动与深度信息，并通过场景重构得到运动目标信息。Hsu 等人[20]利用统计特征分析(SFA)结合广度优先搜索(BFS)算法进行道路检测，并利用障碍物扫描机构(OSM)和在线摄像机标定方案估计前方障碍物的相对距离，实现移动障碍物的识别。上述算法对交通场景解析的研究只停留在多形式物体的识别和场景分割，并没有实现交通场景物体间关联信息的建模及对交通场景的全局理解，使得交通场景解析技术在实际应用中受到了很大的限制。

编者一直致力于车联网环境下的算法研究，并基于前期的目标检测识别、目标分割、目标跟踪等研究，提出了适应于实际交通场景的、可以反映对交通场景全局理解的交通场景解析方法。其代表性的研究成果有基于深度摄像头的车辆全向障碍物检测方法、基于感知信息融合的行车环境表征方法以及基于深度学习的多视角交通场景理解方法。三种算法都有广泛的实际应用价值。下面对三种算法进行具体的阐述。

5.2.1 基于深度摄像头的车辆全向障碍物检测方法

环境感知是智能车辆对交通场景进行全面解析的基础，是智能车辆实现自动避障、自主导航等功能的先决条件。第三章阐述了课题组针对多种交通场景要素的单视角、细粒度检测识别，其中包括对智能车辆自主导航至关重要的路面标识、车道线、道路交通标线，也包括对智能车辆避障不可或缺的车辆、行人。广义上讲，任何在车辆行驶过程中可能对车辆行驶起到阻碍作用的物体都可视作障碍物，故障碍物检测又不仅仅局限于车辆、行人等交通参与者。如何快速、可靠地进行障碍物检测，是实现车辆智能化需要解决的重要问题。

障碍物检测需要传感器实时获取周围环境信息。目前对于车辆环境障碍物检测方法主要分为电磁波信息、图像信息和多信息融合三类，深度摄像头仍然较少地被应用于智能车辆的障碍物检测当中。文献[21][22]使用 UV 视差算法检测障碍物，但 UV 视差图方法对小障碍物不敏感，且存在大量漏检的情况。文献[23][24]通过设置给定阈值对深度图像进行二值化分割提取障碍物，但这种方法对阈值选取的依赖性较强，易导致障碍物无法完整分割。文献[25][26]采用光流法识别单目视觉中的障碍物，但光流法较为复杂，会影响障碍物检测的实时性。文献[27][28]都提出使用激光雷达检测障碍物，其中文献[27]使用迭代二乘法检测点云中的障碍物，然而激光雷达较为昂贵，且存在一定的检测盲区。文献[29]使用高斯混合模型检测障碍物。文献[30][31]使用机器学习方法检测障碍物，文献[32]通过训练 RPN 网络获得 RCNN，并以此检测障碍物。

近年来，本课题组深入研究了深度摄像机的点云结构特征，并在前期大量研究成果的基础上，创新性地提出了使用深度摄像头的车辆全向障碍物检测方法，并成功将其应用于自主设计的智能网联汽车场景障碍物感知系统中，下面对该算法进行详细介绍。整个算法分为三个部分：① 基于梯度的深度图像障碍物边缘检测；② DBSCAN 障碍物聚类分析；③ 3D 障碍物图可视化呈现。

1. 基于梯度的深度图像障碍物边缘检测

基于梯度的深度图像障碍物边缘检测方案可以分为以下几步：

(1) 对通过 Kinect 传感器获得的深度信息图进行遍历，并计算其中各像素点的梯度值；

(2) 利用梯度值对障碍物进行轮廓检测和划分。

首先，边缘轮廓检测需要计算深度图像中各点的梯度值。深度图像中的信息主要包括深度数据和坐标，它们之间的表达式为 $d=(x_I, y_I)$，各像素点的梯度 ∇d 值可以根据式(5.6)计算得到：

$$\nabla d(x_I, y_I)=\frac{\partial d(x_I, y_I)}{\partial x_I}\cdot \boldsymbol{e}_{xI}+\frac{\partial d(x_I, y_I)}{\partial y_I}\cdot \boldsymbol{e}_{yI}=\begin{pmatrix}\dfrac{\partial d(x_I, y_I)}{\partial x_I}\\ \dfrac{\partial d(x_I, y_I)}{\partial y_I}\end{pmatrix} \tag{5.6}$$

式(5.6)中，点 (x_I, y_I) 的梯度 $\nabla d(x_I, y_I)$ 的方向表示该点的最大斜率方向，模表示该点所在平面的陡峭度。由于式中 x_I 和 y_I 是离散型数据变量，所以表达式 $d=f(x_I, y_I)$ 不能通过微分计算得到，因此采用差分计算的结果

$\boldsymbol{g}_d^{(1)}(x_I, y_I)$来得到约等于$\nabla d$的值。使用差分计算的方法如式(5.7)所示：

$$\begin{aligned}\boldsymbol{g}_d^{(1)}(x_I, y_I) &= \frac{1}{\Delta x}\cdot[d(x_I, y_I)-d(x_I-\Delta x, y_I)]\cdot\boldsymbol{e}_{xI}+\\&\quad\frac{1}{\Delta y}\cdot[d(x_I, y_I)-d(x_I, y_I-\Delta y)]\cdot\boldsymbol{e}_x\\&=\begin{pmatrix}\frac{1}{\Delta x}\cdot[d(x_I, y_I)-d(x_I-\Delta x, y_l)]\\\frac{1}{\Delta y}\cdot[d(x_I, y_I)-d(x_I, y_I-\Delta y)]\end{pmatrix}\\&\approx\nabla d(x_I, y_I)\end{aligned}\tag{5.7}$$

其中，Δx和Δy的值为一个像素值，即$\Delta x=\Delta y=1$。

式(5.7)的计算方法示意图如图5-8所示，可以看出，如果利用式(5.7)计算梯度值，则并不能非常准确地计算得到点(x_I, y_I)的梯度值$\nabla d(x_I, y_I)$。

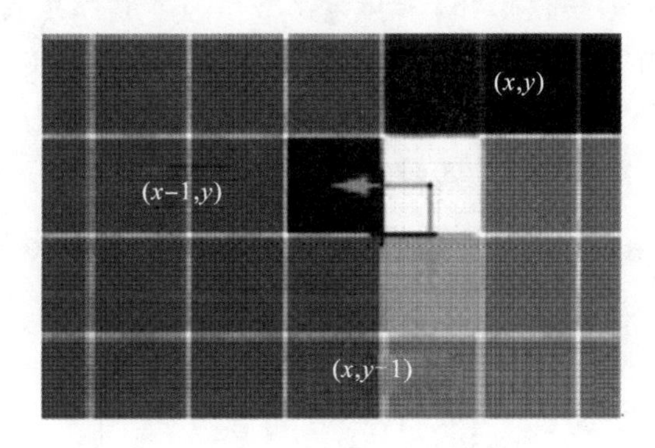

图5-8　原梯度计算方法

因此对式(5.7)进行改进，改进后的表达式如式(5.8)所示，改进之处在于式中点(x_I, y_I)的梯度是通过它周围的四个相邻像素计算得到的。

$$\begin{aligned}\boldsymbol{g}_d^{(2)}(x_I, y_I) &= 0.5\cdot[d(x_I+1, y_I)-d(x_I-1, y_I)]\cdot\boldsymbol{e}_{xI}+\\&\quad[d(x_I, y_I+1)-d(x_I, y_I-1)]\cdot\boldsymbol{e}_x\\&=0.5\cdot\begin{pmatrix}[d(x_I+1, y_I)-d(x_I-1, y_l)]\\[d(x_I, y_I+1)-d(x_I, y_I-1)]\end{pmatrix}\\&\approx\nabla d(x_I, y_I)\end{aligned}\tag{5.8}$$

在式(5.8)中，通过四个像素相邻差分计算并进行 0.5 倍缩放，得到的结果 $\boldsymbol{g}_d^{(2)}$ 和点 (x_I, y_I) 的真实梯度值更加接近，其梯度计算方法示意图如图 5-9 所示。

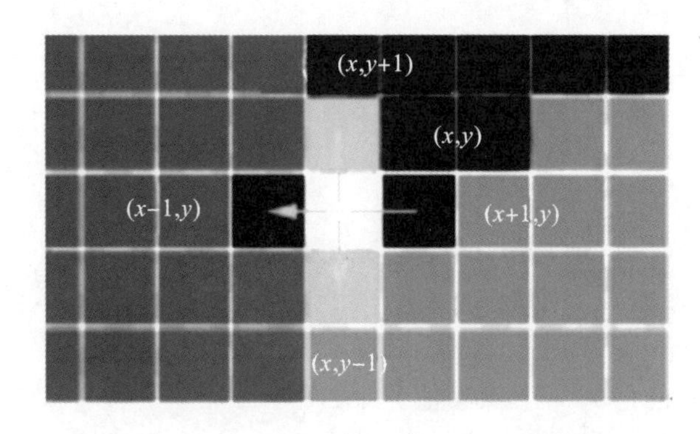

图 5-9 通过四个相邻点计算梯度

从式(5.8)的计算方法可知，梯度 $\boldsymbol{g}_d^{(2)}(x_I, y_I)$ 是一个非递归的差分计算公式，因此在对应的处理过程中使用了 2D FIR 滤波器来实现式(5.8)中对应的功能。式(5.9)和式(5.10)分别为 $\boldsymbol{g}_d^{(2)}(x_I, y_I)$ 横轴的滤波器脉冲响应矩阵 $\boldsymbol{H}_X^{(1)}$ 和纵轴的滤波器脉冲响应矩阵 $\boldsymbol{H}_Y^{(I)}$。

$$\begin{aligned}\boldsymbol{H}_X^{(1)} &= (h_x^{(2)}(-1, 0), h_x^{(2)}(0, 0), h_x^{(2)}(1, 0)) \\ &= (-0.5, 0, 0.5)\end{aligned} \tag{5.9}$$

$$\boldsymbol{H}_Y^{(2)} = \begin{pmatrix} h_y^{(2)}(0, -1) \\ h_y^{(2)}(0, 0) \\ h_y^{(2)}(0, 1) \end{pmatrix} = \begin{pmatrix} -0.5 \\ 0 \\ 0.5 \end{pmatrix} \tag{5.10}$$

利用式(5.9)和式(5.10)的脉冲响应矩阵进行卷积计算就可以得到当前计算的深度图像的梯度值。卷积公式如式(5.11)所示，式中 $h(x, y)$ 为滤波器的脉冲响应。

$$I_y(x, y) = \sum_{n=-\infty}^{+\infty} \sum_{m=-\infty}^{+\infty} I_x(n, m) \cdot h(x-y, y-m) \tag{5.11}$$

2. DBSCAN 障碍物聚类分析

在经过对深度信息图进行梯度边缘处理以后，需要使用有效的分类手段对结果进行归类。聚类分析算法就是一个有效且较为准确的手段。基于密度的聚类方法(DBSCAN)需要定义两个参数：一个是圈的最大半径；另一个是圈中最少应容纳的点数。只要邻近区域的密度(对象或数据点的数目)超过某个阈值，就继续聚类，最后在一个圈里的，就是一个类。本书使用DBSCAN法对障碍物进行聚类分析，下面对DBSCAN算法进行简单的阐述。

首先，将数据点集 P_{2D} 中欧氏距离比某一常量 ε 小的点集合称为 ε 的邻集(ε -neighborhood)。具体的定义如式(5.12)所示，$d(p, q)$ 表示的是 p 和 q 在欧氏空间中的直线距离。

$$N_{\varepsilon}(p)=\{q \in P_{2D} \mid d(p, q)<\varepsilon\} \tag{5.12}$$

在像素处理过程中，如果 p_i 和 p_j 在同一个区域，而且区域中的像素总数大于阈值 $N_{\min}$，那么 p_i 对于 p_j 而言是直接抵达。如果 p_i 不能直接抵达，但 p_i 和 p_j 被序列 $\{p_i, p_{i+1}, \cdots, p_{j-1}, p_j\}$ 连通，那么 p_i 对于 p_j 而言是可抵达。如果点 p_k 既可以抵达点 p_i，又可以抵达点 p_j，则 p_i 和 p_j 是相互连接的。

DBSCAN聚类的输入量为 ε 和 $N_{\min}$，群体数目是由 ε 和 $N_{\min}$ 自动生成的。本节根据输出即深度数据点集 P_{2D} 计算 ε，如式(5.13)所示。

$$\varepsilon=\left(\frac{\lambda(P_{2D}) N_{\min} \Gamma\left(\frac{n}{2}+1\right)}{m \sqrt{\pi^{n}}}\right)^{\frac{1}{n}} \tag{5.13}$$

式(5.13)中，m 是输入的数据点集的总样本数，n 是数据点集的维度数，在本节的映射集中维度数为2，Γ 是伽马函数。λ 函数如式(5.14)所示。

$$\lambda(P_{2D})=\prod_{i=1}^{m}[\max(x_i, y_i)-\min(x_i, y_i)] \tag{5.14}$$

图5-10是运用DBSCAN算法后得到的障碍物分割结果，采用深度数据图像作为测试样本，其中 $N_{\min}=4$，常量 ε 由式(5.13)计算得到。

(a) 深度图像

(b) DBSCAN算法障碍物分割

图5-10 使用DBSCAN算法的效果图

从图 5－10(b)中可以看出，在深度映射数据不连续的情况下，DBSCAN 会把不同的区域重新定义成新的群体，图中不同的障碍物用不同颜色表示。使用 DBSCAN 聚类可以保证环境中的连续物体在处理时能够被有效地归类到同一类群体中。与 K-means 相比，DBSCAN 不需要提前设定 k 值，结果却更接近实验环境中不规则物体形状。

3. 3D 障碍物图可视化呈现

使用三维可视化技术以俯视方式展现整个障碍物场景，通过渲染每一个深度点，构建障碍物点云，达到实时俯视全景障碍物的目的。因此，为了使得智能车辆可以有效获得当前的全向环境信息，使用三维可视化技术获取行车环境下的全向障碍物信息，将深度摄像头分别安装到车身的各个位置，具体设置如图 5－11 中 1～10 编号所示(彩图见书末二维码)。

图 5－11 为实验车辆环境障碍物提取效果图。图(a)中 1～10 编号为车身周围安装的深度摄像头，对深度图像应用障碍物梯度检测并使用 DBSCAN 算法聚类分割障碍物的梯度轮廓，分割提取得到了 10 个深度图像中障碍物，最后应用三维可视化技术生成全向的障碍物分布图。本书使用深度摄像头检测车辆全向环境的障碍物，通过梯度检测并使用 DBSCAN 算法有效提取环境中存在的障碍物，为进一步的车辆自主避障提供有利条件，并且很好地保障了行车安全。

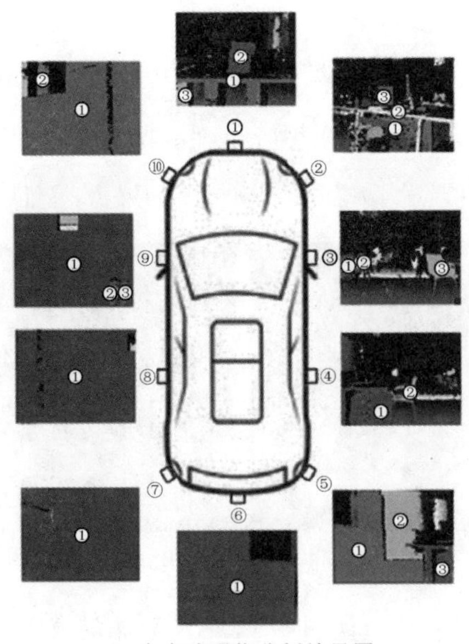

(a) 全向障碍物分割效果图

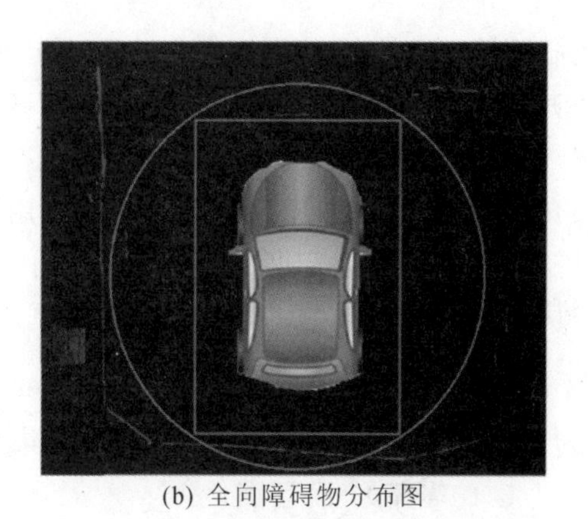

(b) 全向障碍物分布图

图 5-11 全向障碍物分割及分布图

5.2.2 基于感知信息融合的行车环境表征方法

行车环境的表征是将由各种传感器采集到的行车环境感知数据进行融合，并用一种新的数据形式通过模型表达出来，用以表示当前的行车环境信息，是交通场景理解的一种高级表现形式。较为典型的表征模型有基于贝叶斯滤波的 Occupancy grid 模型与基于 D-S(Dempster-Shafer)理论的 Occupancy grid 模型。Occupancy grid 模型即栅格模型，是一种由一系列方格有序排列而成的棋盘型模型，其中每一个方格称为该模型的单元(cell)。Occupancy grid 模型通过将多维度(2D 或 3D)空间信息映射到每一个对应 cell 中，并估计 cell 的占用状态概率，从而实现特定空间信息的表征。贝叶斯 Occupancy grid 模型中 cell 的占用概率通过递推贝叶斯滤波方法估计得到，而基于 D-S 理论的 Occupancy grid 模型中每一个 cell 的占用状态通过信任度函数来体现。基于贝叶斯的方法要求已知先验概率 $p(O_j)$ 和先验的似然函数 $p(D_i \mid O_j)$，同时要求集合内的所有假设必须互相独立并构成完备集，且贝叶斯方法无法分配一般的不确定性概率。然而，现实问题中，事先确定命题的先验概率通常比较困难。此外，对于如行车环境表征等实际应用而言，往往需要对网格模型中 cell 状态的不确定性进行度量。而 D-S 证据理论却可以较好地解决这些问题，因此，本书设计一种基于 D-S 证据理论的动态概率网格模型，以实现行车环境的精细表征。

D-S 证据理论是 Dempster 于 1960 年提出，而后经 Shafer 进行系统完善而形成的，它可以看作贝叶斯概率理论的推广。该理论在贝叶斯概率理论的基础上，把概率论中的事件扩展到命题，把事件的集合扩展到命题的集合，并提出了基本概率分配、信任函数和似然函数等概念，建立了命题和集合之间的一一对应关系，从而把命题的不确定性转化为集合的不确定性问题。其主要特点是满足比贝叶斯概率理论更弱的条件，具有直接表达“不确定”和“不知道”的能力。D－S证据组合规则是证据理论的核心内容，它是在证据积累的过程中计算多个证据对假设的综合影响的方法，即多个证据作用下所成立的综合信任程度，更具体来说就是从多角度综合多方面的证据，用对同一个问题进行信息融合的数学手段，从而使人们对问题的判决更理性、更可靠。

1. 概率分配函数

定义1 设Θ为辨识框架，Θ的幂集构成了命题集合，定义集合函数$m: 2^{\Theta} \to [0, 1]$（2^{Θ}为Θ的幂集），而且满足：

$$
\begin{aligned}
m(\phi) &= 0 \\
\sum_{A \subseteq \Theta} m(A) &= 1
\end{aligned}
\tag{5.15}
$$

则称$m(\phi)$是辨识框架上的基本概率分配函数（也称质量函数，Mass Function），$\forall A \subseteq \Theta$，$m(A)$称为$A$的基本概率分配，反映了命题$A$本身的信任程度。如果$m(A) \neq 0$则称$A$为焦元。

2. 信任函数

定义2 设函数Bel：$2^{\Theta} \to [0, 1]$，且满足：

$$
\mathrm{Bel}(A) = \sum_{B \subseteq A} m(B), \ \forall A \subseteq \Theta \tag{5.16}
$$

则称Bel函数为信任函数(Belief Function)或下限函数，Bel(A)表示对命题A为真的信任程度。由信任函数和概率分配函数的定义容易推导出：

$$
\begin{aligned}
\mathrm{Bel}(\phi) &= m(\phi) = 0 \\
\mathrm{Bel}(\Theta) &= \sum_{B \subseteq \Theta} m(B) = 1
\end{aligned}
\tag{5.17}
$$

3. 似然函数

定义3 设函数Pl：$2^{\Theta} \to [0, 1]$，且满足：

$$
\mathrm{Pl}(A) = 1 - \mathrm{Bel}(\sim A), \ \forall A \subseteq \Theta \tag{5.18}
$$

则称Pl函数为似然函数(Plausibility Function)或上限函数或不可驳斥函数，Pl(A)表示对A非假的信任程度。其中$\sim A = \Theta - A$。由于Bel(A)表示对命题A为真的信任程度，所以Bel($\sim A$)表示对A为假的信任程度。

4. Dempster 合成规则

定义 4　设 m_1 和 m_2 是两个概率分配函数，则其正交和 $m=m_1 \oplus m_2$ 为

$$
\begin{aligned}
&m(\phi)=0 \\
&m(A)=(1-K)^{-1} \times \sum_{x \cap y=A} m_1(x) \times m_2(y)
\end{aligned} \tag{5.19}
$$

式中，K 为冲突因子，由下式计算：

$$
K=1-\sum_{x \cap y \neq \phi} m_1(x) m_2(y)=\sum_{x \cap y=\varnothing} m_1(x) m_2(y) \tag{5.20}
$$

若 $K \neq 1$，则正交和 m 也是一个概率分配函数；若 $K=1$，则不存在正交和，称 m_1 与 m_2 矛盾。

如果多个概率分配函数 m_1，m_2，…，m_n 可以组合，那么也可以通过正交和运算将它们组合成一个概率分配函数。

定义 5　设 m_1，m_2，…，m_n 是 n 个概率分配函数，则其正交和 $m=m_1 \oplus m_2 \oplus \cdots \oplus m_n$ 为

$$
\begin{aligned}
&m(\phi)=0 \\
&m(A)=(1-K)^{-1} \times \sum_{\substack{\cap A_i=A \\ 1 \leqslant i \leqslant n}} \prod m_i(A_i)
\end{aligned} \tag{5.21}
$$

式中，K 为冲突因子，由下式计算：

$$
K=\sum_{\substack{\cap A_i=\phi \\ 1 \leqslant i \leqslant n}} \prod m_i(A_i) \tag{5.22}
$$

详细了解了 D-S 证据理论后，下面着重介绍基于 D-S 证据理论的动态概率网格模型。该模型的完整建立主要分为以下步骤：动态信任度网格模型建立；基于 D-S 理论的网格信任度估计；基于 D-S 理论的信任度网格更新。接下来对各个步骤进行详细的说明。

1）动态信任度网格模型建立

首先对由车道线划分得到的有效行车区域(以本车位置为零点的纵向 +30 m～-20 m，横向 ±5 m 范围内)进行等分，得到的每一个网格称为一个行车单元(cell)。cell 的纵向长度设为 5 m，横向宽度默认为单个车道宽度，设定原则为保证每一个 cell 能够完全容纳一辆车(适应小型轿车、SUV、面包车等车型，大型客车、公共汽车、大型货车不计入考虑)，其中本车所处的 cell 为

网格的零点单元。如图 5-12 所示，对于直车道，每个 cell 近似为一个长方形，而对于弯车道，每个 cell 可近似为一个凸四边形。用每四个顶点坐标确定一个 cell 的坐标，用连接四个顶点的四条线段作为一个 cell 的边长。

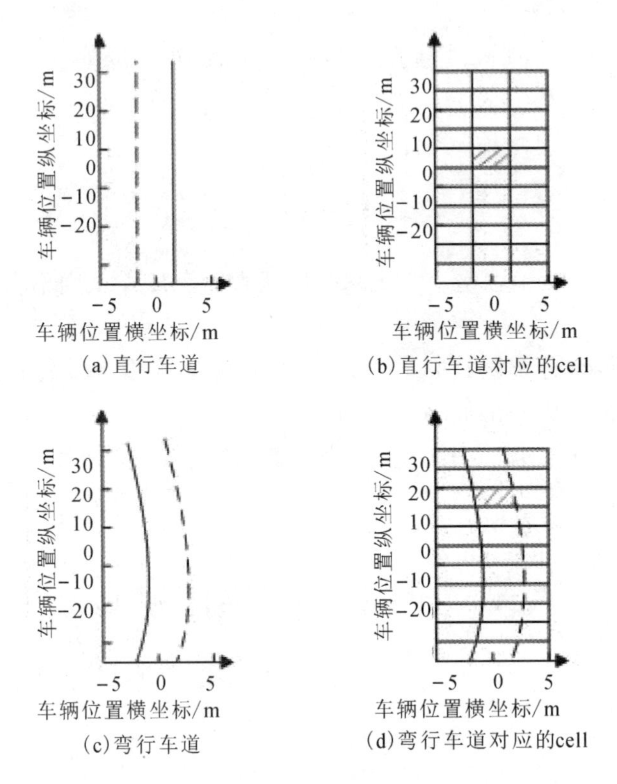

图 5-12　信任度网格几何模型

2）基于 D-S 理论的网格信任度估计

算法对信任度网格描述的实质是结合多传感器的感知结果来确定网格中每一个 cell 的状态，从而形成一个更为精细的信任度网格。下面首先用 D-S 理论对信任度网格表征进行问题描述。

在贝叶斯概率理论中，每个 cell 具有两个状态类型：Free 和 Occupied，即状态空间 $\Theta=\{F, O\}$，在 D-S 理论中，对该状态空间扩展为命题集合 $2^{\Theta}=\{F, O, \Theta, \phi\}$。对于每个 cell，计算其概率分配函数，得到对四个状态类型的信任度 $[m(F)\ m(O)\ m(\Theta)\ m(\phi)]$，其中 $m(A)$ 代表对该 cell 为 Free（空闲）、Occupied（占有）、Dangerous（危险）或 Conflict（冲突）的证据，且根据概率分配函数定义有 $\sum_{A\leqslant\theta} m(A)=1$。

对于信任度网格中的cell来说，由行车环境感知信息决定的cell可能出现的状态类型(备选假设)就是命题，由各个传感器通过检测、处理给出的对cell状态的判断就是证据。对于本节来说，传感器包括车载相机传感器、路侧相机传感器和车载北斗定位系统，其中前者提供车道线信息，后两者共同提供车辆的位置信息。因此对信任度网格描述的实质就是：对一特定cell在当前所处每个状态分类的条件下，将从事件产生的不同证据合成一个证据体，从而完成对cell状态类型识别的过程。

图5-13给出了D-S理论用于cell状态分类的数据融合方法。设辨识框架共有四个命题，图中E_1、E_2、E_3表示三个传感器的检测结果，$m_1(A_i)$、$m_2(A_i)$、$m_3(A_i)$为三个检测结果对命题A_i的基本概率分配(信任度)，$m(A_i)$为经过Dempster合成规则得到的新的概率分配，我们认为最大概率分配即最高信任度对应的命题成立。

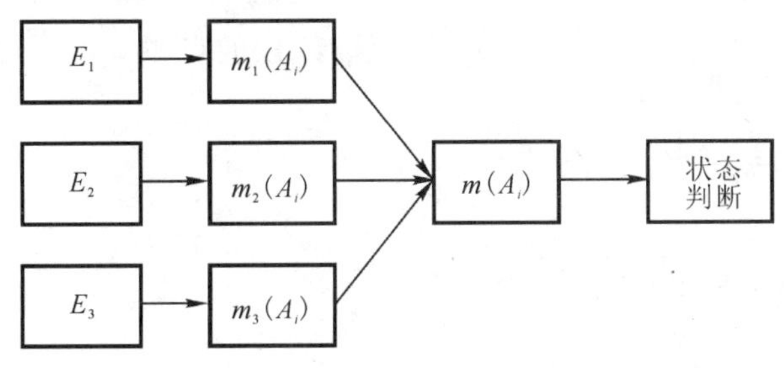

图5-13　面向cell状态分类的D-S理论数据融合方法示意图

再将感知数据映射入信任度网格。如图5-14所示，根据车辆的位置坐标点落入当前cell、未落入当前cell以及落在当前cell的边界线上三种情况，假设每个cell有三种状态，即有状态集$Q=\{\text{Free, Occupied, Dangerous}\}$。车辆

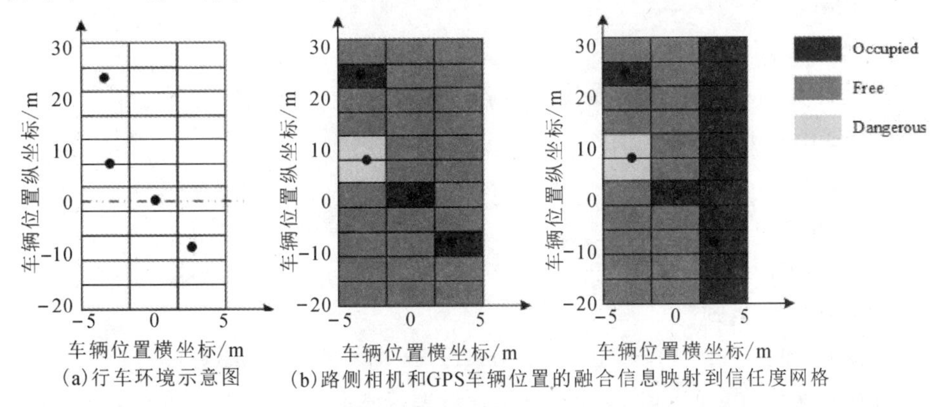

(a)行车环境示意图　(b)路侧相机和GPS车辆位置的融合信息映射到信任度网格

图5-14　感知数据到信任度网格映射示意图

位置坐标(对于路侧相机传感器感知数据来说，指车辆区域的中心坐标)设为$(x, 1, z)$，每个 cell 用其四条边界线段量化，则判断车辆是否包含于某一 cell 的依据是车辆位置点坐标是否落在 cell 边界内。而判断某一已知点是否落于一凸四边形的依据是计算该点与该凸四边形四条边的内积。若内积值小于 0 则认为该点落于该凸四边形内，内积值等于 0 则认为该点落于该凸四边形边界上，否则认为该点落于该凸四边形外[33]。

算法 1　点是否落入四边形内的测试算法如下：

```
result=1
cell={l1, l2, l3, l4}          //将 cell 的凸四边形量化为四条边界线
    p=[x 1 z]^T                //车辆的位置点坐标
for i=1 to 4 do
    li=[a b c]^T               //边界函数的三个参数
    dot=p^T li                 //计算点与线段的点积
if dot<0 then
    result=0
break
end if
else if dot=0 then
        result=2
        break
      end if
      end else
end for
return result
```

根据计算结果确定当前 cell 处于各个状态的信任度。对于每一个 cell：

若 result=0，则

$m(\phi)=0$，　$m(F)=0$，　$m(O)=1-C_O$，　$m(\Theta)=C_O$

若 result=1，则

$m(\phi)=0$，　$m(F)=1-C_F$，　$m(O)=0$，　$m(\Theta)=C_F$

若 result=2，则

$m(\phi)=0$，　$m(F)=0$，　$m(O)=0$，　$m(\Theta)=1$

其中 $C_O \in [0, 1]$，$C_F \in [0, 1]$ 分别表示感知结果的置信度(值为 0 表示置信度最高)，其值的大小取决于传感器的检测性能。算法中，取路侧相机的

感知结果的置信度 $C_{O1}=0.08$，$C_{F1}=0.1$，GPS 感知结果的置信度 $C_{O2}=0.115$，$C_{F2}=0.382$。至此，得到传感器检测结果对状态的基本信任度集 $S_1=\{m_1(F),\ m_1(O),\ m_1(\Theta),\ m_1(\phi)\}$ 和 $S_2=\{m_2(F),\ m_2(O),\ m_2(\Theta),\ m_2(\phi)\}$，根据式(5.21)所示 D-S 合成规则得到感知手段检测结果融合后的每个状态新的信任度分配 $S=\{m(F),\ m(O),\ m(\Theta),\ m(\phi)\}$，具有最大信任度的状态即为 cell 的状态。若 $m(F)>0.5$，认为该 cell 为 Free，用深灰色表示；若 $m(O)>0.5$，认为该 cell 为 Occupied，用黑色表示；若 $m(\Theta)>0.5$，该 cell 为 Dangerous，用浅灰色表示，从而获得 t 时刻行车环境的信任度网格表征。

$$\begin{cases} m(F)=m_1(F)\oplus m_2(F)=\dfrac{m_1(F)m_2(F)+m_1(F)m_2(\Theta)+m_1(\Theta)m_2(F)}{1-[m_1(F)m_2(O)+m_1(O)m_2(F)]} \\ m(O)=m_1(O)\oplus m_2(O)=\dfrac{m_1(O)m_2(O)+m_1(O)m_2(\Theta)+m_1(\Theta)m_2(O)}{1-[m_1(F)m_2(O)+m_1(O)m_2(F)]} \\ m(\Theta)=m_1(\Theta)\oplus m_2(\Theta)=\dfrac{m_1(\Theta)m_2(\Theta)}{1-[m_1(F)m_2(O)+m_1(O)m_2(F)]} \\ m(\phi)=m_1(\phi)\oplus m_2(\phi)=\dfrac{m_1(\phi)m_2(\phi)+m_1(F)m_2(O)+m_1(O)m_2(F)}{1-[m_1(F)m_2(O)+m_1(O)m_2(F)]} \end{cases} \tag{5.23}$$

3）基于 D-S 理论的信任度网格更新

当生成 $t-1$ 时刻的信任度网格后，通过与当前 t 时刻感知数据融合，我们就可以更新并获得当前 t 时刻的信任度网格。融合过程采用基于 D-S 合成规则的数据融合方法。

$$m'_t=m_{t-1}\,\underline{\cap}\,m_t^{\text{meas}}$$

$$\begin{cases} m_t(A)=\dfrac{m'_t(A)}{1-m'_t(\phi)}, & A\neq\Phi \\ m_t(\phi)=0, & A=\Phi \end{cases} \tag{5.24}$$

其中 m_t^{meas} 表示根据当前 t 时刻感知数据检测结果得到的基本概率分配，m_{t-1} 表示 $t-1$ 时刻的基本概率分配，m_t 为合成的 t 时刻基本概率分配。$1-m'_t(\phi)$ 为标准化因子，其中 $m'_t(\phi)$ 为当前 t 时刻的冲突概率分配，且

$$m'_t(\phi)=m_{t-1}(O)\cdot m_t^{\text{meas}}(F)+m_{t-1}(F)\cdot m_t^{\text{meas}}(O) \tag{5.25}$$

可以看出，$m'_t(\phi)$ 包括两部分：

(1) $m_{t-1}(F)\cdot m_t^{\text{meas}}(O)$ 表示当前 cell 由 $t-1$ 时刻为 Free 和 t 时刻感知结果为 Occupied 的融合冲突，该情况表示车辆在 t 时刻驶入当前 cell；

(2) $m_{t-1}(O)\cdot m_t^{\mathrm{meas}}(F)$ 表示当前 cell 由 $t-1$ 时刻为 Occupied 和 t 时刻感知结果为 Free 的融合冲突，该情况表示车辆在 t 时刻驶离当前 cell。

由于所有检测车辆均处于运动状态，因此上述冲突属于正常情况。当冲突产生时，当前 cell 的状态概率分配以当前感知检测结果为准，即忽略 $t-1$ 时刻的基本概率分配，只利用当前感知检测结果的概率分配进行更新。

本章在上述基于感知信息的行车环境表征方法的基础上，设计了车辆变道辅助决策，进一步针对本车当前的驾驶状态或行为意图提供恰当的辅助决策[34]。目前车辆变道/合道行为辅助决策的常用方法有基于高级数据融合的决策方法和基于规则融合的决策方法。为了在变道决策中考虑更加全面的方式选择，我们采用基于规则融合的变道行为决策，向车辆变道行为提供“where”和“how”两方面的决策辅助。其中“where”是根据当前行车环境表征结果建议车辆应从当前车道行驶到哪个车道中；“how”则告知车辆应该以加速、减速或保持当前车速进行变道。因此，辅助决策算法旨在为驾驶员提供“加速向左变道”“加速向右变道”“减速向左变道”“减速向右变道”“匀速向左变道”“匀速向右变道”以及“不变道”等七种决策。

该决策算法采用的规则如下：

(1) 空间成本(Spatial Cost)：本车所处车道及其相邻车道中各 cell 的空间成本总和，是衡量一个变道决策导致的本车与本车道及相邻车道内障碍车辆碰撞风险的变量，也是衡量一个变道决策是否符合基本交通法规的变量。

(2) 碰撞时间(Time-to-Collision)：由本车与他车当前行驶状态以及车距计算出的两车发生碰撞(即 $(x_e(t), z_e(t))=(x_o(t), z_o(t))$，其中 x_e、z_e 代表本车的横纵坐标，x_o、z_o 代表他车的横纵坐标)所需的时间。

(3) 需求加速度(Required Acceleration)：指本车为了执行安全变道行为的同时避免与他车碰撞，根据本车与他车当前行驶状态以及碰撞时间计算出的加速度。计算出的需求加速度将作为参考供辅助驾驶系统采纳。

算法引入文献[33]中车辆变道的“空间成本”概念，结合碰撞时间-需求加速度规则融合的方法实现变道决策过程。文献[33]中对空间成本的定义为：空间成本是衡量一个变道决策导致的本车与本车道及相邻车道内障碍车辆碰撞风险的一个变量，也是衡量一个变道决策是否符合基本交通法规的变量，计算方法为

$$\text{Spatial Cost}(C_i)=K[1-P(s(C_i)=F)] \tag{5.26}$$

其中 $K=100$，$P(s(C_i)=F)$ 为 cell (C_i) 的 Free 状态概率值。本节中由于 cell

的 Free 状态概率值用 Free 状态的信任度 $m(F)$ 表示，因此式(5.26)中的 $P(s(C_i)=F)$ 用 $m_{C_i}(F)$ 代替。可以看出，一个 cell 的空间成本与其 Free 状态的信任度 $m_{C_i}(F)$ 成反比。

根据 cell 的空间成本，计算出每个车道的当前变道空间成本，即车道内所有 cell 的空间成本之和：

$$\text{Spatial Cost} = \sum_i \text{Spatial Cost}(C_i) \tag{5.27}$$

最终选择空间成本最低且低于阈值的决策作为最优决策。在此需要对以下两种情况进行说明：

(1) 若不变道的空间成本与变道空间成本的差值较小，则进一步考虑驾驶员变道意愿，选择变道；

(2) 若向左变道的空间成本与向右变道的空间成本的差值较小，则驾驶员可根据驾驶习惯自行选择变道。

最小变道空间成本建议本车变道至“where”，在这之后，需要计算本车的需求加速度以向本车提供“how”决策。根据文献[33]，首先根据本车以及他车的位置、速度等信息计算两车的碰撞时间 TTC，然后根据 TTC 来确定需求加速度：

$$\text{TTC} = \frac{\Delta S}{\Delta v} = \frac{\sqrt{(x_o - x_e)^2 + (z_o - z_e)^2}}{v_e - v_o} \tag{5.28}$$

$$a_{\text{safe}} = \begin{cases} \dfrac{3}{2}\dfrac{(v_o - v_e)}{v_e t - \Delta S}, & 0 < \text{TTC} < \tau \\ 0, & \text{其他} \end{cases} \tag{5.29}$$

其中，(x_e, z_e)、(x_o, z_o) 分别为本车与他车的位置，v_e、v_o 分别为本车与他车的速度，$\tau = 5$ s。

根据上述内容计算出变道的需求加速度，向本车提供的变道决策为：若 $a_{\text{safe}} = 0$，则“匀速变道”；若 $a_{\text{safe}} > 0$，则“加速变道”；若 $a_{\text{safe}} < 0$，则“减速变道”。最终，结合空间成本输出“加速向左变道”“加速向右变道”“减速向左变道”“减速向右变道”“匀速向左变道”“匀速向右变道”以及“不变道”等七种决策。

我们将提出的车辆变道辅助决策应用于车-路视觉协同行车环境感知系统的智能车载系统上，并针对在文艺路人行天桥附近路段采集的交通视频进行了模拟实验。首先对智能车载系统进行介绍，智能车载系统由安装有前后车载相机传感器、GPS、车载控制单元以及无线通信设备的实验车辆承担。特别地，对实验车辆的前置/后置相机传感器的安装位置以及功能进行介绍(见图 5-15)：本系统在车辆内部前后挡风玻璃处安装摄像机，用以实现车道线检测[35]。检测车道线的目的有三：一是确定有效行车区域，即感兴趣区域(Region Of Interest，ROI)，从而提高系统性能；二是获取本车当前所处车道信息；三是获取他车所处车道信息，从而正确评估本车周围的当前交通状况。

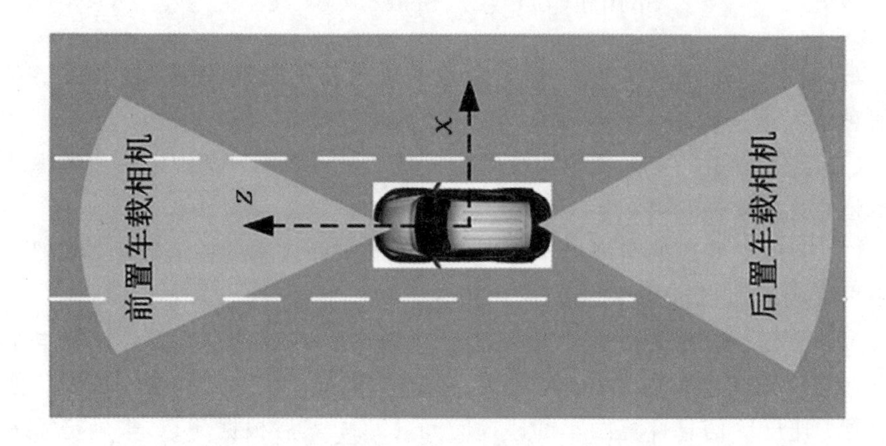

图 5-15　智能车载系统中车载相机传感器装置示意图

在模拟实验中，假设除实验车以外的其他车辆均保持当前车速做匀速直线运动。图 5-16～图 5-18 为部分交通场景下的行车环境表征以及决策结果。

图 5-16(a)所示为南二环长安大学彩虹桥段从东向西车道上的三路视频交通图像。在该场景中，有效检测区域内检测并跟踪到 7 辆车(编号为 1，2，3，4，5，6，7，8)，除本车的速度信息由 GPS 显示为 27.8 之外，其余车辆的速度信息通过计算得到，计算结果分别为 34.1、30.5、32.6、30.2、28.7、28.5、29.1，单位为 km/h。车辆相对于本车的位置坐标分别为(0，28.3)、(3.32，22.51)、(−2.87，9.74)、(4.19，5.26)、(3.39，−6.27)、(0.11，−7.5)、(−3.25，−9.17)。融合以上感知信息，得到图 5-12(b)所示信任度网格。可以看出，实验车所处 cell 的前、左、右邻域 cell 均为 Free 状态，因此分别计算车辆向左、向右以及向前行驶的空间成本。经计算，向左、向前以及向右行驶的空间成本分别为 215、557.5 和 392，即左车道的空间成本最低。进一步地，根据公式(5.28)求得向左变道的碰撞时间为−24.61 s(因实验车辆比左车道目标障碍车速低)，根据公式(5.29)求得需求加速度为 0。因此，确定输出决策“匀速向左变道”。

(a)三路视频图像

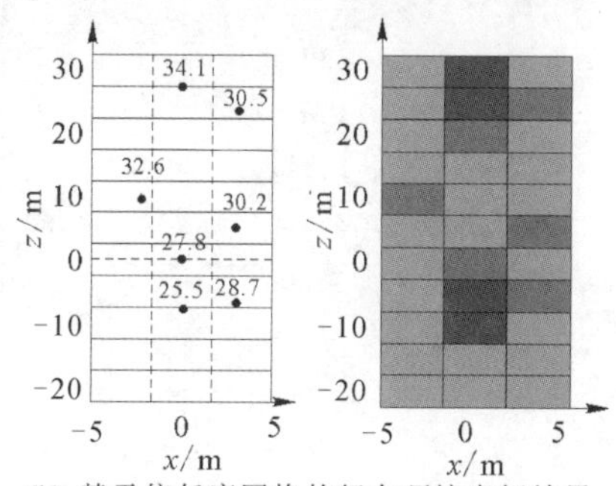

(b) 基于信任度网格的行车环境表征结果

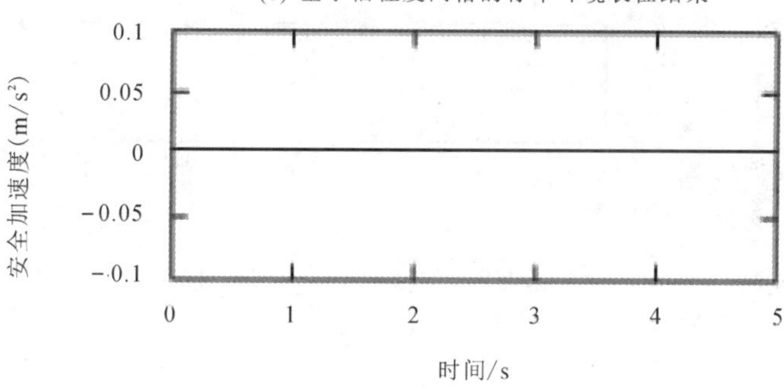

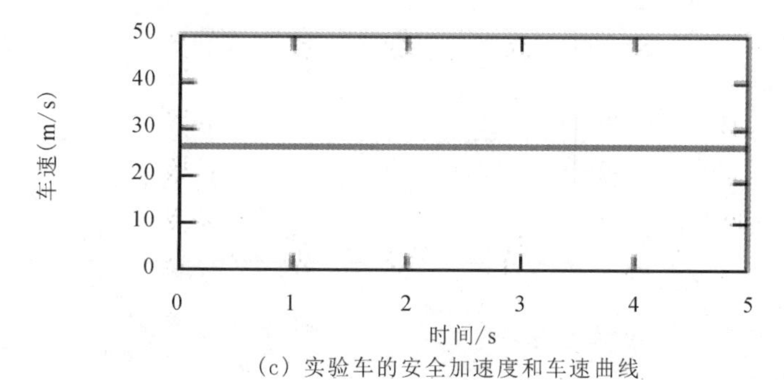

(c) 实验车的安全加速度和车速曲线

图 5-16 城市道路场景实例 1

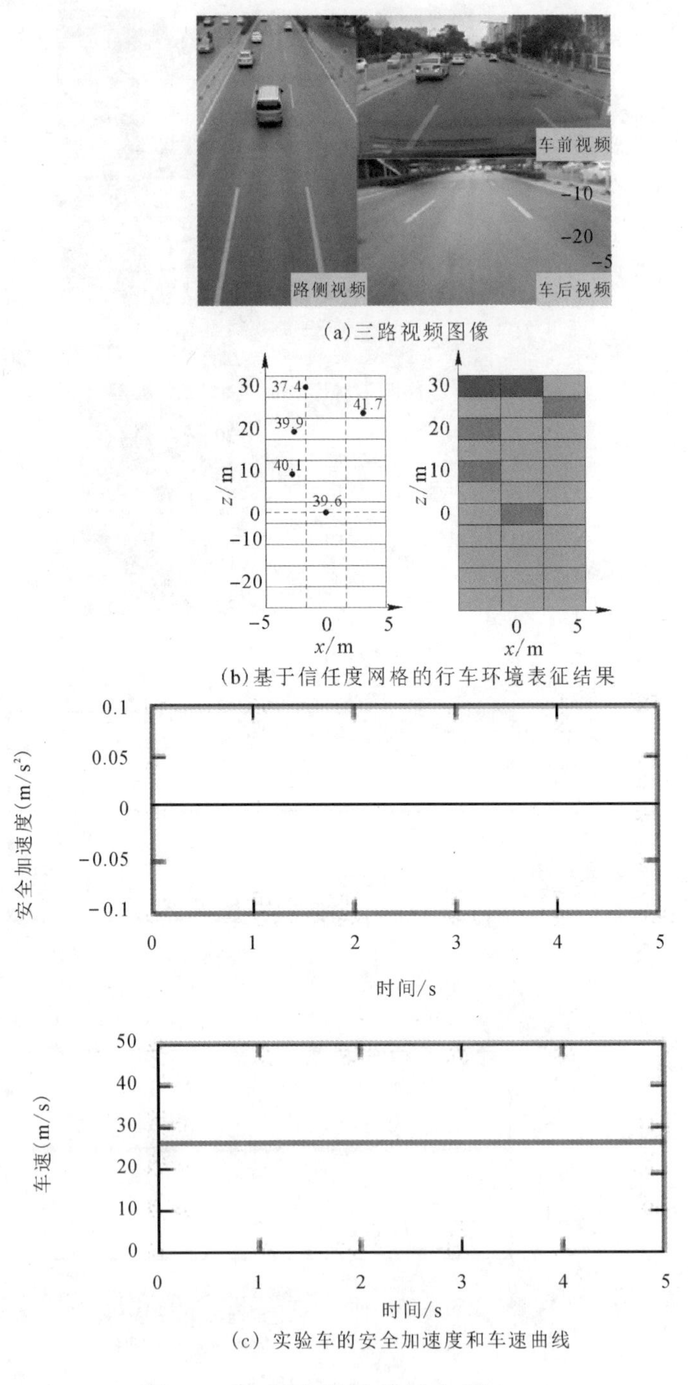

(a)三路视频图像

(b)基于信任度网格的行车环境表征结果

(c) 实验车的安全加速度和车速曲线

图 5-17　城市道路场景实例 2

(a)三路视频图像

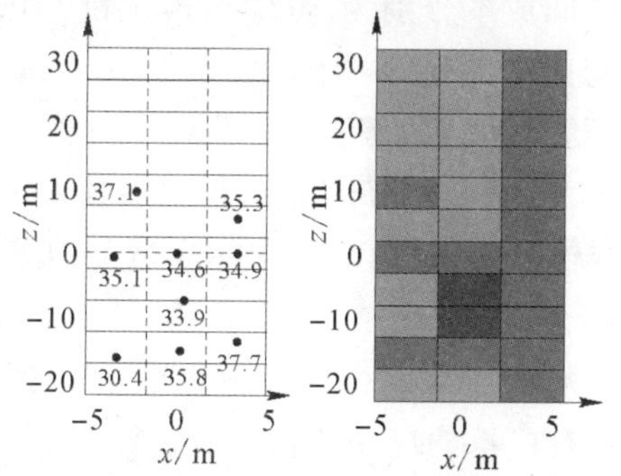

(b)基于信任度网格的行车环境表征结果

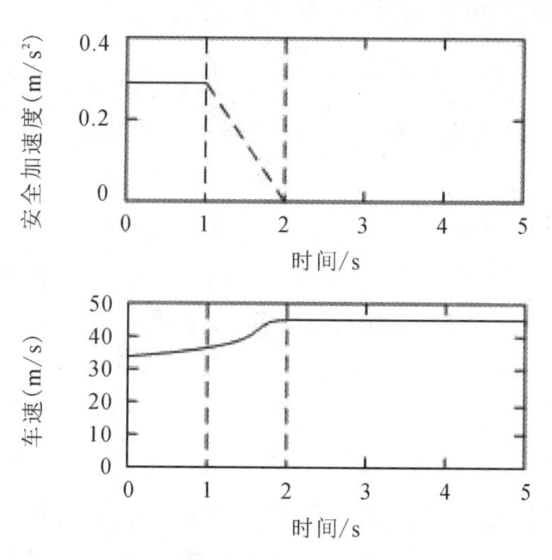

(c) 实验车的安全加速度和车速曲线

图 5-18　城市道路场景实例 3

图 5-17(a)所示场景的有效感知范围内检测并跟踪到除实验车外的四辆车(编号为 1、2、3、4)，速度分别为 37.4、41.7、39.9、40.1 km/h。融合感知

信息得到信任度网格如图 5-17(b)所示。再分别计算车辆向左、向前以及向右行驶的空间成本分别为 392、207 和 215。此外，由于本车道与右车道的空间成本差值低于阈值($T=20$)，因此，向右变道为最优决策。进一步地，根据公式(5.28)求得向右变道的碰撞时间为−13.33 s，根据公式(5.29)求得需求加速度为 0，因此，确定输出决策“匀速向右变道”。实验车的建议加速度和车速曲线如图 5-17(c)所示。

图 5-18(a)中，首先计算出车辆向左、向右以及向前行驶的空间成本。融合其余车辆感知信息得到的信任度网格如图 5-18(b)所示。经计算，向左、向前以及向右行驶的空间成本分别为 392、403.5 和 1100。可以看出，左车道空间成本与本车道空间成本差值小于阈值($T=20$)。进一步考虑驾驶员变道意愿，因此，视向左变道为最优决策。进一步地，根据公式(5.28)求得向左变道的碰撞时间为 1.2 s，根据公式(5.29)求得在碰撞时间 1.2 s 内的需求加速度为 0.37。因此，确定输出决策“匀加速向左变道”。实验车的建议加速度和车速曲线如图 5-18(c)所示。

上述应用说明，基于规则融合的决策方法能够提供一种精细化的变道决策，在交通场景中具有广泛的应用价值。

5.2.3 基于深度学习的多视角交通场景理解方法

深度学习在目标识别、目标跟踪等图像处理领域展现了巨大的优越性，因此，近年来也出现了一批基于深度学习的交通场景解析方法。Tan 等人[36]提出了一种基于多级 Sigmoidal 神经网络的城市交通场景理解方法，结合五种三维结构特征与外观特征来表示城市交通流，并利用多级 Sigmoidal 神经网络对输入图像进行分割和识别。Pan 等人[37]通过设计一种空间卷积神经网络(SCNN)，加强了对长连续形状物体及大型物体的检测，提高了易受遮挡的车道线的检测精度。Deng[38]等人针对交叉口提出了一种基于 CNN 的鱼眼摄像机语义分割问题，可以获得更广阔视野下的场景分割结果。Baek 等人[39]提出了一种端到端的场景理解方法，通过从驾驶车辆的各个方向识别出最近的障碍物，从而为每一帧划分出安全的可驾驶区域，并使用这种方法计算到最近障碍物的距离。由以上概述可以看出，基于深度学习的交通场景解析最初也只是简单地对场景中的目标进行检测与分割，而现在已逐渐开始考虑交通场景中各物体间的信息关联，并运用建模实现对交通场景的全局理解。然而，上述基于单一视角的交通场景理解具有一定的局限性，影响了交通场景理解算法在智能网联环境下的实际应用。

近年来，编者在深入研究深度学习理论知识后，结合面向网联的视觉感知需求，深入研究基于深度学习的交通场景解析方法，并在前期大量研究成果的基础上，创新性地提出了多视角交通场景理解方法，并将其成功应用于自主设计的智能网联汽车场景图像数据感知与协同处理系统中。下面对该算法进行详细介绍。

算法通过视频流对场景内交通参与要素进行三维语义描述，即将其融入驾驶任务驱动的道路动态交通环境认知与理解过程，实质上是一个对场景进行计算与理解的过程，通过分析处理获取到的场景感知数据，得到其余交通参与者(车辆、行人)所在位置(本车与其他交通参与者之间的相对位置关系)以及车辆的可通行区域，再根据其余交通参与者的运动意图来推测接下来一段时间智能汽车的运动轨迹，以实现该交通场景下的安全行驶。具体任务可以分解成四大块：首先采用目标检测识别算法获得场景中其余交通参与者的三维信息，同时对车道位置、道路边界实现检测，并在此基础上形成一种对场景的拓扑结构表示；其次，对场景中其余交通参与者的运动信息进行估计；再次，提出一种基于概率生成模型的单视角场景理解方法；最后构建一种融合俯视视角与前视视角的深度集合网络架构，通过多视角群智优化实现交通场景的全息理解。算法整体分为五个步骤：① 交通场景先验估计建模；② 三维场景目标检测与识别；③ 场景流估计；④ 基于概率生成模型的单视角场景理解；⑤ 多视角群智优化的交通场景全息理解。下面对每一个步骤进行详细的说明。

1. 交通场景先验估计建模

交通场景先验估计建模是一种对场景理解中可以预先判断的信息进行建模，使其成为先验信息的方法，可以为后续的交通场景解析过程提供认知知识，在提高认知精度的基础上有效缩短场景全面认知时间，增强场景感知的实时性。其主要包括路面语义先验建模和道路布局先验建模[40]。

1) 路面语义先验建模

路面是交通场景中的重要部件，对路面进行建模识别是交通场景图像认识中的关键步骤。交通场景下最优路面语义先验模型的建立，本质上是对智能网联车的有效可通行区域进行提取检测。可通行区域检测不同于传统目标检测中使用边界框定位与识别目标，其本质上是一种像素级分类即语义级图像分割问题，且由于其通常被视为背景，易受其余车辆、行人、建筑物等前景物体遮挡的特性，检测难度较大。现有的路面检测方法多基于检测目标外观结构提取目标特征，故只对目标局部外观特征敏感，可能会将某些非路面区域错误地认定为与其具有相似外观特征的路面区域，利用视觉空间先验信息可以有效地解决这一问题。同时，由于道路目标所处环境复杂多变，传统深度卷积网络训练得到的模型可能无法很好地推广到测试图像中，若采用域适应技术可以较好地解决这一问题。鉴于上述两点，针对道路交通参与者占用的结构非完整性路面，本书提出一种融合改进 U-Net 与域适应的检测方法[41]，通过引入先验知识设计一个新的分割网络，并采用域适应技术来缩小训练图像和测试图像之间的差距，建立一种端到端的可通行区域检测方法。下面介绍具体的研究方案。

U-Net 是一种性能表现较好的深度分割网络，然而传统的 U-Net 对目标物体的外观特征比较敏感，将其应用于路面分割时，由于忽略了先验信息，容易造成一些不合理的识别错误(如建筑物可能被误认为是道路区域)。若利用固有的位置先验信息可以有效地避免上述错误的发生，因此考虑引入先验信息。对于路面模型而言，最常用的先验信息为位置信息与形状信息。

首先构造由 KITTI 数据集、OC 数据集和 The Cityscape 数据集组成的混合数据集，再基于混合数据集的真值标签 $y(i, j)$ 计算路面与非路面两类目标的像素经验比例，根据统计结果绘制概率分布图，如图 5 - 19 所示。

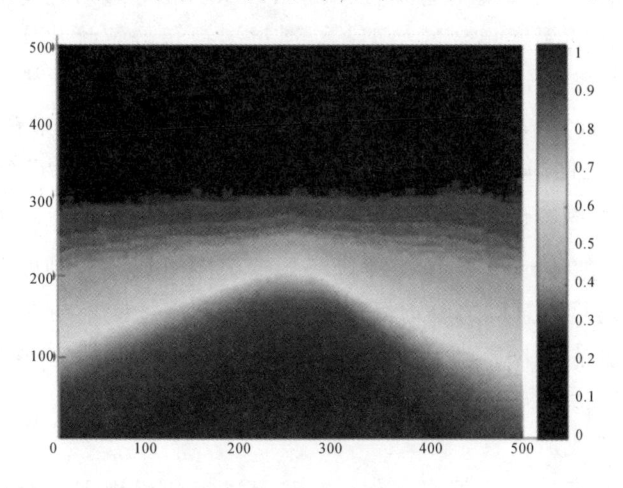

图 5 - 19　概率分布图

然后根据概率分布图拟合位置先验函数：

$$f(x, y)=f_x(x)\cdot f_y(y) \tag{5.30}$$

其中，$f_x(x)$ 是 x 轴的概率函数，服从正态分布，即有

$$f_x(x)=\frac{1}{\sqrt{2\pi}\sigma_x}\mathrm{e}^{-\frac{(x-\mu_x)^2}{2\sigma_x^2}} \tag{5.31}$$

$f_y(y)$ 是 y 轴的概率函数，服从半正态分布，即有

$$
\begin{aligned}
f_y(y) &= \frac{\Phi\left(\frac{y-\mu_y}{\sigma_y}\right)}{\sigma\left(\Phi\left(\frac{b-\mu_y}{\sigma_y}\right)-\Phi\left(\frac{a-\mu_y}{\sigma_y}\right)\right)} \\
&= \frac{\frac{1}{\sqrt{2\pi}}\exp\left[-\frac{1}{2}\left(\frac{y-\mu_y}{\sigma_y}\right)^2\right]}{\sigma\left[\frac{1}{2}\left(1+\operatorname{erf}\frac{b-\mu_y}{\sqrt{2}\sigma_y}\right)-\frac{1}{2}\left(1+\operatorname{erf}\frac{a-\mu_y}{\sqrt{2}\sigma_y}\right)\right]}
\end{aligned}
\tag{5.32}
$$

其中 $\text{erf}=\int_0^a \frac{2}{\sqrt{\pi}}e^{-2}dz$，$a=0$，$b=500$。

将位置先验函数作为损失函数的修正项。U-Net 中的损失函数是基于像素的交叉熵函数和 Softmax。其中，Softmax 定义为

$$
p_k(x)=\frac{e^{a_k(x)}}{\sum_{k'=1}^{K} e^{a_{k'}(x)}},\quad \forall k \in 1, 2, \cdots, K \tag{5.33}
$$

其中，$a_k(x)$ 被定义为在像素 x 处的特征通道 k 中的激活状态，K 是分类类别的数目，$p_k(x)$ 是近似的最大函数。利用 Softmax 函数可以得到每一类像素的概率。将提出的位置先验概率函数作为偏置整合到 Softmax 函数中，则新的分类函数为

$$
p_k(x)_{\text{final}}=\frac{e^{\min(p_k(x),\ f_{(x,\ y)})}}{\sum_{k'=1}^{K} e^{a_{k'}(x)}} \tag{5.34}
$$

通过加入 $f(x, y)$ 函数确定分类概率，每个像素通过分类函数输出一个 $K\times 1$ 的向量，求出分类概率的最大值，并用相应的标签作为预测标签。

除了位置先验，形状先验在道路可通行区域的检测识别中也起着至关重要的作用。由观测可以发现道路区域应该有一些形状约束，使其看起来像道路。为了提出一种通用的道路形状先验，采用水平集方法来表示道路形状，得到平均水平集的符号距离函数。具体来说，真值图像中道路区域和非道路区域的像素平均值存在显著差异，因此，我们使用 C－V 模型来获得混合数据集上每幅图像的道路形状。将域 Ω 的输入图像 $I(x, y)$ 用一个封闭边界 C 划分为目标区域 C_o 和背景区域 C_b，并建立 C－V 模型的能量公式：

$$F^{CV}(C)=\mu L(C)+vS_o(C)+\lambda_o\int_{C_o}|I-c_o|^2\mathrm{d}x\,\mathrm{d}y+\lambda_b\int_{C_b}|I-c_b|^2\mathrm{d}x\,\mathrm{d}y \tag{5.35}$$

其中，$L(C)$ 是边界的长度，$S_o(C)$ 是 c_o 的面积，c_o、c_b 分别为初始轮廓 C_o 的目标和背景区域，μ、v、λ_o、λ_b 是相应能量项的权重，通常 $\lambda_o=\lambda_b=1$。只有当轮廓位于两个区域的边界时，$F^{CV}(C)$ 才能达到最小值。将水平集函数 $\varphi(x, y)$ 作为符号距离函数，$\varphi(x, y)(\text{inside}(C))>0$，$\varphi(x, y)(\text{outside}(C))<0$。$\varphi_0$ 是从初始轮廓 C_o 构造的初始水平集。由于 C－V 模型是基于图像切片平滑的假设，引入 Heaviside 函数 $H(z)$ 和 Dirac 函数 $\delta(z)$ 来规范能量函数：

$$\begin{aligned}F^{CV}(C)=&\mu\int_{\Omega}\delta_0(\varphi(x, y))|\nabla\varphi(x, y)|+\\&v\int_{\Omega}H(\varphi(x, y))\mathrm{d}x\,\mathrm{d}y+\\&\lambda_o\int_{\varphi}|I(x, y)-c_o|^2H(\varphi(x, y))\mathrm{d}x\,\mathrm{d}y+\\&\lambda_b\int_{\varphi}|I(x, y)-c_b|^2(1-H(\varphi(x, y)))\mathrm{d}x\,\mathrm{d}y\end{aligned} \tag{5.36}$$

满足公式(5.34)且用水平集函数表示的偏微分方程的解为

$$\frac{\partial\varphi}{\partial t}=\delta(\varphi)\left[\mu\,\mathrm{div}\left[\frac{\nabla\varphi}{|\nabla\varphi|}\right]-v-\lambda_o(I-c_o)^2+\lambda_b(1-c_b)^2\right] \tag{5.37}$$

混合数据集每幅图像中道路区域的边缘曲线记录为 C_i，平均区域边缘为

$$\bar{C}=\frac{1}{N}\sum_{i=1}^{N}C_i \tag{5.38}$$

将先验形状可视化为图 5－20。

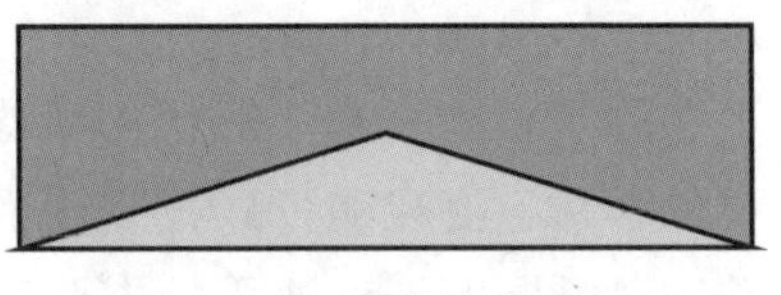

图 5－20　形状先验

之前的先验合并方法每次都需要从当前图像中生成先验特征图，耗费大量的计算时间，为了避免这一缺点，我们提出将形状先验作为 U-Net 中的一种特征图，并将其直接附加到卷积层的输出中。在 U-Net 的输出端引入一个 concat 层，以将网络的分割结果与形状先验相结合，如图 5－21 所示。

为了解决训练数据集与测试数据集间数据分布存在的固有偏移影响训练

模型测试精度的问题，提出用于分割的域自适应模型(DAM)以减少源域和目标域之间的域差距，从而使分割模型更加鲁棒。

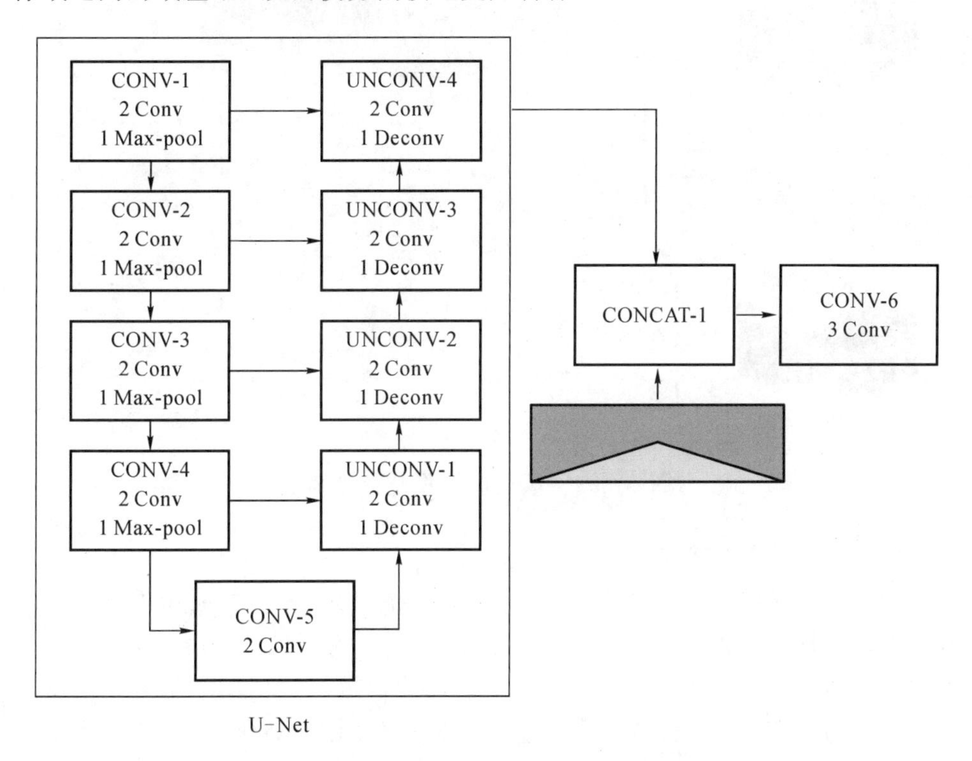

图 5-21　形状先验与 U-Net 的结合

研究表明，任意两个域之间的变化都会导致相应的特征空间产生边缘分布偏移。虽然目标物体的外观特征在不同的时间、天气和季节变化中会发生改变，但在特征提取过程中，提取到的特征会逐渐丢失外观信息，保留域不变的语义特征，在不同域的所有特征之间具有最大的相似性。这样，就可以直接为对抗训练过程提供与最终像素预测相同的信息。图 5-22 说明了整体的域适应框架，以 U-Net-prior 的收缩路径作为特征提取器提取图像特征，利用图像特征进行对抗性训练，使提取出的源图像特征和目标图像特征具有相似的数据分布以实现两个域的全局信息对齐。DAM 中的域分类器 D 用于识别源区域和目标区域之间的差异。采用全卷积结构作为分类判别器，网络由 5 个卷积层组成，卷积核尺寸为 4×4，步长为 2，除最后一层外，每个卷积层后面都有一个 ReLU 层。

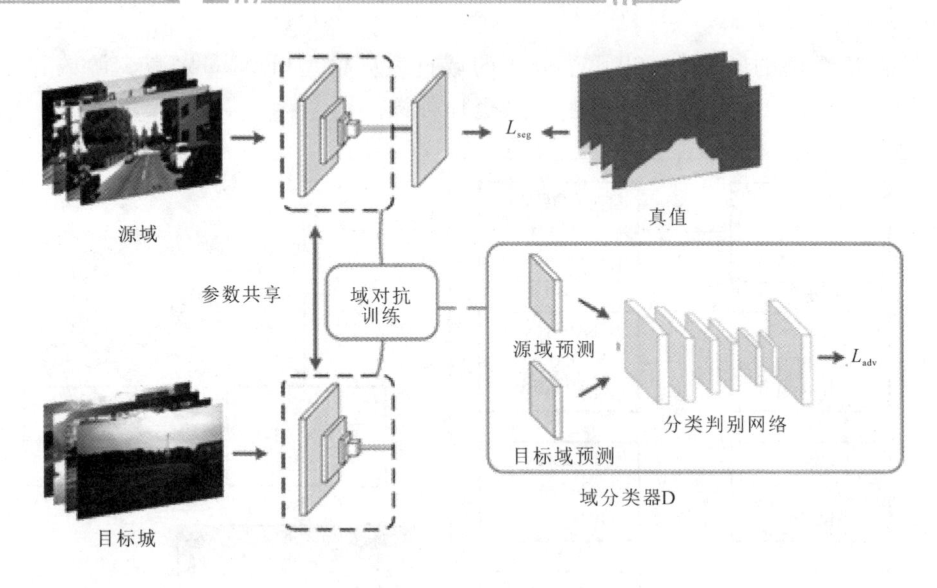

图 5-22　域适应模型整体架构

2）道路布局先验建模

大多数交通场景认知理解都基于非参数的方法，因为交通场景的局部通常较为复杂且易受遮挡，所以很难匹配到相关的模型，虽然使用分层表示可以推理出遮挡区域中的几何形状和语义，然而非参数方法依旧很难应用于需求距离信息的任务。虽然已经有一些适用于室外环境的参数化模型，但它们的特征丰富度并不足以较为全面地描述复杂的道路场景。因此，本书着重聚焦于场景布局，提出了一种基于顶视图表示的道路布局先验建模方法，使用更为丰富的特征信息重构复杂道路布局，整体研究思路如图 5-23 所示。

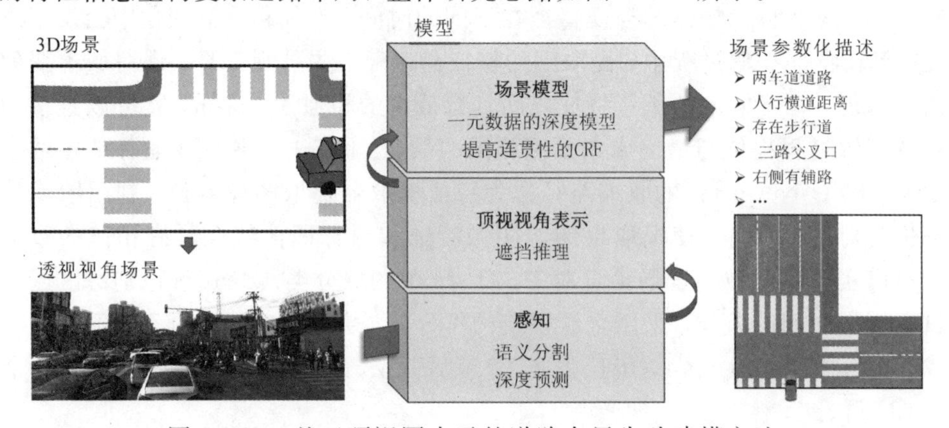

图 5-23　基于顶视图表示的道路布局先验建模方法

首先构建场景模型，模型由多个表征复杂驾驶场景的参数组成，描述了重要的场景属性，如车道的数量和宽度、各种类型的交叉路口、人行横道的存在性和距离信息。采用语义顶视图来描述道路场景布局，首先假设摄像头位于每一帧的底部中心，这使我们能够相对于摄像机定位所有元素。其次，在更高的层次上，我们区分了摄像头所在的“主要道路”和最终的“小路”。所有道路均由至少一个车道组成，交叉路口由多条道路组成。定义两条小路(一条在主干路的左侧，一条在右边的右侧)以及到每条道路的距离，能够灵活地对3路和4路交叉口进行建模。附加属性确定主路是否在交叉路口之后结束，从而产生T形交叉路口。主要道路由一组车道、单向或双向交通、定界符和人行道定义。我们还在摄像机左右两侧最多定义了六个车道，我们通过不同的车道宽度来模拟特殊车道，例如转弯车道或自行车道。在最外面的车道旁边，具有一定宽度的可选定界符将道路与可选人行道分隔开。在交叉路口，我们还对所有四个潜在边的人行横道的存在进行了建模。对于小路，我们仅对其宽度建模。最终的参数集合θ被分组为不同类型，包括$M^b = 14$个二进制变量θ_b、$M^m = 2$个多类变量θ_m、$M^c = 25$个连续变量θ_c。设计道路场景模型示意如图5-24所示。

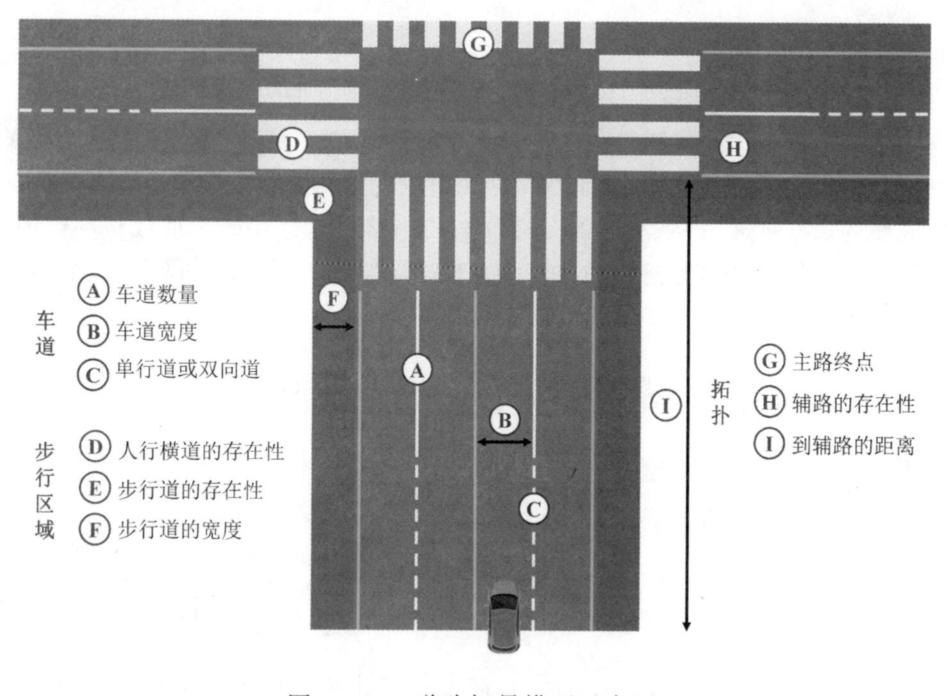

图5-24　道路场景模型示意图

将场景属性的元素和相应的预测表示为 $\theta[\cdot]$ 和 $\eta[\cdot]$，其中分别对二进制、多类和连续变量使用索引 $i \in \{1, 2, \cdots, M^b\}$，$p \in \{1, 2, \cdots, M^m\}$ 和 $m \in \{1, 2, \cdots, M^c\}$。然后，我们将场景理解公式化为能量最小化问题。

$$\begin{aligned}E(\theta \mid x) = & E_b(\theta_b) + E_m(\theta_m) + E_c(\theta_c) + \\ & E_s(\theta_b, \theta_m) + E_q(\theta_b, \theta_c) + \\ & E_h(\theta_b, \theta_m, \theta_c)\end{aligned} \tag{5.39}$$

其中，E_* 表示关联的场景属性变量 $(\theta_b, \theta_m, \theta_c)$ 的能量势。对于二进制变量 θ_b，能量函数 E_b 由两项组成：

$$E_b(\theta_b) = \sum_i \varphi_b(\theta_b[i]) + \sum_{i \neq j} \varphi_b(\theta_b[i], \theta_b[j]) \tag{5.40}$$

$\varphi_b(\cdot)$ 指定为 θ_h^i 分配标签的成本，并定义为 $-\log P_b(\theta_b[i])$，其中 $P_b(\theta_b[i]) = \eta_b[i]$ 是神经网络 h 的概率输出。$\varphi_b(\cdot, \cdot)$ 定义了将 $\theta_b[i]$ 和 $\theta_b[j]$ 分配给第 i 个变量和第 j 个变量的成本，$\varphi_b(\theta_b[i], \theta_b[j]) = -\log \boldsymbol{M}_b(\theta_b[i], \theta_b[j])$，其中 $\boldsymbol{M}_b$ 是共轭矩阵，$\boldsymbol{M}_b(\theta_b[i], \theta_b[j])$ 是相应的概率。对于多类变量，我们定义 $E_m(\theta_m) = \sum_p \varphi_m(\theta_m[p])$，其中 $\varphi_m(\cdot) = -\log P_m(\cdot)$ 和 $P_m(\theta_m[p]) = \eta_m[p]$。类似地，我们将连续变量的可能性定义为 $E_c(\theta_c) = \sum_m \varphi_c(\theta_c[m])$，$\varphi_c(\theta_c[m])$ 是 $\eta_c[m]$ 的负对数似然。

为了进行连贯的预测，我们进一步引入势能 E_s、E_q 和 E_h 来建模场景属性之间的相关性。E_s 和 E_q 分别在某些二进制变量与多类或连续变量之间强制实施硬约束。例如，一条小路的车道数与该小路实际存在的车道数是一致的。我们将 θ_b 和 θ_m 之间的预定义对表示为 $S = \{(i, p)\}$，将 θ_b 和 θ_c 之间的预定义对表示为 $Q = \{(i, m)\}$，然后将能量势 E_s 定义为

$$E_s(\theta_b, \theta_m) = \sum_{(i, p) \in s} \infty \times 1 \quad [\theta_b[i] \neq \theta_m[p]] \tag{5.41}$$

其中，$1[*]$ 是指标函数。能量势 E_q 也用预定义的 Q 和变量 θ_c 定义。在这两种情况下，对于两种类型的预测不一致的情况，我们都会给予很高的惩罚。最后，势能 E_h 在等式中定义，是对 θ_b、θ_m 和 θ_c 之间的高阶关系建模。势能为

$$E_h(\theta_b, \theta_m, \theta_c) = \sum_{c \in C} \infty \times f_c(\theta_b[i], \theta_m[p], \theta_c[m]) \tag{5.42}$$

其中 $c = (i, p, m)$ 和 $f_c(\cdot, \cdot, \cdot)$ 将冲突预测设置为 1。最终得到道路模型顶视图如图 5-25 所示。

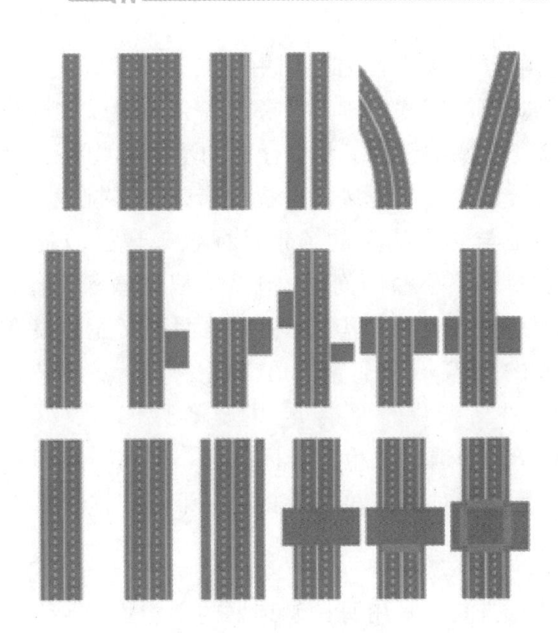

图 5-25　道路模型顶视图示意图

2. 三维场景目标检测与识别

通过路面语义先验模型和摄像机与真实世界坐标系的标定，将二维图像通过先验语义分割得到路面信息，向三维图像映射；在仅包含路面信息的三维空间设定目标锚体，依据场景目标分类，每种类别设定四种锚体模板，将三维空间的锚体进行二维图像的投影，得到二维图像上基于三维先验信息的局部检测候选框。其中锚体选择借鉴 Faster R-CNN 锚点思想，依据场景目标分类(行人、自行车、车辆)，每种类别设定四种锚体模板(固定长宽高及三种比例变化 1∶1∶2、1∶2∶1、2∶1∶1)，四种变化角度(0°，90°，−45°，45°)。以车辆种类为例，列举一种模板及四种变化角度，如图 5-26 所示。

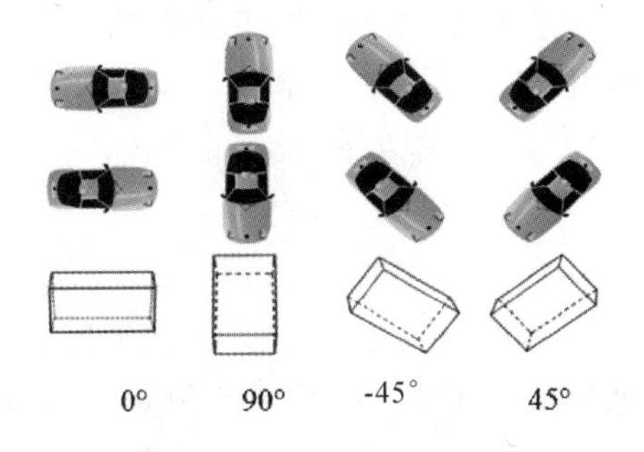

图 5-26　车辆锚体尺寸与变化角度的设定示意图

目前，市面大部分摄像头普遍采用射频传输的720p，也有LVDS传输的960p与1080p；面向智能网联汽车，将来大多会采用以太网形式传输的1080p图像。针对这种高分辨率的图像，其中存在的小目标物体、严重遮挡及场景复杂等特点，都给场景目标感兴趣区域的提取带来诸多挑战。因此，算法提出一种融合图像底层特征与先验信息的场景目标感兴趣区域提取方法，来解决复杂场景目标候选区特征不鲁棒的问题。首先，根据输入图像的颜色统计特征，获取图像像素的颜色显著性值；其次，根据路面语义先验模型获得场景图像中各像素为路面语义的概率 w 及非路面语义概率 $1-w$，记为 $W(R)$，因此结合颜色特征与路面语义先验的像素 I_K 的显著性值定义为 $S(I_K)=W(R)\cdot S_C(I_K)$，其中 $W(R)$ 的选择由检测目标决定，若检测目标基于路面则取 w，否则取 $1-w$；最后，针对由认知先验驱动三维与二维变换得到的基于三维先验信息的局部检测候选框，采用每一候选框的图像熵 $T=\frac{\sum_{K=1}^{N}S(I_K)}{N}$ 排序实现复杂交通场景目标的感兴趣区域提取，其中 $S(I_K)$ 为该候选框内像素点 I_K 的显著性值，N 为候选框内像素点总数量。

提取感兴趣区域后，采用卷积神经网络进行感兴趣区域的识别，基于ImageNet与VOC数据集进行网络的预训练，再采用KITTI数据集进行参数微调；然后将感兴趣候选区送入训练好的网络进行标签预测，待确定为正样本后送入回归器，由回归器进行边界框的精确回归、角度的回归及分数预测。

3. 场景流估计

场景流是空间中场景运动形成的三维运动场，提供了对应图像像素的空间点的位置和运动域，场景流估计是交通场景全局理解与预测的基础与关键。现有场景流估计算法多基于双目相机与二维目标图像，目标标定过程复杂、检测设备摆放限制严格且易丢失场景信息，因此算法针对复杂交通场景中的交通参与者，提出一种单目视觉下基于三维物体检测结果的三维场景流估计方法，结合既定的道路布局对场景流进行估计与描述，全面表征场景中交通参与者的姿态与运动趋势。

针对复杂道路环境如交叉口交通场景，结合车辆位置、姿态与行驶轨迹，在单目视觉下基于三维物体检测结果对三维场景流进行估计。首先，基于单个车辆的位置姿态与行驶路径先验模型，对单车辆运动轨迹进行估计。在三维物体候选区生成过程中，通过锚体设定即得各车辆矢量方向与位置，因此由三维物体检测结果即可得到单车辆的位置及方向矢量表达，同时得到车辆拟行驶路径，对于 k 交叉路口，共有 $k(k-1)$ 条车辆行驶路径，现行车道确定下只有 $k-1$ 条行驶路径，如图 5-27(a)～(c)所示。

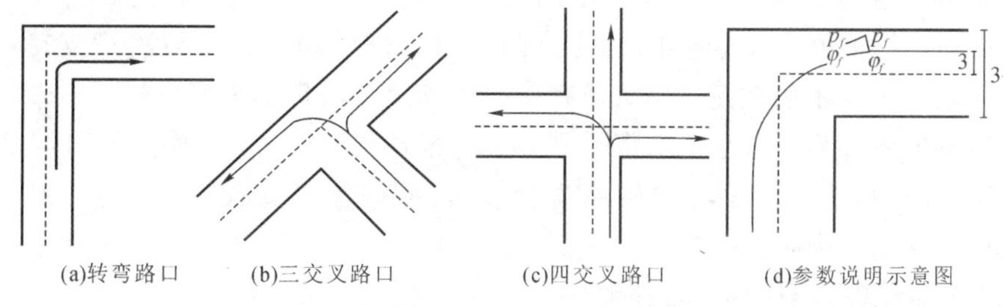

(a)转弯路口　(b)三交叉路口　(c)四交叉路口　(d)参数说明示意图

图 5-27　现行车道确定下车辆行驶路径与参数说明

在车辆位置姿态与行驶路径既定基础上构建单车辆运动轨迹变量 φ_f，假定每条道路上只有两条行驶方向相反的车道，且所有交通参与者只在车道上行驶(不考虑停车情况)。设定单车辆运动轨迹变量如下公式所示：

$$\varphi_f(\cdot)=\|\, p_f-\varphi_f(p_f,R)\,\|_2^2-(1-\boldsymbol{q}_f^{\mathrm{T}}\widetilde{\varphi_f}(p_f,R)) \tag{5.43}$$

其中 p_f 为车辆位置，$\boldsymbol{q}_f$ 为车辆方向矢量，$\varphi_f(p_f,R)$ 为车辆行驶轨迹上距其位置最近点，$\widetilde{\varphi_f}(p_f,R)$ 为 φ_f 上的切线(即距车辆位置最近行驶轨迹脚点切线)，各参数示意说明如图 5-27(d)所示，p_f 与 $\boldsymbol{q}_f$ 由 3D 物体检测结果得到，$\varphi_f(p_f,R)$ 与 $\widetilde{\varphi_f}(p_f,R)$ 的求解需协同考虑车辆位置与车辆行驶路径，其中 $\varphi_f(p_f,R)$ 通过求车辆位置与其最邻近车道轨迹间最小距离得到，$\widetilde{\varphi_f}(p_f,R)$ 通过在 $\varphi_f(p_f,R)$ 上求其切线向量得到。

其次，融合特定车道上单车辆运动轨迹，估计特定行驶路线上的运动流。单车辆运动轨迹反映了单车运动趋势，在每条单车运动轨迹上等距选取五个点，将同车道、同运动方向上的所有离散采样点作为插值点，选用三次样条拟合算法实现轨迹拟合，得到特定行使路线上的运动流，如图 5-28 所示。再全局考虑各行驶路线运动流，建立交叉口三维场景流估计。

(a) 四交叉路口

(b) 逆投影三维场景流估计结果

图 5-28　三维场景流估计

4. 基于概率生成模型的单视角场景理解

城市交通场景理解既为智能车的自主控制提供决策依据，也为城市复杂交叉口路段智能网联车辆协同通行控制与引导提供理论依据与决策支持，是智能网联汽车技术的关键部分。现有交通环境感知与理解主要依赖于GPS，激光雷达或地图知识，这些技术都受到环境等条件限制。因此，算法针对城市复杂交叉口路段，提出一种融合道路先验信息、场景流以及语义标签等可视化线索的概率模型，从视觉机制出发全面、立体地对交叉口中交通环境(交通参与者、行车路线等)实现感知与理解。

针对城市复杂交叉口路段，从视觉机制出发，融合道路先验信息、场景流以及语义标签等可视化线索建立概率模型实现交通场景感知与理解。首先，基于车辆行驶路径先验建模、路面语义先验建模、场景流估计方法对可视化视觉线索道路先验信息、语义标签以及场景流进行描述与估计。在车辆行驶路径先验建模中通过设定道路场景模型，对直道、转弯、三交叉和四交叉等交叉路口道路布局进行描述并建立道路布局模型，基于此即可得到道路先验信息。在路面语义先验建模中，通过采用融合改进 U-Net 与域适应的方法对路面信息进行特征提取得到路面语义标签。在场景流估计方法中通过构建单车辆运动轨迹变量 φ_f 及轨迹融合得到交叉口三维场景流估计，将此估计结果作为可视化视觉线索代入建模。

其次，基于道路先验信息、语义标签、场景流等线索建立融合概率模型实现环境感知与理解。仅使用一个线索进行场景感知表达模糊且错误率高，因此我们引入一种科学的方法整合所有线索的概率模型。设定融合概率模型公式为

$$p(\varepsilon, R \mid \theta) = p(R \mid \theta) \prod_{i=1}^{N_t} p(s_i \mid R, \theta) \prod_{i=1}^{N_f} p(f_i \mid R, \theta) \qquad (5.44)$$

其中，$\varepsilon = \{S, F\}$ 表示基于道路布局 R 的独立变量语义标签及场景流，$\prod_{i=1}^{N_t} p(s_i \mid R, \theta)$ 表示场景中基于既定道路模型的语义标签变量，$\prod_{i=1}^{N_f} p(f_i \mid R, \theta)$ 表示基于既定道路模型的场景流变量，θ 为模型中所有参数的设置。对于每一个线索，我们通过前面提出的方法即可得到相应变量，通过对比散度算法基于 KITTI 训练集数据获得所有的模型参数，最终得到基于多线索的融合概率模型。

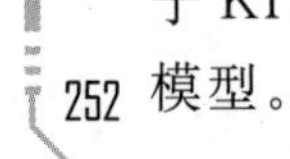

5. 多视角群智优化的交通场景全息理解

在智能网联汽车环境下，多数车辆都能够轻易获取单一视觉传感器的图

像数据与网联交互数据，鉴于信息安全与隐私保护，相关网联交互数据的行业标准与政策法规还未出台与实施，假设车辆与带有全景摄像头的基础设施服务器之间只互通车辆 GPS 位置与车辆基本外观属性(颜色)。每一辆经过交叉口的车辆作为一个独立智能体，进入全景摄像头感知区域后，发送基于单一智能体视角的场景理解信息至基础设施服务器或云端，结合全景俯视视角三维交通场景目标校测与识别结果，采用深度集合网络对俯视视角与前视视角进行深度融合，再通过单一智能体发送的车辆外观基本属性与深度融合结果进行搜索匹配，得到单一智能体对交通场景全息理解地图，并发送至区域内对应的智能体。算法实现示意图如图 5-29 所示。

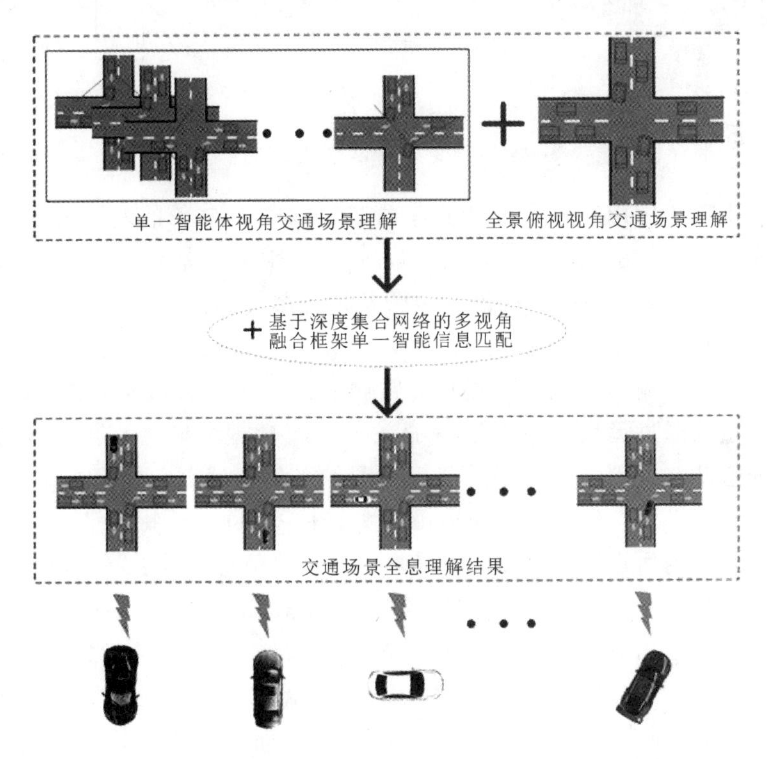

图 5-29　多视角群智优化的交通场景全息理解算法实现示意图

一个好的网络结构应该包含两个特性：足够多的潜在网络数目和足够好的集成网络。拟采用两个卷积神经网络进行俯视视角与前视视角的融合，拟通过在网络中间层设计多个相同分支网络以并联方式实现网络集成，如图 5-30 所示。网络的训练同样基于 ImageNet 与 VOC 数据集进行网络的预训练，再采用 KITTI 数据集进行参数微调。

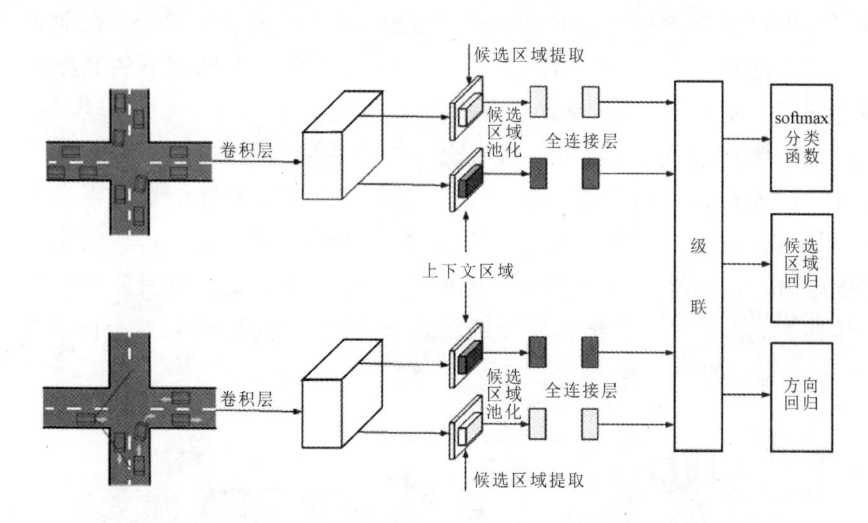

图 5-30　基于深度集合网络的多视角融合框架

我们将算法应用于自主设计的面向智能网联汽车场景理解的图像数据感知与协同系统(系统结构图见第一章),该系统主要包括单移动智能体图像数据感知与处理装置、路侧基础设施装置及远程服务器。系统详细布置及数据传输过程为:单移动智能体图像数据感知与处理装置对道路场景进行采集与处理并通过无线传输至路侧基础设施,路侧基础设施将接收数据与 360°全景摄像头采集数据通过无线传输至远程服务器进行数据协同处理。单移动智能体图像数据感知与处理装置包括道路场景图像采集传感器、车载图像处理平台、车载无线传输平台,道路场景采集摄像头采用 CCD 车载摄像头,安装在车辆前挡风玻璃与内后视镜之间,负责采集道路环境信息,包括路面信息、道路布局信息、邻近位置单一智能体信息、邻近环境信息、道路障碍物信息等;车载图像处理平台采用 NVIDIA DRIVE PX2 人工智能车辆计算平台,能够融合来自多个摄像头、激光雷达、雷达和超声波传感器的数据,感知车辆全方位的周围环境,产生稳定的图像(包括静态和动态目标);车载无线传输平台实现单一智能体与路侧基础设施服务器之间的数据传输,采用 LTE-V DTVL3000 中的 OBU 组件。路侧基础设施装置包括 360°全景摄像头、路侧图像处理平台、路侧无线传输平台。360°全景摄像机采用 DS6001 系列,其成像镜头为鱼眼式全景成像光学系统,方位场视角为 0°～360°,俯仰场视角为 0°～−90°,采用 ICR 自动切换模式进行日夜切换,可无盲点监测覆盖面积 400 m^2 左右,拥有 360°全景视图,实现从俯视视角对道路场景信息的获取;路侧图像处理平台主要包括 PCI-E 实时图像采集卡模块、数据存储模块、目标检测与识别模块、图像融合模块和数据搜索匹配模块；路侧无线传输平台实现获取单一智能体传输的数据，主要采用 LTE－V DTVL3000 中的 RSU 组件，该组件主要用于室外路侧环境。

系统针对在朱宏路某交叉口采集的交通视频进行了模拟实验，如图 5－31 所示。

图 5－31　实地检测效果图

可以看出，算法可以较为准确地对车辆、行人等交通参与者进行正确的检测并对其行为进行正确的预估。算法面向智能网联汽车应用提供一种有效且易实现的交通环境理解方法，为智能车的自主控制提供决策依据，并为城市复杂交叉口路段智能网联车辆协同通行控制与引导提供理论依据与决策支持，可加快推动智能网联汽车产业的落地实现。

参考文献

[1] OLIVA A, TORRALBA A. Modeling the Shape of the Scene: A Holistic Representation of the Spatial Envelope[J]. International Journal of Computer Vision, 2001, 42(3): 145－175.

[2] OLIVA A, TORRALBA A. Building the gist of a scene; the role of global image features in recognition[J]. Progress in Brain Research, 2006, 155(2): 23.

[3] LOWE D G. Distinctive Image Features from Scale-Invariant Keypoints[J]. International Journal of Computer Vision, 2004, 60(2): 91－110.

[4] DALAL N, TRIGGS B. Histograms of oriented gradients for human detection[C]. Computer Vision and Pattern Recognition. CVPR 2005. TEEE Computer Society Conference on. IEEE,2005:886 - 893.

[5] WU J,REHG J M. CENTRIST: A Visual Descriptor for Scene Categorization[J]. IEEE Transactions on Pattern Analysis & Machine Intelligence,2011,33(8):1489 - 501.

[6] ZABIH R. Non-parametric local transforms for computing visual correspondence[J]. Proc. ECCV,1994.

[7] LI L J,SU H,LI M Y,et al. Object Bank: An Object-Level Image Representation for High-Level Visual Recognition[J]. International Journal of Computer Vision,2014,107(1): 20 - 39.

[8] LI L J,SU H,LI M Y,et al. Objects as attributes for scene classification[C]. European Conference on Computer Vision,Springer,Berlin,Heidelberg,2010.

[9] SADEGHI F, TAPPEN M F. Latent pyramidal regions for recognizing scenes[C]. European Conference on Computer Vision. Springer Berlin Heidelberg,2012: 228 - 241.

[10] MAYANK J, ANDREA V, JAWAHAR C V,et al. Blocks That Shout: Distinctive Parts for Scene Classification[C]. IEEE Conference on Computer Vision and Pattern Recognition, 2013: 923 - 930.

[11] FELZENSZWALB P F,HUTTENL D P. Efficient Graph-Based Image Segmentation[J]. International Journal of Computer Vision,2004,59(2):167 - 181.

[12] SANDE K A V,UIJLINGS J R R,GEVERS T,et al. Segmentation as selective search for object recognition[C]. IEEE International Conference on Computer Vision. IEEE,2012: 1879 - 1886.

[13] HARIHARAN B, MALIK J, RAMANAN D. Discriminativedecorrelation for clustering and classification[C]. European Conference on Computer Vision. Springer-Verlag,2012: 459 - 472.

[14] MAIISTEWICZ T, GUPTA A,EFROS A A. Ensemble of exemplar-SVMs for object detection and beyond[C]. IEEE International Conference on Computer Vision, Barcelona, SPAIN,2012,6669(5): 89 - 96.

[15] LI J. Research on Methods for Traffic Incident Recognition Based on Video Processing in Mixed Traffic[D]. Chang'an University, 2011.

[16] STURGESS P, ALAHARI K, LADICKY L, et al. Combining Appearance and Structure from Motion Features for Road Scene Understanding[C]. British Machine Vision Conference, BMVC 2009. Proceedings. DBLP,2009.

[17] ESS A, MUELLER T,GRABNER H, et al. Segmentation-Based Urban Traffic Scene Understanding[C]. British Machine Vision Conference, 2009.

[18] REN K Y, SUN H X, JIA Q X, et al. Urban scene recognition by graphical model and 3D geometry[J]. Journal of China Universities of Posts 8, 2011,18(3): 110 - 119.

[19] WEDEL A, BROX T, VAUDREY T, et al. Stereoscopic Scene Flow Computation for 3D Motion Understanding[J]. International Journal of Computer Vision,2011,95(1): 29-51.

[20] HSU C M, LIAN F I, HUANG C M, et al. Detecting drivable space in traffic scene understanding [C]. International Conference on System Science & Engineering, 2012.

[21] WEI Y, YANG J, GONG C, et al. Obstacle Detection by Fusing Point Clouds and Monocular Image[J]. Neural Processing Letters, 2018: 1-13.

[22] ZHU H, FU M, YANG Y, et al. A path planning algorithm based on fusing lane and obstacle map[J]. in Proc. IEEE 17th Int. Conf. Intell. Transp. Syst. (ITSC), 2014: 1442-1448.

[23] DENG B. Obstacle Detection of Mobile Robot Based on Binocular Stereo Vision[D]. Southwest University of Science and Technology,2018.

[24] LIU Y, WANG Z, LIU Y, et al. Reversing Obstacle Detection Based on Binocular Vision Image[J]. Journal of Chongqing Jiaotong University (Natural Science), 2018, 37(3): 92-98.

[25] HARIYONO J, HOANG V D, JO K H. Moving object localization using optical flow for pedestrian detection from a moving vehicle[J]. Sci. World J., 2014, 196415.

[26] MUFFERT M, MILBICH T, PFEIFFER D, et al. May i enter the roundabout? A time-to-contact computation based on stereo-vision[J]. in Proc. 4th IEEE Intell. Veh. Symp., 2012: 565-570.

[27] HIMMELSBACH M, HUNDELSHAUSEN F V, WUENSCHE H J. Fast segmentation of 3D point clouds for ground vehicles[J]. in Proc. 4th IEEE Intell. Veh: Symp., Jun. 2010, pp. 560-565.

[28] ZHU H, FU M, YANG Y, et al. A path planning algorithm based on fusing lane and obstacle map[J]. in Proc. IEEE 17th Int. Conf. Intell. Transp. Syst. (ITSC), 2014: 1442-1448.

[29] YI Y, GUANG Y, HAO Z, et al. Moving object detection under dynamic background in 3D range data[J]. in Proc. IEEE Intell., 2014: 394-399.

[30] PEPIKJ B, STARK M, GEHLER P, et al. Occlusion patterns for object class detection [J]. in Proc. IEEE Conf. Comput. Vis. Pattern Recognit., 2013: 3286-3293.

[31] CHEN X, DU K K, ZHANG Z, et al. Monocular 3D object detection for autonomous driving[J]. in Proc. IEEE Conf. Comput. Vis. Pattern Recognit., 2016: 2147-2156.

[32] TEICHMAN A, LEVINSON J, THRUN S. Towards 3D object recognition via classification of arbitrary object tracks[J]. in Proc. IEEE Int. Conf. Robot. Autom. (ICRA), 2011: 4034-4041.

[33] SIVARAMAN S, TRIVEDI M M. Dynamic Probabilistic Drivability Maps for Lane Change and Merge Driver Assistance[J]. IEEE Transactions on Intelligent Transportation Systems, 2014, 15(5): 2063-2073.

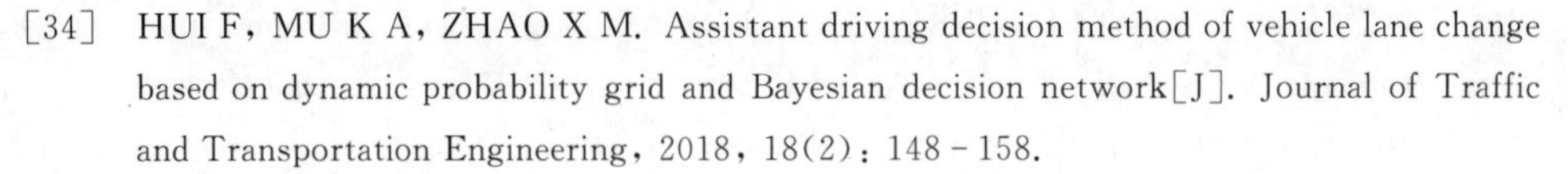

[34] HUI F, MU K A, ZHAO X M. Assistant driving decision method of vehicle lane change based on dynamic probability grid and Bayesian decision network[J]. Journal of Traffic and Transportation Engineering, 2018, 18(2): 148 - 158.

[35] KANG X M, MU K A. Moving objects detection and tracking based on SIFT feature matching[J]. Electronic Design Engineering, 2018, 26(1): 174 - 177.

[36] TAN L, XIA L, XIA S. Urban traffic scene understanding based on multi-levelsigmoidal neural network[J]. Journal of National University of Defense Technology, 2012, 34(4): 132 - 137.

[37] PAN X, SHI J, LUO P, et al. Spatial As Deep: Spatial CNN for Traffic Scene Understanding[C]. AAAI Conference on Artificial Intelligence, 2018: 7276 - 7283.

[38] DENG L, YANG M, QIAN Y, et al. CNN based semantic segmentation for urban traffic scenes using fisheye camera[C]. 2017 IEEE Intelligent Vehicles Symposium (IV), 2017.

[39] BAEK J Y, CHELU I V, IORDACHE L, et al. Scene Understanding Networksfor Autonomous Driving based on Around View Monitoring System[C]. IEEE Conference on Computer Vision and Pattern Recognition, 2018: 961 - 968.

[40] WANG Z Y, LIU B Y, Schulter S et al A Parametric TOP-view Representation of Complex Road Scenes [C]. IEEE Conference on Computer Vision and Pattern Recognihon, 2019: 10317 - 10325.

[41] DONG M, ZHAO X M, FAN X, et al. Combination of modified U-Net and domain adaption for road detection[J]. IET Image Processing, 2019, 13(14): 2735 - 2743.

本书部分彩图